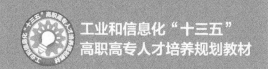

工业和信息化"十三五"
高职高专人才培养规划教材

U0382414

SQL Server 2008
数据库应用技术 第2版

Application Technology of SQL Server 2008 Database

张素青 王利 ◎ 主编

茹兴旺 方跃胜 降华 邓小飞 张超 ◎ 副主编

人民邮电出版社
北京

图书在版编目（CIP）数据

SQL Server 2008数据库应用技术 / 张素青，王利主
编. -- 2版. -- 北京 : 人民邮电出版社，2019.3（2023.8重印）
  工业和信息化"十三五"高职高专人才培养规划教材
  ISBN 978-7-115-49100-8

  Ⅰ. ①S… Ⅱ. ①张… ②王… Ⅲ. ①关系数据库系统
－高等职业教育－教材 Ⅳ. ①TP311.138

  中国版本图书馆CIP数据核字(2018)第184077号

内 容 提 要

　　Microsoft 公司的 SQL Server 2008 数据库管理系统是当前中小企业常用的数据库解决方案。本书
以 SQL Server 2008 关系数据库管理系统为平台，以案例教学法为编写主线，介绍了 SQL Server 2008
数据库系统的基本原理和数据库应用技术。

　　本书以学生选课管理系统作为教学案例，以网上书店系统作为实训案例，采用"学习要点—内
容示例—归纳总结—习题实训"的结构体系讲授数据库相关知识点。并以一个具体的项目案例开发
设计过程，将数据库原理知识与实际数据库开发结合在一起，易于读者快速掌握数据库应用技术。

　　本书可以作为高职高专、成人教育的计算机相关专业的教材，也可作为从事计算机软件工作的
科技人员和工程技术人员及其他相关人员的培训教材或参考书。

　◆ 主　　编　张素青　王　利
　　　副主编　茹兴旺　方跃胜　降　华　邓小飞　张　超
　　　责任编辑　范博涛
　　　责任印制　马振武

　◆ 人民邮电出版社出版发行　　北京市丰台区成寿寺路 11 号
　　　邮编　100164　　电子邮件　315@ptpress.com.cn
　　　网址　http://www.ptpress.com.cn
　　　固安县铭成印刷有限公司印刷

　◆ 开本：787×1092　1/16
　　　印张：17.75　　　　　　　2019 年 3 月第 2 版
　　　字数：325 千字　　　　　2023 年 8 月河北第 11 次印刷

定价：49.80 元

读者服务热线：(010)81055256　印装质量热线：(010)81055316
反盗版热线：(010)81055315
广告经营许可证：京东市监广登字20170147号

前 言   FOREWORD

随着计算机技术的飞速发展,数据库技术的应用已经扩展到各个领域,不仅在传统的商业领域、管理领域和金融领域发挥着主要作用,而且在非传统领域如工程领域、多媒体技术领域等也起着关键作用。

高等职业技术教育以就业为导向,培养市场需要的人才。目前,许多中小企业在数据库应用中使用 SQL Server 数据库平台,高职高专学生的就业主要面向这些单位,因此掌握这门技术是非常必要的。学习这门课程后,学生可以成为企业数据库系统管理员,也可以为软件开发做后台数据库设计与维护。

本书第 1 版自 2013 年 10 月出版以来,受到了老师和学生们的欢迎,也收到了不少好的建议,编者表示真诚的感谢。

第 2 版在第 1 版的基础上,对第 1 章内容做了较大的修改,去掉了高深的数据库理论,只保留高职高专学生在工作岗位用到的数据库基础理论知识。对第 1 版中出现的错误也进行了修正。

全书共 13 章,第 1 章为数据库系统概述,主要讲授了数据库的基本概念、基本特点、数据模型和数据库设计;第 2 章讲授 SQL Server 2008 的安装过程和管理工具;第 3 章介绍数据库的创建与管理;第 4 章介绍数据表的创建与管理;第 5 章介绍 SQL Server 的数据查询;第 6 章介绍视图和索引的概念、管理与应用;第 7 章介绍 Transact-SQL 编程;第 8 章介绍存储过程;第 9 章介绍触发器;第 10 章介绍 Transact-SQL 的高级应用,包括事务、游标;第 11 章介绍数据库安全管理方面的知识;第 12 章介绍数据库的备份与恢复;第 13 章通过一个银行业务系统的综合项目案例,对本书内容做一个回顾和总结。第 1~13 章每章开头都有本章目标,每章末尾附有实训项目和课后习题,供读者及时理解并总结该章内容。

本书由河南职业技术学院张素青、私立华联学院王利任主编,安徽工商职业学院茹兴旺、安徽水利水电职业技术学院方跃胜、河南应用技术职业学院降华、武汉职业技术学院邓小飞、长沙南方职业学院张超任副主编。

由于编者水平有限,书中不妥之处在所难免,衷心希望广大读者批评指正。

编者
2018 年 12 月

目 录

CONTENTS

SQL Server 2008

1
Chapter

第 1 章
数据库系统概述

本章目标：
- 了解数据库技术的相关概念
- 了解关系数据库的相关理论知识；掌握 E-R 图的设计过程
- 掌握 1NF、2NF、3NF 的定义和关系数据库的规范化理论
- 了解数据库的设计步骤；熟悉数据库设计的实际应用

1.1　数据库技术的基本概念

1. 信息

信息是通过符号（如文字和图像等）、信号（如有某种含义的动作和光电信号等）等具体形式表现出来的内容。信息由意义和符号组成，它是对客观世界中各种事物的变化和特征的反映。

2. 数据

数据（Data）是载荷或记录信息的按一定规则排列组合的物理符号，可以是数字、文字、图像，也可以是计算机代码。

在计算机系统中，各种字母、数字符号的组合，例如语音、图形、图像等统称为数据，数据经过加工后就成为信息。在计算机科学中，数据是指所有能输入计算机并被计算机程序处理的符号的介质的总称，是用于输入电子计算机进行处理，具有一定意义的数字、字母、符号和模拟量等的通称。

3. 数据库

数据库（DataBase，DB）是一个长期存储在计算机内的、有组织的、共享的、统一管理的数据集合。数据库中的数据按一定的数学模型组织、描述和存储，具有较小的冗余、较高的数据独立性和易扩展性，并可为各种用户共享。

4. 数据库管理系统

数据库管理系统（DataBase Management System，DBMS）是一种操纵和管理数据库的大型软件，用于建立、使用和维护数据库。它对数据库进行统一的管理和控制，以保证数据库的安全性和完整性。用户通过 DBMS 访问数据库中的数据，数据库管理员也通过 DBMS 进行数据库的管理和维护工作。它可使多个应用程序和用户用不同的方法在同一时刻或不同时刻去建立、修改和询问数据库。DBMS 提供数据定义语言（Data Definition Language，DDL）与数据操作语言（Data Manipulation Language，DML），供用户定义数据库的模式结构与权限约束，实现对数据的追加、更新、删除等操作。

5. 数据库管理员

数据库管理员（DataBase Administrator，DBA）是一个负责管理和维护数据库服务器的人。数据库管理员负责全面管理和控制数据库系统。

6. 数据库系统

数据库系统（DataBase Systems，DBS）是指在计算机系统中引入数据库后的系统。

数据库系统一般由以下 4 个部分组成。

（1）数据库。

（2）硬件：构成计算机系统的各种物理设备，包括存储所需的外部设备。硬件的配置应满足整个数据库系统的需要。

（3）软件：包括操作系统、数据库管理系统及应用程序。

（4）人员：主要有 4 类。第一类为系统分析员和数据库设计人员，系统分析员负责应用系统的需求分析和规范说明，他们和用户及数据库管理员一起确定系统的硬件配置，并参与数据库系统的概要设计。数据库设计人员负责数据库中数据的确定、数据库各级模式的设计。第二类为应用程序员，负责编写使用数据库的应用程序。这些应用程序可对数据进行检索、建立、删除或修改。第三类为最终用户，他们利用系统的接口或查询语言访问数据库。第四类为数据库管理员，负责数据库的总体性控制。

数据库系统结构如图 1.1 所示。

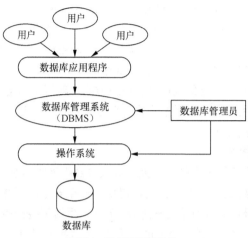

图1.1　数据库系统结构

1.2　数据库系统的基本特点

数据管理技术经历了如下几个阶段：人工管理阶段、文件系统阶段、数据库系统阶段。20世纪 60 年代后，随着计算机在数据管理领域的普遍应用，人们对数据管理技术提出了更高的要求：希望面向企业或部门，以数据为中心组织数据，减少数据的冗余，提供更高的数据共享能力，同时要求程序和数据具有较高的独立性，当数据的逻辑结构改变时，不涉及数据的物理结构，也不影响应用程序，以降低应用程序研制与维护的费用。数据库技术正是在这样一个应用需求的基础上发展起来的。数据库技术有如下特点。

（1）面向企业或部门，以数据为中心组织数据，形成综合性的数据库，为各应用共享。

（2）采用一定的数据模型。数据模型不仅要描述数据本身的特点，而且要描述数据之间的联系。

（3）数据冗余小，易修改，易扩充。不同的应用程序根据处理要求，从数据库中获取需要的数据，这样就减少了数据的重复存储，也便于增加新的数据结构，便于维护数据的一致性。

（4）程序和数据有较高的独立性。

（5）具有良好的用户接口，用户可方便地开发和使用数据库。

（6）对数据进行统一管理和控制，提供了数据的安全性、完整性，以及并发控制。

数据库系统阶段程序与数据的关系如图 1.2所示。

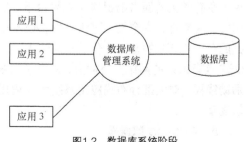

图1.2　数据库系统阶段

1.3 常见的数据库

1. Oracle 数据库

Oracle Database，又名 Oracle RDBMS，或简称 Oracle，是甲骨文公司的一款关系数据库管理系统（Relational DataBase Management System，RDBMS），是在数据库领域一直处于领先地位的产品。Oracle 产品系列齐全，几乎囊括所有应用领域。具有大型、完善、安全、可以支持多个实例同时运行、功能强等特点。它能在所有主流平台上运行，完全支持所有的工业标准，采用完全开放策略，可以使用户选择最适合的解决方案，对开发商全力支持。可以说 Oracle 数据库系统是目前世界上使用最广泛的关系数据库管理系统之一，通常大型企业都会选择 Oracle 作为后台数据库来处理海量数据。

2. SQL Server 数据库

SQL Server 是由微软公司开发的一个大型的关系数据库管理系统，具有使用方便、可伸缩性好、与相关软件集成程度高等优点，为用户提供了一个安全、可靠、易管理的高端客户机/服务器数据库平台，现在已经广泛应用于电子商务、银行、保险等各行各业。它最初是由 Microsoft、Sybase 和 Ashton-Tate 三家公司共同开发的，于 1988 年推出了第一个 OS/2 版本。在 Windows NT 推出后，Microsoft 与 Sybase 在 SQL Server 的开发上就分开了，Microsoft 将 SQL Server 移植到 Windows NT 系统上，专注于开发推广 SQL Server 的 Windows NT 版本。Sybase 则专注于 SQL Server 在 UNIX 操作系统上的应用。

3. MySQL 数据库

MySQL 是一个关系数据库管理系统，由瑞典 MySQL AB 公司开发，目前属于 Oracle 旗下产品，是最流行的关系数据库管理系统之一。在 Web 应用方面，MySQL 是最好的 RDBMS 应用软件。

MySQL 具有跨平台的优点，它不仅可以在 Windows 平台上使用，还可以在 UNIX、Linux 和 Mac OS 等平台上使用。由于其体积小、速度快、总体拥有成本低，尤其是开放源码这一特点，一般中小型网站的开发都选择 MySQL 作为网站后台数据库。

4. DB2 数据库

DB2 数据库是由美国 IBM 公司开发的一种关系数据库管理系统，它主要运行在 UNIX、Linux、IBM i（旧称 OS/400）及 Windows 服务器等平台上。

DB2 主要应用于大型应用系统，具有较好的可伸缩性，可支持从大型机到单用户环境，应用于所有常见的服务器操作系统平台下。DB2 支持标准的 SQL，并且提供了高层次的数据利用性、完整性、安全性、可恢复性，以及小规模到大规模应用程序的执行能力，适合于海量数据的存储。DB2 的查询优化器功能强大，其外部连接改善了查询性能，并支持多任务并行查询。DB2 具有很好的网络支持能力，每个子系统可以连接十几万个分布式用户，可同时激活上千个活动线程，对大型分布式应用系统尤为适用，但是相对于其他数据库管理系统，DB2 的操作比较复杂。

5. Access 数据库

Access 数据库是由微软公司开发的一种关系数据库管理系统，是目前最流行的关系数据库管理系统之一。Access 的核心是 Microsoft Jet 数据库引擎，是微软公司把数据库引擎的图形用户界面和软件开发工具结合在一起的一个数据库管理系统。

Access 可以满足小型企业客户/服务器解决方案的要求,是一种功能较完备的系统,它几乎包含了数据库领域的所有技术和内容,利用它可以创建、修改和维护数据库及数据库中的数据,并且可以利用向导来完成对数据库的一系列操作。

6. SQLite 数据库

SQLite 是一种轻型数据库,它是遵守 ACID(事务的四个特性缩写)的关系数据库管理系统,包含在一个相对小的 C 库中。它的设计目标是嵌入式的,而且目前已经在很多嵌入式产品中进行了使用,它占用资源非常少,能够支持 Windows、Linux、UNIX 等主流的操作系统,同时能够与很多程序语言相结合。

1.4 数据模型

模型,是对客观事物、现象、过程或系统的简化描述。所有的数据库系统都为它所要描述的世界建立了模型。数据模型是数据库系统的核心和基础。各种机器上实现的 DBMS 软件都是基于某种数据模型的。

1.4.1 信息的三种世界及其描述

为了把现实世界中的具体事物抽象、组织为某一 DBMS 支持的数据模型,人们常常首先将现实世界抽象为信息世界,然后将信息世界转换为机器世界。也就是说,首先把现实世界中的客观对象抽象为某一种信息结构,这种信息结构并不依赖于具体的计算机系统,不是某一个 DBMS 支持的数据模型,而是概念级的模型;然后把概念模型转换为计算机上某一 DBMS 支持的数据模型。这一过程如图 1.3 所示。

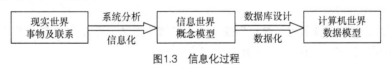

图1.3 信息化过程

1.4.2 常见的数据模型

根据数据模型应用目的不同,数据模型有以下几种。

(1)概念(数据)模型(Conceptual Data Model,CDM)

面向现实世界建模,主要用来描述现实世界的概念化结构,与具体的 DBMS 无关。现实世界的事物经过人脑的抽象加工,提取出对用户有用的信息,经过组织整理加工形成介于现实世界和计算机世界之间的中间模型。最常用的概念模型是 E–R 模型。

(2)逻辑(数据)模型(Logical Data Model,LDM)

面向用户建模,用户从数据库所看到的数据模型。

逻辑模型是具体的 DBMS 所支持的数据模型(网状/层次/关系/面向对象);既要面向用户,也要面向系统。

(3)物理(数据)模型(Physical Data Model,PDM)

面向具体的 DBMS,面向机器,描述数据在存储介质上的组织结构。

1.4.3 概念模型

概念模型是用于信息世界的建模，是现实世界到信息世界的第一层抽象，是用户与数据库设计人员之间进行交流的语言，因此概念模型一方面应该具有较强的语义表达能力，能够方便、直接地表达应用中的各种语义知识；另一方面它还应该简单、清晰、易于用户理解。

1．基本概念

（1）实体（Entity）

客观存在并可相互区别的事物称为实体。实体可以是人、事、物，也可以是抽象的概念或联系，例如，一个学生、一名教师、一棵树、一只狗、一块肉、狗与肉的吃与被吃的关系等都是实体。

（2）属性（Attribute）

实体所具有的某一特性称为属性。一个实体可以由若干属性来刻画。例如，狗实体可以由编号、昵称、性别、出生日期、产地、品种编号等属性组成。（2012615001，美美，女，06/12/2011，西藏，zang 40123238）这些属性组合起来表征了一只狗。

（3）码（Key）

所谓码，是指在实体属性中，可用于区别实体中不同个体的一个属性或几个属性的组合，称为该实体集的"码"，有时也称为关键字。例如，在"狗"实体中，能作为码的属性可以是"编号"，因为一旦码有一取值，便唯一地标识了实体中的某一个实体；当然，"昵称"也可以作为"码"，但如果有重名现象，"昵称"这个属性就不能作为码了。当有多个属性可作为码而选定其中一个时，则称它为该实体的"主码"。若在实体诸属性中，某属性虽非该实体主码，却是另一实体的主码，则称此属性为"外部码"或简称"外码"。如"狗"实体中的"品种编号"就是"狗"实体的"外码"。

（4）域（Domain）

属性的取值范围称为该属性的域。例如，性别的域为（女，男），编号的域为 10 位整数，昵称的域为长度小于 12 个字符的字符串集合或汉字。

（5）实体型（Entity Type）

具有相同属性的实体必然具有共同的特征和性质。用实体名及其属性名集合来抽象和刻画同类实体，称为实体型。

实体型是概念的内涵，而实体值是概念的实例。例如，狗（编号，昵称，性别，出生日期，产地，品种编号）就是一个实体型，它通过编号、姓名、性别、出生日期、产地、品种编号等属性表明狗的特性。而每只狗的具体情况，则称实体值。可见，实体型表达的是个体的共性，而实体值是个体的具体内容。通常属性是个变量，属性值是该变量的取值。

（6）实体集（Entity Set）

同型实体的集合称为实体集。例如，全世界的狗就是一个实体集。

2．实体–联系表示法（E–R 方法）

概念模型中最常用的方法为实体–联系方法（Entity–Relationship Approach），简称 E–R 方法。该方法直接从现实世界中抽象出实体和实体间的联系，然后用 E–R 图来表示数据模型。在 E–R 图中实体用方框表示；联系用菱形表示，同时用无向边将其与相应的实体连接起来，并在边上标上联系的类型；属性用椭圆表示，并且用无向边将其与相应的实体连接起来。对于有些联系，其自身也会有某些属性，用无向边将联系与其属性连接起来。

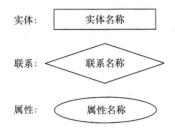

实体：实体名称

联系：联系名称

属性：属性名称

遇到实际问题时，应先设计一个 E-R 图，再把它转换成为计算机能接受的数据模型。

3. 实体间的联系方式

在现实世界中，事物内部以及事物之间是有联系的，这些联系在信息世界中反映为实体（型）内部的联系和实体（型）之间的联系。实体内部的联系通常是指组成实体的各属性之间的联系。实体之间的联系通常是指不同实体集之间的联系。两个实体型之间的联系可以分为以下三类。

（1）一对一联系（1∶1 联系）

如果对于实体集 A 中的每一个实体，实体集 B 中至多有一个（也可以没有）实体与之联系，反之亦然，则称实体集 A 与实体集 B 具有一对一联系，记为 1∶1，用图 1.4 表示。

例如，实体集学院与实体集院长之间的联系就是 1∶1 的联系，因为一个院长只领导一个学院，而且一个学院也只有一个院长。再如学校里，实体集班级与实体集班长之间也具有 1∶1 联系，一个班级只有一个班长，而一个班长只在一个班中任职。

（2）一对多联系（1∶n 联系）

如果对于实体集 A 中的每一个实体，实体集 B 中有 n 个（$n \geq 0$）实体与之联系，反之，对于实体集 B 中的每一个实体，实体集 A 中至多有一个实体与之联系，则称实体集 A 与实体集 B 具有一对多联系，记为 1∶n，用图 1.5 表示。

例如，学校与校内多个教师之间的"属于"联系、工厂里的车间和车间内多个工人之间的"工作"联系等，都是 1∶n 的联系。一所学校有多个教师，每个教师只能属于一所学校；同样，一个车间内有多个工人，每个工人只能属于一个车间。

（3）多对多联系（$m∶n$ 联系）

如果对于实体集 A 中的每一个实体，实体集 B 中有 n 个（$n \geq 0$）实体与之联系。反之，对于实体集 B 中的每一个实体，实体集 A 中也有 m 个（$m \geq 0$）实体与之联系，则称实体集 A 与实体集 B 具有多对多联系，记为 $m∶n$，用图 1.6 表示。

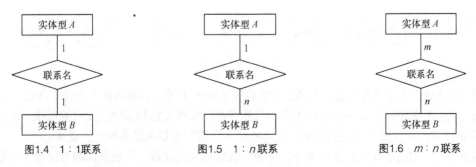

图1.4 1∶1联系　　　　图1.5 1∶n联系　　　　图1.6 $m∶n$联系

例如，学生和课程之间的联系，一个学生可以选修多门课程，每门课程有多个学生选修；零件供应商和零件之间的联系，一个供应商可供应多种零件，每种零件可以由多个供应商提供等。

4．怎样设计 E-R 图

在数据分析的基础上，就可以着手设计概念结构，即设计 E-R 图。E-R 图的设计分两步来完成，首先设计初步 E-R 图，其次，对初步 E-R 图中的冗余进行消除得到基本 E-R 图。

设计初步 E-R 图的步骤如下。

（1）先设计局部 E-R 图，也称用户视图，步骤如下：

① 确定局部概念模型的范围；

② 定义实体；

③ 定义联系；

④ 确定属性；

⑤ 逐一画出所有的局部 E-R 图，并附以相应的说明文件。

（2）综合各局部 E-R 图，形成总的 E-R 图，即用户视图的集成。步骤如下：

① 确定公共实体类型；

② 合并局部 E-R 图；

③ 消除不一致因素；

④ 优化全局 E-R 图；

⑤ 画出全局 E-R 图，并附以相应的说明文件。

局部概念模型设计是从用户的观点出发，设计符合用户需求的概念结构。局部概念模型设计的就是组织、分类收集到的数据项，确定哪些数据项作为实体，哪些数据项作为属性，哪些数据项是同一实体的属性等。确定实体与属性的原则如下。

（1）能作为属性的尽量作为属性而不要划为实体。

（2）作为属性的数据元素与所描述的实体之间的联系只能是 $1:n$ 的联系。

（3）作为属性的数据项不能再用其他属性加以描述，也不能与其他实体或属性发生联系。

例如，一个机械制造厂的简单管理系统。首先按工厂技术部门和工厂供应部门设计两个局部 E-R 图。工厂技术部门关心的是产品的性能参数及由哪些零件组成，零件的材料和耗用量等；工厂供应部门关心的是产品的价格，使用材料的价格及库存量等。

按照部门划分，先单独设计某个部门的 E-R 图，如图 1.7 和图 1.8 所示。

图1.7 技术部门

图 1.7 和图 1.8 所示为局部 E-R 图，综合这两个分 E-R 图，得到初步 E-R 图，如图 1.9 所示。

初步 E-R 图是现实世界的纯粹表示，可能存在冗余的数据和实体间冗余的联系。所谓冗余的数据是指可由基本数据导出的数据，冗余的联系是指可由基本联系导出的联系。

初步 E-R 图由于存在冗余的信息，会破坏数据库的完整性，给数据库的管理带来麻烦，以至引起数据不一致的错误。因此，必须消除数据上的冗余和联系上的冗余，消除冗余后的 E-R

图称为基本 E–R 图。消除冗余的方法，我们将在后续有关范式的章节中叙述。

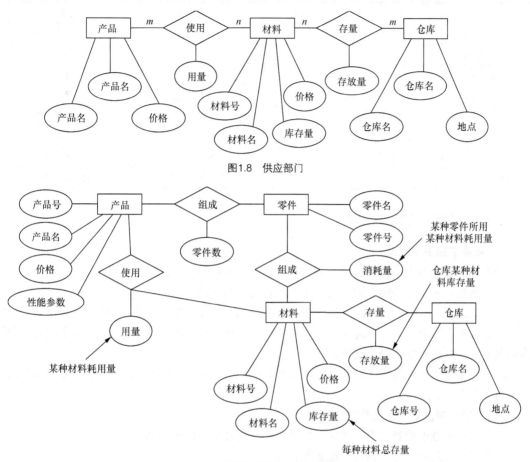

图1.8　供应部门

图1.9　初步E–R图

关系数据库

　　通常数据库的类型是按照数据所存储的结构的类型来命名的数据模型，常见的数据模型有层次模型、网状模型、关系模型和面向对象模型这四种。目前最常用的是关系模型。

　　关系模型是指用二维表的形式表示实体以及实体间联系的数据模型。关系模型最大的优点就是简单，用户容易理解和掌握，一个关系就是一张二维表格，用户只需用简单的查询语言就能对数据库进行操作。

　　关系数据库系统是支持关系模型的数据库系统。在实际的关系数据库中的关系也称表。一个关系数据库就是由若干表组成的。例如，学生学籍表，如表 1–1 所示。

表 1-1　学生学籍表

学号	姓名	性别	出生日期	班级
10101001	张永峰	0	1993-8-1	电子商务 101
10101002	何小丽	1	1992-11-3	电子商务 101

（续表）

学号	姓名	性别	出生日期	班级
10101003	张红宇	0	1992-8-21	电子商务 101
10102001	王斌	1	1991-7-14	网络技术 101
10102002	包玉明	1	1993-11-15	网络技术 101
10102003	孙平平	0	1992-2-27	网络技术 101
10102004	翁静静	0	1992-5-9	网络技术 101
11101001	刘淑芳	0	1994-6-10	电子商务 111
11101002	王亚旭	1	1993-3-18	电子商务 111
11101003	高磊	1	1993-5-11	电子商务 111

1.5.1 关系模型及其定义

1. 关系中的基本名词

（1）元组：关系表中的每一横行称作一个元组，也称为记录。

（2）属性：关系中的每一列称为一个属性，也称为字段。

（3）候选码、主码、全码：候选码是属性或属性的集合，其值能够唯一地标识元组。一个关系中可能有多个候选码，从中选择一个做为主码。若关系中只有一个候选码，且这个候选码中包括全部属性，则这种候选码为全码。

（4）主属性和非主属性：关系中，候选码中的属性称为主属性，不包含在任何候选码中的属性称为非主属性。

2. 数据库中基本关系的性质

（1）同一属性的数据具有同质性，即同一列中的数据是同一性质的。

（2）同一关系的属性名具有不能重复性。

（3）关系中的列位置具有顺序无关性。

（4）关系元组无冗余性。

（5）关系中的元组位置具有顺序无关性。

（6）关系中每一个分量都必须是不可分的数据项。

3. 关系模式的定义

关系模式通常可以简单记为

$R(U)$ 或 $R(A_1, A_2, \cdots, A_n)$

其中，R 为关系名，U 为组成该关系的属性集合，$A_1, A_2, \cdots, A_n$ 为属性名。

在某一应用领域中，所有实体集及实体之间联系所形成的关系的集合就构成了一个关系数据库。

1.5.2 关系数据库规范化理论

关系模式应满足的基本要求如下。

（1）元组的每个分量必须是不可分的数据项。

（2）数据库中的数据冗余应尽可能少。

（3）关系数据库不能因为数据更新操作而引起数据不一致问题。

（4）当执行数据插入操作时，数据库中的数据不能产生插入异常现象。

（5）数据库中的数据不能在执行删除操作时产生删除异常问题。

（6）数据库设计应考虑查询要求，数据组织应合理。

在设计关系数据库时，经常采用一种自下而上的设计方法。这种方法是对涉及的所有数据进行收集，然后按照栏目进行归纳分类。事实上，设计数据库就是为所存储的数据设计一种合适的逻辑结构。在关系数据库中，即是设计出合适的关系表以及表中的属性。

不同的人对同一个系统，设计出的关系模式可能不同。一个好的关系模式必须满足一定的规范化要求，才能避免出现数据冗余、插入异常、更新异常和删除异常的情况发生。

1．函数依赖的概念

（1）函数依赖

设 $R\langle U\rangle$ 是属性集 U 上的关系模式，X、Y 是 U 的子集。若对于 $R\langle U\rangle$ 的任意一个可能的关系 r，r 中不可能存在两个元组在 X 上的属性值相等，而 Y 上的属性值不等，则称 X 函数确定 Y 函数，或 Y 函数依赖于 X 函数，记作 $X\rightarrow Y$。

例如，对于教学（学号，姓名，年龄，性别，系名，系主任，课程名，成绩）这个关系模式，主码为（学号，课程名），其中的函数依赖关系有：学号→姓名，学号→年龄，学号→性别，学号→系名，系名→系主任，（学号，课程名）→成绩。

（2）完全函数依赖和部分函数依赖

在 $R\langle U\rangle$ 中，如果 $X\rightarrow Y$，并且对于 X 的任何一个真子集 X'，都有 $X'\nrightarrow Y$，则称 Y 对 X 完全函数依赖。若 $X\rightarrow Y$，但 Y 不完全函数依赖于 X，则称 Y 对 X 部分函数依赖。

例如，在教学关系模式中，成绩完全函数依赖主码（学号，课程名），姓名只依赖于学号，所以姓名对主码（学号，课程名）的依赖是部分函数依赖。

（3）传递函数依赖

在 $R\langle U\rangle$ 中，如果 $X\rightarrow Y$，$Y\nsubseteq X$，$Y\nrightarrow X$，$Y\rightarrow Z$，则称 Z 对 X 传递函数依赖。

例如，在教学关系模式中，因为学号→系名，系名→系主任，所以系主任传递函数依赖于学号。

2．范式和规范化

范式（Normal Form）是指规范化的关系模式。满足最基本规范化的关系模式叫第一范式，第一范式的关系模式再满足另外一些约束条件就产生了第二范式、第三范式等。一个低一级的关系范式通过模式分解可以转换成若干高一级范式的关系模式的集合，这种过程叫关系模式的规范化。

（1）1NF（第一范式）和 2NF（第二范式）

如果关系模式 R，其所有的属性均为简单属性，即每个属性都是不可再分的，则称 R 属于第一范式，记作 $R\in 1NF$。

若 $R\in 1NF$，且每一个非主属性完全依赖于主码，则 $R\in 2NF$。

在教学关系模式中：

属性集={学号，姓名，年龄，性别，系名，系主任，课程名，成绩}。

函数依赖集={学号→姓名，学号→年龄，学号→性别，学号→系名，系名→系主任，（学号，课程名）→成绩}。

主码=（学号，课程名）。

非主属性=（姓名，年龄，性别，系名，系主任，成绩）。

非主属性对主码的函数依赖：

{（学号，课程名）→姓名，（学号，课程名）→年龄，（学号，课程号）→性别，（学号，课程名）→系名，（学号，课程名）→系主任；（学号，课程名）→成绩}。

其中，（学号，课程名）→姓名，（学号，课程名）→年龄，（学号，课程号）→性别，（学号，课程名）→系名，（学号，课程名）→系主任，这些都是部分函数依赖。显然，教学关系模式不服从 2NF，即：教学 $\notin$ 2NF。

关系模式中如果存在一些非主属性部分函数依赖于主码，则要把这些属性和它们依赖的主码的那一部分分离出来形成一个新的实体。例如，上述教学关系模式中，"成绩"完全依赖于该关系主码（学号，课程名），但是"姓名""年龄""性别""系名""系主任"都只是部分依赖于主码，只依赖主码中的"学号"，并不需要"课程名"，对于这种关系，可以将其分解为两张表：

① 学生（学号，姓名，年龄，性别，系名，系主任）。

② 学生成绩（学号，课程名，成绩）。

（2）3NF（第三范式）

设关系模式 $R\langle U, F\rangle$，仅当 R 是 2NF，且每个非主属性都非传递函数依赖于主码，则称 $R\langle U, F\rangle \in$ 3NF。

可以证明，若 $R \in$ 3NF，则每一个非主属性既不部分函数依赖于主码，也不传递函数依赖于主码。

考查上述教学关系模式，由于存在：学号→系名，系名→系主任。则系主任传递函数依赖学号。所以学生 $\notin$ 3NF。

如果分解为：

① 学生（学号，姓名，年龄，性别，系名）。

② 教学系（系名，系主任）。

显然分解后的各子模式均属于 3NF。

1.6 数据库设计

1.6.1 数据库设计的步骤

数据库设计是指对于一个给定的应用环境，构造最优的数据库模式，建立数据库及其应用系统，使之能够有效地存储数据。数据库系统设计基本步骤如图 1.10 所示。

（1）需求分析阶段：用户需求的收集和分析。

（2）概念设计阶段：对用户需求综合归纳与抽象，形成概念模型，用 E-R 图表示。

（3）逻辑设计阶段：将概念结构转换为某个 DBMS 所支持的数据模型。

（4）物理设计阶段：为逻辑数据模型选取一个最适合应用环境的物理结构。

（5）数据库实施阶段：建立数据库，编写调试应用程序，组织数据入库，程序试运行。

（6）运行和维护阶段：对数据库系统进行评价、调整与修改。

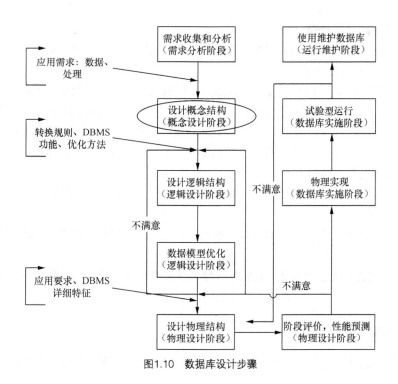

图1.10　数据库设计步骤

1.6.2　需求分析阶段

根据实际项目的需求，依照一定的方法、规则或模式对用户要求进行收集，并做详细的分析，最终形成需求分析文档。

1．系统需求常用的分析方法

（1）自顶向下的设计方法。先定义全局概念结构的框架，然后逐步细化为完整的全局概念结构。

（2）自底向上的设计方法。先定义各局部应用的概念结构，后将它们集成，得到全局概念结构。

（3）逐步扩张的设计方法。先定义最重要的核心部分，后向外扩充，生成其他概念结构。

（4）混合策略设计的方法。即采用自顶向下与自底向上相结合的方法。

2．系统需求调查的方法

（1）开调查会。通过与用户座谈的方式来了解业务活动情况及用户需求。

（2）设计调查表请用户填写。数据库设计人员可以提前设计一个合理的、详细的业务活动及数据要求调查表，并将此表发给相关的用户。

（3）查阅现实世界的数据记录。查阅与原系统有关的数据记录，包括账本、档案或文献等。

（4）询问。对某些调查中的问题，可以找专人询问。

（5）请专人介绍。请业务熟练的专家或用户介绍业务专业知识和业务活动情况，设计人员从中了解并询问相关问题。

（6）跟班作业。数据库设计人员亲身参加业务工作。

3．系统需求的调查步骤

（1）了解现实世界的组织机构情况。弄清所设计的数据库系统与哪些部门相关，以及部门下属各个单位的联系和职责是什么。

（2）了解相关部门的业务活动情况。各部门需要输入和使用什么数据，在部门中是如何加工处理这些数据的，各部门需要输出什么信息，输出到什么部门，输出数据的格式是什么。

（3）确定新系统的边界。哪些功能现在就由计算机完成，哪些功能将来准备让计算机完成，哪些功能或活动由人工完成。由计算机完成的功能就是新系统应该实现的功能。

4．系统需求调查的内容

（1）数据库中的信息内容。数据库中需存储哪些数据，包括用户将从数据库直接或间接获得的信息内容和性质。

（2）数据处理内容。用户要完成什么数据处理功能，用户对数据处理响应时间的要求，数据处理的工作方式。

（3）数据安全性和完整性要求。数据的保密措施和存取控制要求，数据自身的或数据间的约束限制。

1.6.3　概念结构的设计

数据库概念结构设计通常采用 E-R 方法。这种方法不包括深的理论，但提供了一个简便、有效的方法。

使用 E-R 模型来进行概念模型的设计通常分两步进行，首先是建立局部概念模型，然后综合局部概念模型，成为全局概念模型。

1．设计分 E-R 图

概念结构设计是利用抽象机制对需求分析阶段收集到的数据分类、组织（聚集），形成实体集、属性和码，确定实体集之间的联系类型（一对一、一对多或多对多的联系），进而设计分 E-R 图。常用数据抽象的三种方法如下。

（1）分类（Classification）：定义某一类概念作为现实世界中一组对象的类型，这些对象具有某些共同的特性和行为。在 E-R 模型中，实体型就是这种抽象。例如，张三丰是学生，具有学生们共同的特性和行为。

（2）聚集（Aggregation）：定义某一类型的组成成分。在 E-R 模型中若干属性的聚集组成了实体型，就是这种抽象。例如，学生有学号、姓名、系别、专业、班级等属性。有时某一类型的组成成分也可能是一个聚集，例如，部门有部门名称、位置及经理等属性，而经理又有姓名、年龄、性别等属性。

（3）概括（Generalization）：定义类型之间的一种子集联系。例如，学生是一个实体型，小学生、本科生也是实体型。但小学生和本科生均是学生的子集。

2．合并分 E-R 图，生成初步 E-R 图（实例请参考"本章 1.4.3"中的相关内容）

合并时主要在以下三个方面进行概念的统一。

（1）属性冲突

① 属性域冲突，即属性值的类型、取值范围或取值集合不同。

② 属性取值单位冲突。

（2）命名冲突

① 同名异义冲突，即不同意义的对象在不同的局部应用中具有相同的名字。

② 异名同义冲突，即意义相同的对象在不同的局部应用中有不同的名字。

（3）结构冲突

① 同一对象在不同的应用中具有不同的抽象。

② 同一实体在不同分 E-R 图中的属性组成不一致。

③ 实体之间的联系在不同的分 E-R 图中呈现不同的类型。

3. 消除不必要的冗余，设计基本 E-R 图

1.6.4 逻辑结构的设计

逻辑结构阶段设计的任务是将基本 E-R 图转换为与选用 DBMS 产品所支持的数据模型相符合的逻辑结构。其过程为将概念结构转换为现有 DBMS 支持的关系、网状或层次模型中的某一种数据模型；从功能和性能要求上对转换的模型进行评价，看它是否满足用户要求；对数据模型进行优化。概念模型向关系模型转换的规则如下。

1. 实体集的转换规则

概念模型中的一个实体集转换为关系模型中的一个关系，实体的属性就是关系的属性，实体的码就是关系的码，关系的结构是关系模式。

2. 实体集间联系的转换规则

（1）1:1 联系的转换方法

① 将 1:1 联系转换为一个独立的关系：与该联系相连的各实体的码以及联系本身的属性均转换为关系的属性，且每个实体的码均是该关系的候选码。

② 将 1:1 联系与某一端实体集所对应的关系合并，则需要在被合并关系中增加属性，其新增的属性为联系本身的属性和与联系相关的另一个实体集的码。

【例 1-1】将图 1.11 中的 E-R 图转换为关系模型。

方案 1：联系形成的关系独立存在。

职工（<u>职工号</u>，姓名，年龄）；

产品（<u>产品号</u>，产品名，价格）；

负责（<u>职工号</u>，产品号）。

方案 2："负责"与"职工"两关系合并。

职工（<u>职工号</u>，姓名，年龄，产品号）；

产品（<u>产品号</u>，产品名，价格）。

方案 3："负责"与"产品"两关系合并。

职工（<u>职工号</u>，姓名，年龄）；

产品（<u>产品号</u>，产品名，价格，职工号）。

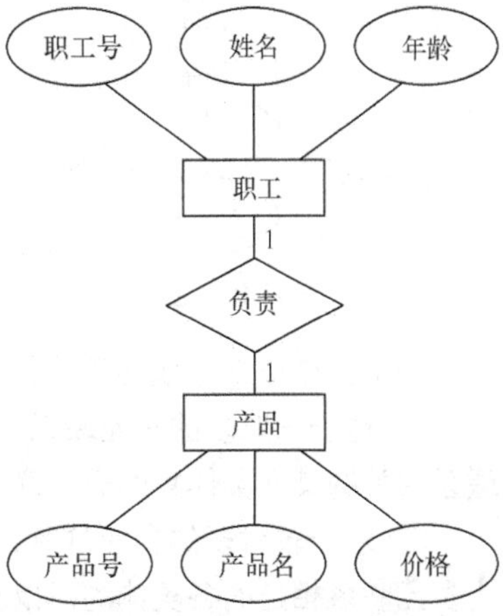

（2）1:n 联系的转换方法

一种方法是将联系转换为一个独立的关系，其关系的属性由与该联系相连的各实体集的码以及联系本身的属性组成，而该关系的码为 n 端实体集的码；另一种方法是在 n 端实体集中增加新属性，新属性由联系对应的 1 端实体集的码和联系自身的属性构成，新增属性后原关系的码不变。

图1.11 工作E-R图

【例 1-2】将图 1.12 含有 1:n 联系的 E-R 图转换为关系模型。

方案 1：联系形成的关系独立存在。

仓库（仓库号，地点，面积）；

产品（产品号，产品名，价格）；

仓储（仓库号，产品号，数量）。

方案 2：联系形成的关系与 n 端对象合并。

仓库（仓库号，地点，面积）；

产品（产品号，产品名，价格，仓库号，数量）。

（3）$m:n$ 联系的转换方法

在向关系模型转换时，一个 $m:n$ 联系转换为一个关系。转换方法为与该联系相连的各实体集的码以及联系本身的属性均转换为关系的属性，新关系的码为两个相连实体码的组合（该码为多属性构成的组合码）。

【例 1-3】将图 1.13 中含有 $m:n$ 联系的 E-R 图转换为关系模型。

图 1.13 转换后的关系模型为：

学生（学号，姓名，年龄，性别）；

课程（课程号，课程名，学时数）；

选修（学号，课程号，成绩）。

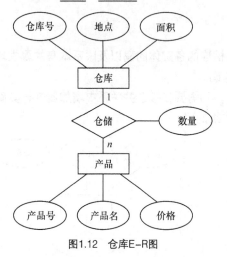

图1.12　仓库E-R图

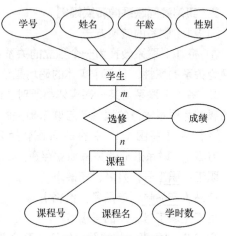

图1.13　学习E-R图

（4）三个或三个以上实体集间的多元联系的转换方法

① 对于一对多的多元联系，转换为关系模型的方法是修改 1 端实体集对应的关系，即将与联系相关的其他实体集的码和联系自身的属性作为新属性加入 1 端实体集中。

② 对于多对多的多元联系，转换为关系模型的方法是新建一个独立的关系，该关系的属性为多元联系相连的各实体的码以及联系本身的属性，码为各实体码的组合。

【例 1-4】将图 1.14 中含有多实体集间的多对多联系的 E-R 图转换为关系模型。

图 1.14 转换后的关系模型为：

供应商（供应商号，供应商名，地址）；

零件（零件号，零件名，单价）；

产品（<u>产品号</u>，产品名，型号）；
供应（<u>供应商号，零件号，产品号</u>，数量）。

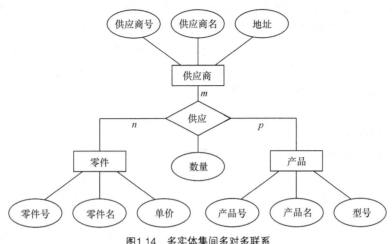

图1.14　多实体集间多对多联系

1.6.5　物理结构设计

系统的物理结构设计是在逻辑设计完成后进行的。物理设计是在计算机的物理设备上确定应采取的数据存储结构和存取方法，以及如何分配存储空间等问题。当确定之后，应用系统所选用的 DBMS 提供的数据定义语言把逻辑设计的结果（数据库结构）描述出来，并将源模式变成目标模式。由于目前使用的 DBMS 基本上是关系型的，物理设计的主要工作是由系统自动完成的，用户只要关心索引文件的创建即可。尤其是对微机关系数据库用户来说，用户可做的事情很少，用户只需用 DBMS 提供的数据定义语句建立数据库结构。

1.6.6　数据库的实施、运行和维护

完成数据库的物理设计之后，设计人员就要用 DBMS 提供的数据定义语言和其他实用程序将数据库逻辑设计和物理设计结果严格描述出来，成为 DBMS 可以接受的源代码，再经过调试产生目标模式。然后就可以组织数据入库了，这就是数据库的实施阶段。在数据部分入库后就可以对数据库系统进行联合调试，即数据库的试运行。试运行合格后，数据库的开发工作基本完成，就可以投入正式运行。此后，根据各方面因素的变化，需要不断地对数据库本身做经常性的维护工作，该工作交由 DBA 来完成，主要包含：数据库的转储和恢复，数据库的安全性、完整性控制，数据库性能的监督、分析和改造，数据库的重组织和重构造四个方面。

1.7　数据库设计的实例

以学生选课管理系统的数据库设计为例。其中对学生选课系统做了一定的简化，忽略了一些可能发生的异常情况，旨在重点阐述数据库设计步骤。

1．基本需求分析

某学校需要开发一套学生选课管理系统。为了收集设计数据库需要的信息，设计人员通过交谈、填写调查表等方式对使用系统的相关人员进行了系统的需求调研，得出系统要实现的功能有：通过该系统学生可以查看所有选修课程的相关信息，包括课程名、学时、学分，然后选择选修的课程（一个学生可以选修多门课程，一门课程可以由多个学生选修）；也可以查看相关授课老师的信息，包括教师姓名、性别、学历、职称。老师可以通过该系统查看选修自己课程的学生的信息，包括学号、姓名、性别、出生日期、班级（假定本校一个教师能教授多门课程，一门课程只能由一个教师任教）。在考试结束后，可以通过该系统录入学生的考试成绩，学生可以通过该系统查看自己的考试成绩。

2．概念结构设计

（1）该系统中各实体以及实体的属性组成如图 1.15 所示。

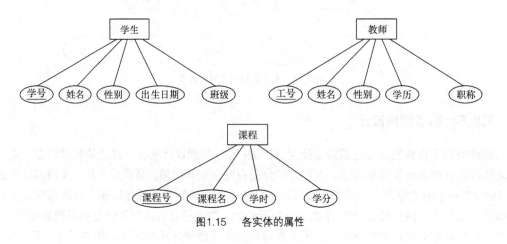

图1.15　各实体的属性

（2）根据实体类型和联系画出局部 E-R 图如图 1.16 所示。

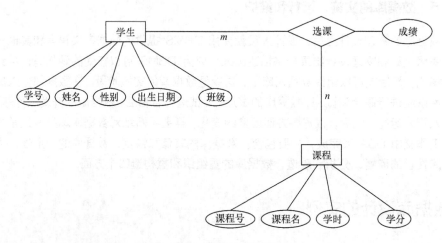

图1.16　各局部E-R图

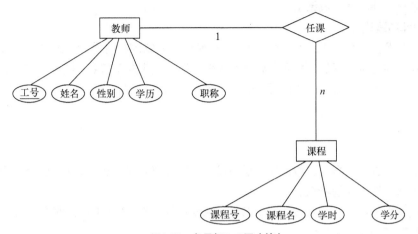

图1.16 各局部E-R图（续）

（3）将各局部 E-R 图进行合并消除冗余后，形成基本 E-R 图，如图 1.17 所示。

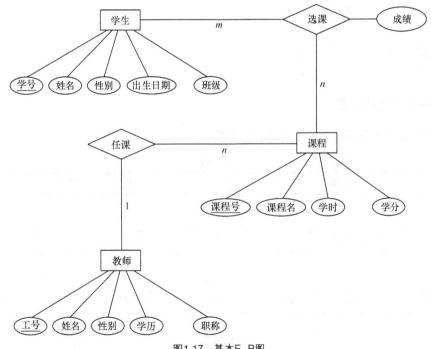

图1.17 基本E-R图

3. 逻辑结构设计

由图 1.17 基本 E-R 图按规则转换、进行规范化处理并优化后的关系模式是：

学生（学号，姓名，性别，出生日期，班级）；

教师（工号，姓名，性别，学历，职称）；

课程（课程号，课程名，学时，学分，授课教师工号）；

选课（学号，课程号，成绩）。

4. 数据库物理设计

通过以上步骤，结合 SQL Server 的特点，得到数据库物理结构设计，见本书 4.2.4 节。

数据库物理结构设计好后，即可在数据库系统中建立对应的库和表，填充一定的测试数据后就可以试运行应用程序，如无问题即可正式投入使用，后期只需做好更新和维护工作。

本章小结

（1）信息、数据、数据库、数据库管理系统、数据库管理员、数据库系统的定义及关系。

（2）数据库系统阶段的特点。

（3）常见的数据库：Oracle 数据库、SQL Server 数据库、MySQL 数据库、DB2 数据库、Access 数据库、SQLite 数据库。

（4）E-R 图的设计。

（5）关系模型的定义。

（6）1NF、2NF、3NF 的定义；关系数据库规范化的必要性、方法和过程。

（7）数据库设计步骤。

实训项目

网上书店数据库系统

网上书店数据库系统包括四个表，表结构如下。

会员表

会员编号	会员昵称	E-mail	联系电话	积分

图书类别表

类别编号	类别名称

图书表

图书编号	图书名称	作者	价格	出版社	折扣	图书类别

订购表

会员编号	图书编号	订购量	订购日期

针对该数据库系统做如下操作。

（1）根据各表结构，写出对应的关系模型。

（2）判断（1）中得到的各个关系分别属于 1NF、2NF、3NF 中的哪一个？

（3）根据（1）中得出的关系模型，画出其对应的 E-R 图。

课后习题

问答题

1. 数据库系统阶段有什么特点?
2. 什么是关系? 什么是关系型数据库?
3. 如何避免数据冗余? 什么是 1NF、2NF、3NF?
4. 简述采用 E-R 方法进行数据库概念设计的过程。

SQL Server 2008

2 Chapter

第 2 章
SQL Server 2008 概述

本章目标:
- 熟悉 SQL Server 2008 的发展史和特点
- 了解 SQL Server 2008 的安装环境要求
- 掌握 SQL Server 2008 的安装
- 熟悉 SQL Server 2008 的操作界面和常用功能

?

2.1　SQL Server 2008 简介

　　SQL Server 2008 是一个重要的产品版本，它推出了许多新的特性和关键的改进，使得它成为至今为止的最强大和最全面的 SQL Server 版本。表 2-1 概述了这一发展历程。

表 2-1　SQL Server 发展历程

年份	版本	说明
1988	SQL Server	与 Sybase 共同开发的、运行于 OS/2 上的联合应用程序
1993	SQL Server 4.2 一种桌面数据库	一种功能较少的桌面数据库，能够满足小部门数据存储和处理的需求。数据库与 Windows 集成，界面易于使用并广受欢迎
1994		微软与 Sybase 终止合作关系
1995	SQL Server 6.05 一种小型商业数据库	对核心数据库引擎做了重大的改写。这是首次"意义非凡"的发布，性能得以提升，重要的特性得到增强。这一版本的 SQL Server 具备了处理小型电子商务和互联网应用程序的能力，而在花费上却少于其他的同类产品
1996	SQL Server 6.5	SQL Server 逐渐凸显实力，以至于 Oracle 推出了运行于 NT 平台上的 7.1 版本作为直接的竞争
1998	SQL Server 7.0 一种 Web 数据库	再一次对核心数据库引擎进行了重大改写。这是相当强大的、具有丰富特性的数据库产品的明确发布，该数据库介于基本的桌面数据库（如 Microsoft Access）与高端企业级数据库（如 Oracle 和 DB2）之间（价格上也如此），为中小型企业提供了切实可行（并且还廉价）的可选方案。该版本易于使用，并提供了对于其他竞争数据库来说需要额外附加的昂贵的重要商业工具（如分析服务、数据转换服务），因此获得了良好的声誉
2000	SQL Server 2000 一种企业级数据库	SQL Server 在可扩缩性和可靠性上有了很大的改进，成为企业级数据库市场中重要的一员（支持企业的联机操作，其所支持的企业有 NASDAQ、戴尔和巴诺等）。它卓越的管理工具、开发工具和分析工具赢得了新的客户。2001 年，在 Windows 数据库市场（2001 年价值 25.5 亿美元），Oracle（34%的市场份额）不敌 SQL Server（40%的市场份额），最终将其市场第一的位置让出。2002 年，差距继续拉大，SQL Server 取得 45%的市场份额，而 Oracle 的市场份额下滑至 27%
2005	SQL Server 2005	对 SQL Server 的许多地方进行了改写，例如，通过名为集成服务（Integration Services）的工具来加载数据。不过，SQL Server 2005 最伟大的飞跃是引入了.NET Framework。引入.NET Framework 将允许构建.NET SQL Server 专有对象，从而使 SQL Server 具有灵活的功能，正如包含 Java 的 Oracle 所拥有的那样
2008	SQL Server 2008	SQL Server 2008 以处理目前能够采用的许多种不同的数据形式为目的，通过提供新的数据类型和使用语言集成查询（LINQ），在 SQL Server 2005 的架构的基础之上打造出了 SQL Server 2008。SQL Server 2008 同样涉及处理像 XML 这样的数据、紧凑设备（compact device）以及位于多个不同地方的数据库安装。另外，它提供了在一个框架中设置规则的能力，以确保数据库和对象符合定义的标准，并且，当这些对象不符合该标准时，还能够就此进行报告
2012	SQL Server 2012	SQL Server 2012 在原有的 SQL Server 2008 的基础上又做了更大的改进。除了保留 SQL Server 2008 的风格外，还在管理、安全、多维数据分析、报表分析等方面有了进一步的提升

（续表）

年份	版本	说明
2014	SQL Server 2014	SQL Server 2014 增加了最为激动人心的新特性：内存数据库。内存数据库可以在同样的硬件资源下，处理更多的并发和请求，并且不会被锁阻塞
2016	SQL Server 2016	SQL Server 2016 有很多引人注目的特性，如全程加密技术（Always Encrypted）、动态数据屏蔽（Dynamic Data Masking）、JSON 支持、多 TempDB 数据库文件等
2017	SQL Server 2017	SQL Server 2017 提供了图形数据库功能（实际是在表级别提供），图形数据库集成到关系型数据库中，便于关系型数据库使用 SQL 操作

SQL Server 2008 平台具有以下特点。

（1）可信任性——使得公司可以以很高的安全性、可靠性和可扩展性来运行他们最关键任务的应用程序。

（2）高效性——使得公司可以降低开发和管理他们的数据基础设施的时间和成本。

（3）智能性——提供了一个全面的平台，可以在用户需要的时候给他发送观察信息。

2.2 SQL Server 2008 的安装

2.2.1 SQL Server 2008 的应用环境

安装 SQL Server 2008 之前，需要先了解一下它的最低硬件要求，以此检查所拥有的计算机，以确定是否具备满足需求的硬件资源。

（1）CPU

对于运行 SQL Server 2008 的 CPU，建议的最低要求是 32 位版本对应 1 GHz 的处理器，64 位版本对应 1.6 GHz 的处理器，或兼容的处理器，或具有类似处理能力的处理器，但推荐使用 2 GHz 的处理器。处理器越快，SQL Server 运行得就越好，由此而产生的瓶颈也越少。

（2）内存

SQL Server 2008 需要的内存至少为 512 MB。如果要运行企业版，特别是若想要使用更高级的特性时，则至少需要有 1GB 的内存。推荐 2 GB 或者更大的内存。

在 SQL Server 2008 的安装过程中，内存不足不会导致安装停止，但会发出警告，以告知你需要更多的内存。

（3）硬盘空间

SQL Server 2008 需要比较大的硬盘空间。不考虑要添加的数据文件，SQL Server 2008 自身将占用 1 GB 以上的硬盘空间。当然，本章后面要用到的安装选项将决定总共所需的硬盘空间，通过选择不安装某个可选部件，可以减少对硬盘空间的需求。硬盘的售价不高，因此，最好是购买容量远远超出当前所需容量的硬盘，避免将来可能不得不另行购买硬盘以满足数据增长的要求，而随之带来移动资料、整理原先硬盘上的空间等问题。

此外，还需要在硬盘上留有备用的空间，以满足 SQL Server 2008 和数据库的扩展。另外，还需要为开发过程中要用到的临时文件准备硬盘空间。总之，考虑大的硬盘空间吧——多多益善！

（4）操作系统

SQL Server 2008 可以运行在 Windows Vista Home Basic 及更高版本上，也可以在 Windows XP 上运行。从服务器端来看，它可以运行在 Windows Server 2003 SP2 及 Windows Server 2008 上。它还可以运行在 Windows XP Professional 的 64 位操作系统上以及 Windows Server 2003 和 Windows Server 2008 的 64 位版本上。因此，可以运行 SQL Server 的操作系统是很多的。

2.2.2　SQL Server 2008 的安装

本书选择使用 SQL Server 2008 开发版，因为该版本最符合开发者所需。打开 SQL Server 2008 安装包，启动安装程序即可。下面讲述安装方法。

由于我们是在全新安装的 Windows 系统中安装 SQL Server 2008，因此出现了要求安装支持组件的对话框，如图 2.1 所示，单击"确定"按钮，进入下面安装步骤。注意，如果你的操作系统已经安装过这些组件，则可能不会出现该对话框。

图2.1　"Microsoft SQL Server 2008 安装程序"对话框

1. 安装.NET Framework 3.5 SP1 和 Windows Installer 4.5 支持组件

在图 2.2 所示的"Microsoft .NET Framework 3.5 SP1 安装程序"对话框中选择"我已经阅读并接受许可协议中的条款"，然后单击"安装"按钮。注意，此安装过程并不需要 Internet 连接。

安装完毕后，单击图 2.3 所示的"退出"按钮关闭对话框。稍后，安装程序将启动图 2.4 所示的"软件更新安装向导"对话框，单击"下一步"按钮继续。在图 2.5 所示的"软件更新安装向导"的许可协议中，选择"我同意"，然后单击"下一步"按钮继续。在弹出的图 2.6 所示的"KB942288-v3 安装程序"对话框中单击"继续"按钮，安装"Windows Installer 4.5"。安装完成后，SQL 安装程序要求重新启动计算机，如图 2.7 所示，单击"确定"按钮，重新启动计算机。

图2.2　使用安装程序

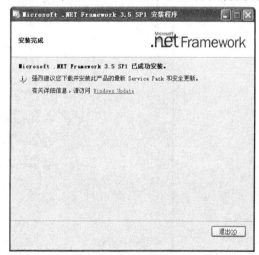

图2.3　安装完成

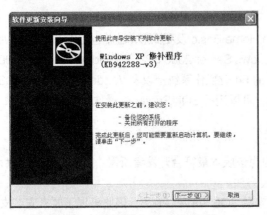

图2.4 "软件更新安装向导"对话框

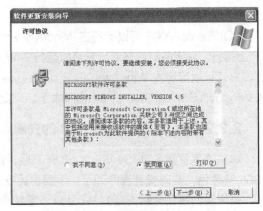

图2.5 "软件更新安装向导"的许可协议

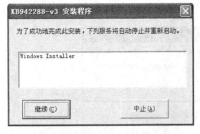

图2.6 "KB942288-v3 安装程序"对话框

图2.7 SQL安装程序重启界面

2. 安装 SQL Server 2008

计算机重新启动后，"SQL Server 安装中心"将自动运行，如图 2.8 所示。如果安装中心没有自动运行，则需要手动执行安装程序。注意，在 Windows 7 中安装时，请以管理员身份运行，具体操作方法：在安装程序上用鼠标右键单击，选择"以管理员身份运行"。如果出现"程序兼容性助手"对话框，单击"运行程序"继续执行安装程序。

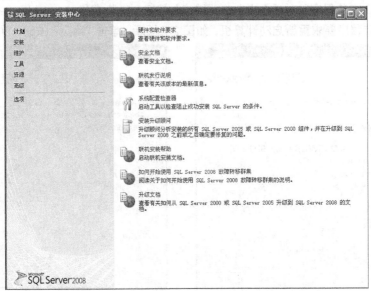

图2.8 SQL Server安装中心

　　在安装中心左侧选择"安装",然后选择"全新 SQL Server 独立安装或向现有安装添加功能",如图 2.9 所示。

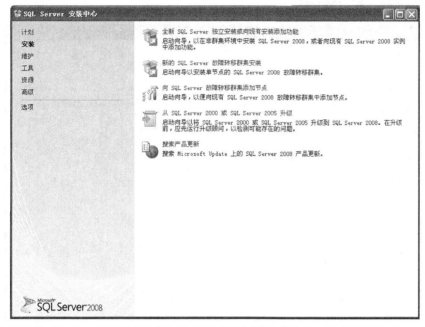

图2.9 "SQL Server 安装中心"安装选项

　　稍后,"SQL Server 2008 安装程序"将会启动,它将自动进行"安装程序支持规则"检查,检查完毕后,单击"显示详细信息"。如果存在状态"未通过",则需要根据其提示信息,更新或更改操作系统或软件设置。如果状态都是"已通过",如图 2.10 所示,则单击"确定"按钮继续。

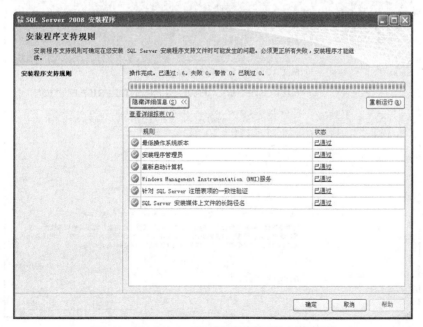

图2.10 SQL Server 2008安装程序规则检查结果界面

如果已经购买产品密钥，则输入产品密钥，如图 2.11 所示。如果未购买产品密钥，请选择"指定可用版本"，选择"Enterprise Evaluation"试用版，此试用版不会屏蔽任何功能，可试用180 天。单击"下一步"按钮继续。

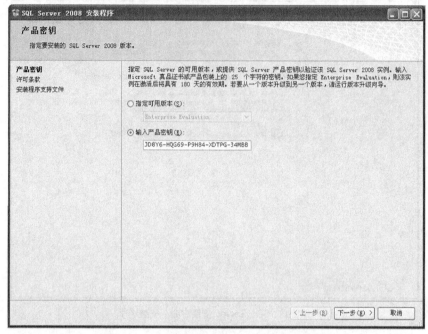

图2.11　SQL Server 2008安装程序版本选择界面

勾选"我接受许可条款"，如图 2.12 所示，单击"下一步"按钮继续。

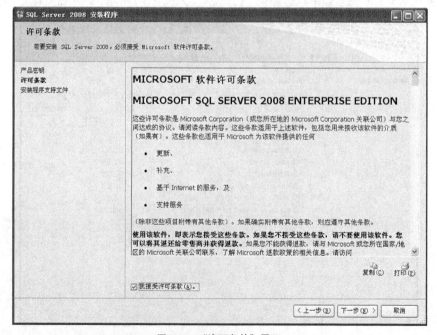

图2.12　"许可条款"界面

单击"安装"按钮，如图 2.13 所示，安装程序支持文件。

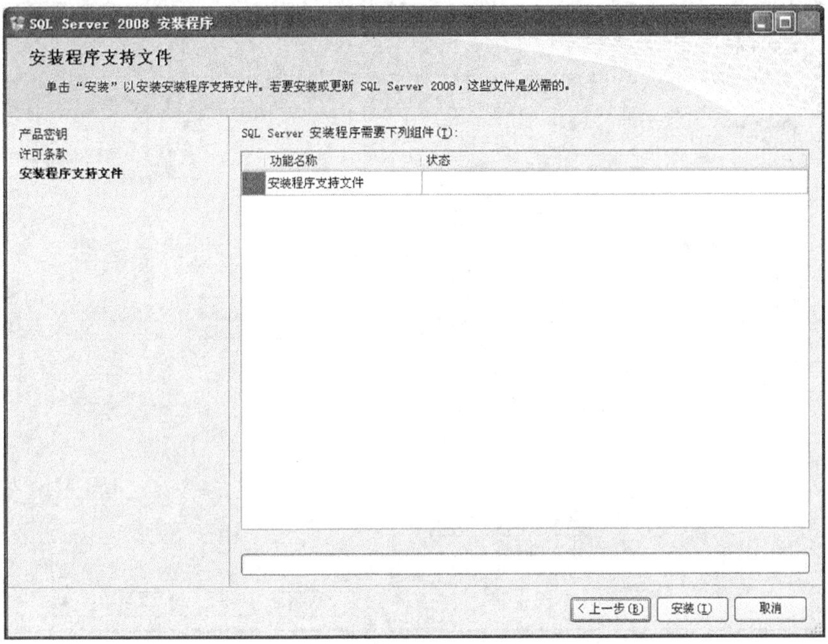

图2.13　"安装程序支持文件"界面

"安装程序支持文件"安装完毕后，安装程序将再次进行"安装程序支持规则"检查，如图 2.14 所示。检查完毕后，单击"下一步"按钮继续。

图2.14　"安装程序支持规则"检查

在安装程序"功能选择"页中勾选"数据库引擎服务""管理工具–基本"和"管理工具–完

整"，如图 2.15 所示。如果需要其他功能，请勾选相应选项。单击"下一步"按钮继续。

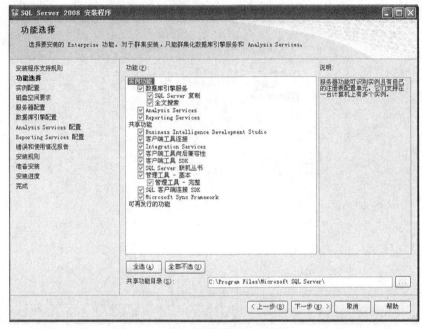

图2.15 "功能选择"界面

在图 2.16 所示的"实例配置"页中可以修改实例名和实例安装目录。修改完毕后，单击"下一步"按钮继续。

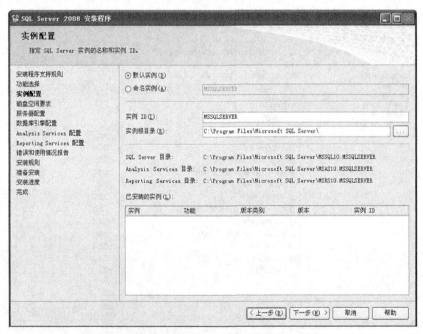

图2.16 实例配置

进入图 2.17 所示中的"磁盘空间要求"页，单击"下一步"按钮继续。

　　进入图 2.18 所示中的"服务器配置"页，在"服务账户"选项卡中，选择"SQL Server 代理"和"SQL Server Database Engine"的账户名，然后单击"下一步"按钮继续。

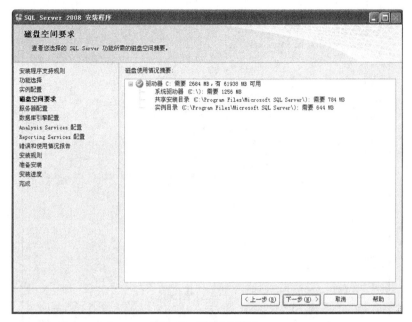

图2.17　磁盘空间要求

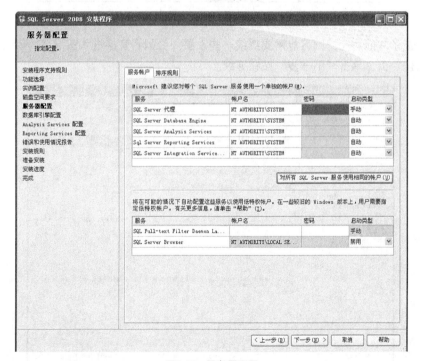

图2.18　服务器配置

　　进入图 2.19 所示的"数据库引擎配置"页，在"账户设置"选项卡中，单击"添加当前用户"按钮。如果要使用"SQL Server 身份认证"方式连接数据库，则要在"身份认证模式"一栏中选择"混合模式（SQL Server 身份验证和 Windows 身份验证）"，并设置密码。该密码是内置账户"sa"的密码。然后单击"下一步"按钮继续。

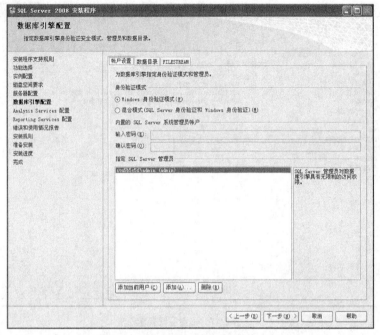

图2.19　数据库引擎配置页

如果勾选了其他功能，则可能需要继续一些设置。否则将直接进入图 2.20 所示的"错误和使用情况报告"页，单击"下一步"按钮继续。

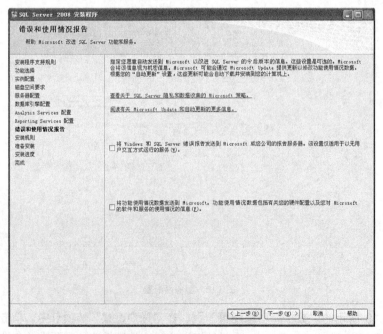

图2.20　错误和使用情况报告

安装程序将再次检查"安装规则",如图 2.21 所示。检查完毕后,单击"下一步"按钮继续。

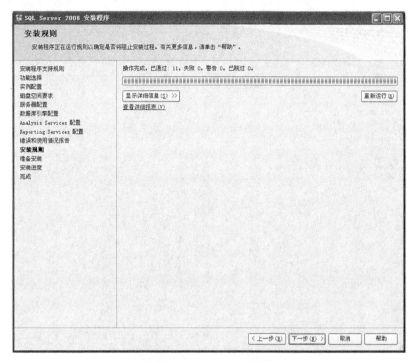

图2.21 "安装规则"检查界面

安装程序进入图 2.22 所示的"准备安装"页,单击"安装"按钮继续。

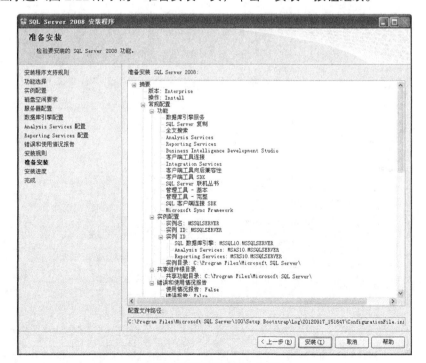

图2.22 "准备安装"界面

整个安装过程可能需要 10min，如图 2.23 所示。

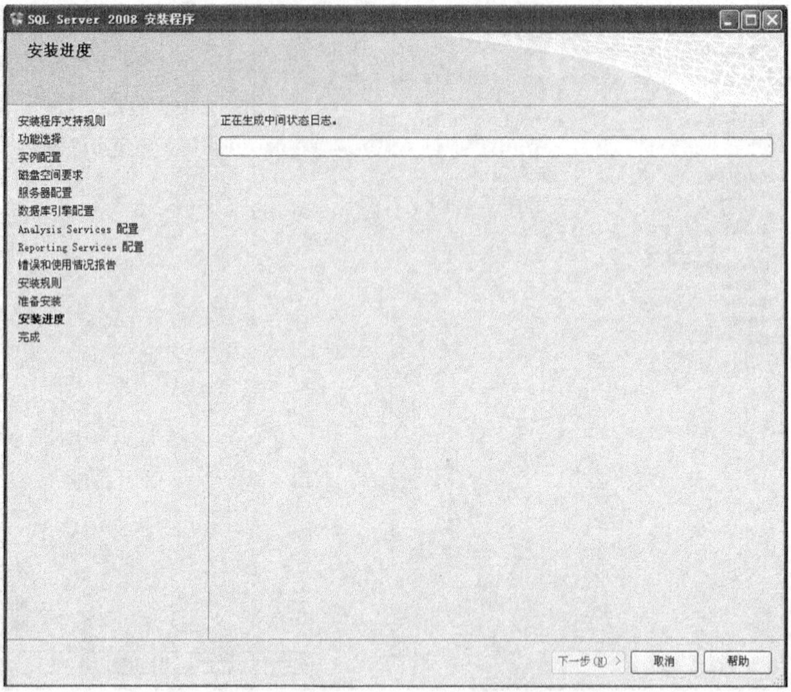

图2.23 "安装进度"界面

安装完成后，如图 2.24 所示。

图2.24 "安装过程完成"界面

单击"下一步"按钮，进入图 2.25 所示的安装成功界面。

图2.25　SQL Server 2008安装成功

最后，关闭"SQL Server 安装中心"完成 SQL 2008 的安装。至此，SQL Server 2008 的整个安装过程就结束了。

2.3　SQL Server 的管理工具

启动"开始"菜单中的 SQL Sever 2008，如图 2.26 所示。

图2.26　"开始"菜单

单击 SQL Server Management Studio，打开图 2.27 所示的对话框。

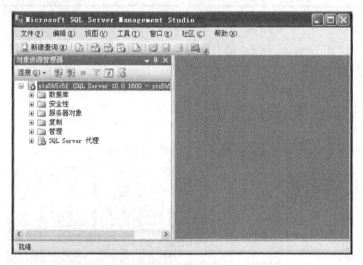

图2.27 "连接到服务器"界面

填写或选择相应的信息后，单击"连接"按钮，进入图 2.28 所示的界面。通过管理工具便可进行创建对象、管理对象等操作了。

图2.28 管理工具

若要数据库被外部应用程序所用，需做如下设置。启动图 2.29 中的"SQL Server 配置管理器"。

单击"SQL Server 配置管理器"后进入图 2.30 所示的界面，必须保证椭圆圈起的选项处于"正在运行"状态，数据库才可以正常工作。

选择"SQL Server 网络配置"下的"MSSQLSERVER 的协议"，如图 2.31 所示。

将"TCP/IP"的状态保持为"已启用"，并双击"TCP/IP"，进入图 2.32 所示的界面。

图2.29　启动"SQL Server配置管理器"

图2.30　SQL Server配置管理器

图2.31　"MSSQLSERVER的协议"界面　　　　　　图2.32　"TCP/IP属性"窗口

将图 2.32 中所有的 TCP 端口的值都设为 1433，单击"确定"按钮。至此，数据库就可以被外部应用程序通过 1433 端口正常访问到了。

本章小结

（1）SQL Server 2008 的特点和发展历程。

（2）SQL Server 2008 对安装环境的要求。

（3）SQL Server 2008 的图解安装过程。

（4）SQL Server 2008 中管理工具的使用。

（5）SQL Server 2008 中的数据被外部应用程序正常访问的配置过程。

实训项目

安装并配置 SQL Server 2008。

3 Chapter

第 3 章
数据库管理

本章目标：

● 了解系统数据库及其作用
● 掌握数据库文件的分类
● 掌握创建数据库的方法
● 掌握数据库的查看、修改和删除等
  操作

数据库是数据库管理系统的基础与核心，是存放数据库对象的容器，数据库文件是数据库的存在形式。数据库管理就是定义数据库及修改和维护数据库的过程。

3.1 SQL Server 2008 数据库概述

SQL Server 2008 中数据库分为系统数据库和用户数据库两种类型，它们都可用来存储数据，而 SQL Server 2008 的系统数据库还可以用来管理系统。

3.1.1 系统数据库

SQL Server 2008 系统数据库存储有关 SQL Server 的信息，SQL Server 使用系统数据库来操作和管理系统。安装 SQL Server 2008 时系统会自动创建 5 个系统数据库，分别是 master、model、msdb、tempdb 及 resource。其中前 4 个系统数据库是可见的，如图 3.1 所示。而 resource 数据库则为隐藏数据库。

下面介绍 5 个数据库提供的基本功能与存储的基本信息。

图3.1　系统数据库

1. master 数据库

master 数据库是 SQL Server 2008 最重要的数据库，它存储了 SQL Server 2008 系统的所有系统级别信息。这些系统级别信息包括所有的登录信息、系统设置信息、SQL Server 的初始化信息和其他系统数据库及用户数据库的相关信息，这些信息都记录在 master 数据库的各个表中。

master 数据库对 SQL Server 系统极为重要，它一旦受到破坏，如被用户无意删除了数据库中的某个表，就有可能导致 SQL Server 系统彻底瘫痪，SQL Server 将无法启动，因此用户轻易不要直接访问 master 数据库，更不要修改 master 数据库，也不要把用户数据库对象创建到 master 数据库中。

2. model 数据库

model 数据库是 SQL Server 2008 创建用户数据库的模板。

model 数据库是所有用户数据库和 tempdb 数据库的模板数据库，它含有 master 数据库所有系统表的子集，每当创建一个用户数据库时，SQL Server 服务器都要把 model 数据库的内容自动复制到新的数据库中作为新数据库的基础，这样可以大大简化数据库及其对象的创建和设置。

3. msdb 数据库

msdb 数据库是代理服务器数据库，用于存储报警、作业及操作信息。

4. tempdb 数据库

tempdb 数据库为临时表和临时存储过程提供存储空间，所有与系统连接的用户的临时表和临时存储过程，以及 SQL Server 产生的其他临时性对象都存储于该数据库中。它属于全局资源，没有专门的权限限制。不管用户使用哪个数据库，他们所建立的所有临时表和临时存储过程都存储在 tempdb 临时数据库中。

SQL Server 每次启动时，tempdb 临时数据库被重新建立，当用户与 SQL Server 断开时，其临时表和临时存储过程将被自动删除。

5. resource 数据库

resource 数据库包含了 SQL Server 2008 中的所有系统对象，该数据库具有只读特性。

3.1.2　数据库文件分类

在 SQL Server 数据库的物理存储结构上，至少具有两个操作系统文件，即数据文件和事务日志文件。一般的 SQL Server 2008 数据库具有以下 3 种类型的操作系统文件。

1. 主要数据文件

主要数据文件（Primary Data File）包含数据库的启动信息，并指向数据库中的其他文件。主要数据文件的文件扩展名是.mdf。用户数据和对象可存储在此文件中，也可以存储在次要数据文件中。每个数据库必须有一个且只能有一个主要数据文件。

2. 次要数据文件

次要数据文件（Secondary Data File）是可选的，由用户定义并存储用户数据。次要数据文件的文件扩展名是.ndf。通过将每个次要数据文件放在不同的磁盘驱动器上，可将数据分散到多个磁盘上。如果数据库超过了单个 Windows 文件的最大容量，使用次要数据文件，数据库就能继续增长。

3. 事务日志文件

事务日志文件（Transaction Log File）用于记录所有事务以及每个事务对数据库所做的修改。其文件扩展名为.ldf。当数据库损坏时，管理员可以使用事务日志文件恢复数据库。每一个数据库必须至少拥有一个事务日志文件，并允许拥有多个事务日志文件。

采用主要数据文件和次要数据文件来存储数据，数据的容量可以无限制地扩充而不受操作系统文件大小的限制。可以将数据文件保存在不同的硬盘上，因而提高了数据处理的效率。在一般情况下，一个简单的数据库可以只有一个主要数据文件和一个事务日志文件。如果数据库很大，可以使用一个主要数据文件和多个次要数据文件，数据库内的数据和对象分布到这些主要和次要数据文件中；另外可以设置多个事务日志文件来保存事务日志信息。

SQL Server 的文件名有两个名称，即逻辑文件名和操作系统文件名。逻辑文件名是在所有 T-SQL 语句中引用物理文件时所使用的名称，逻辑文件名必须符合 SQL Server 的标识符规则，而且数据库中的逻辑名必须是唯一的。操作系统文件名是包括路径的物理文件名。

3.1.3　数据库文件组

为了方便数据的分配、放置和管理，SQL Server 2008 提供了对数据库的文件进行分组管理的功能，可以将文件分成不同的文件组。文件组可以将数据分布在多个磁盘上，并在查询过程中使用并行线程，从而改善系统的性能，同时文件组也有利于数据库的维护。例如，可以将一个数据库的三个次要数据文件（data1.ndf、data2.ndf、data3.ndf）分别创建在三个磁盘上，假设这三个文件组成的文件组是 filegroup1。这样在文件组 filegroup1 上创建一个表，这个表中的数据就可以分布到三个磁盘上，在对表执行查询时，系统利用并行线程同时扫描三个磁盘，这样就提高了查询效率。

数据库的文件组有两种类型：主文件组（PRIMARY 文件组）和用户定义文件组。主文件组是由系统定义的，里面包含主要数据文件和未放入其他文件组的所有次要数据文件。数据库的系统表都包含在主文件组中，每个数据库有一个主文件组。通常主文件组也是默认文件组。如果在数据库中创建对象时没有指定对象所属的文件组，对象将被分配给默认文件组即主文件组中。

用户定义文件组是由用户定义的，用于将多个次要数据文件集合起来，以便进行管理、数据分配和放置。

一个数据文件只能属于一个文件组，事务日志文件不能属于任何文件组。

3.2 创建数据库

在 SQL Server 2008 系统中可以使用 SQL Server Management Studio 创建数据库，此方法直观简单，以图形化的方式完成数据库的创建和数据库属性的设置；也可以使用 T-SQL 语句创建数据库和设置数据库的属性，这种方法可以把创建的数据库脚本保存下来，在其他机器上运行此脚本可创建相同的数据库。

创建数据库的过程实际上是设计数据库的名称、设计数据库所占用的存储空间、设计存放文件的过程。因此创建数据库之前，必须先确定数据库的名称、数据库的所有者、文件的初始大小、数据的增长方式、存储数据库文件的路径和数据库的属性等。下面介绍两种创建数据库的方法。

3.2.1 使用 SQL Server Management Studio 创建数据库

【例 3-1】为某高校创建一个名为"学生选课"的数据库。

具体操作步骤如下。

（1）启动 SQL Server Management Studio。

（2）在"对象资源管理器"中，右键单击"数据库"，在弹出的快捷菜单中，选择"新建数据库"选项，如图 3.2 所示。

（3）在打开的"新建数据库"窗口中，有 3 个选项，分别是"常规""选项"和"文件组"。选中"常规"选项，在"数据库名称"文本框中输入"学生选课"，如图 3.3 所示。

（4）在"数据库文件"项中，SQL Server 自动创建了一个主要数据文件和一个事务日志文

图3.2　新建数据库

件，并自动设置数据库主要数据文件"逻辑名称"为"学生选课"，"文件类型"为"行数据"，主要数据文件所在的"文件组"为"PRIMARY"，"初始化大小"为 3MB，"自动增长"为"增量为 1MB，不限制增长"。不修改这些参数，只将主要数据文件路径修改为"D:\data"。

（5）SQL Server 自动设置事务日志文件"逻辑名称"为"学生选课_log"，"文件类型"为"日志"，本例中这两个参数不更改。事务日志文件不属于任何一个文件组，所以"文件组"项为"不适应"。将事务日志文件的"初始化大小"修改为 2MB。单击"自动增长"编辑框右侧的按钮，打开"更改学生选课_log 的自动增长设置窗口"，选择"启动自动增长"，在"文件增长"项下选择"按百分比"，并在右侧编辑框中输入"10"。在"最大文件大小"项下选择"限制文件增长"，并在右侧编辑框中输入"5"。单击"确定"按钮回到"新建数据库"窗口。将事务日志文

件的路径修改为 "D:\data"。

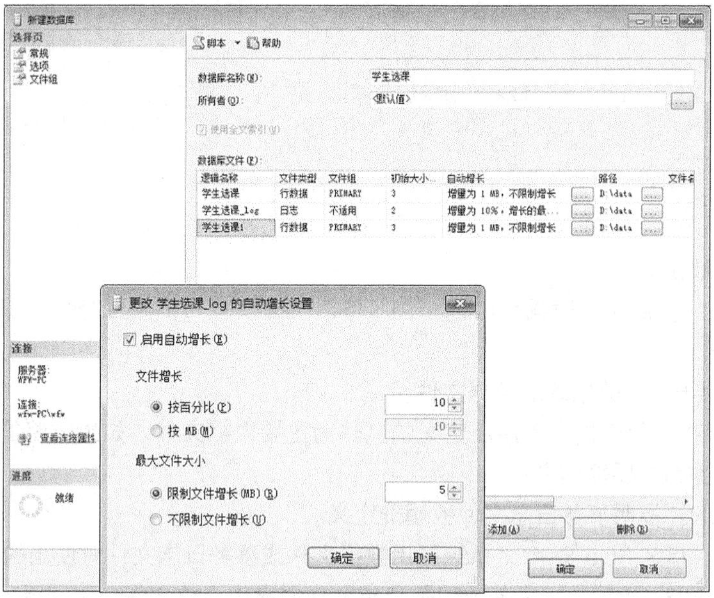

图3.3　新建数据库设置

（6）单击"添加"按钮，添加一个数据库文件项，将该项"逻辑名称"设为"学生选课1"，更改路径为"D:\data"，其他参数使用默认设置。

　　每次单击"添加"按钮，添加的新数据库文件项的"文件类型"都是"行数据"，指明这是一个数据文件。如果想将增加的数据库文件设为事务日志文件，可以单击"文件类型"编辑框，再单击编辑框右侧出现的下拉键，在出现的下拉选项中选择"日志"即可。

　　（7）选中"选项"，修改"自动收缩"为"true"（自动收缩数据和日志文件），"自动关闭"为"true"（保证当用户结束连接所有数据库的进程时数据库自动关闭，资源再变为可用资源），其他使用默认选择。

　　（8）"文件组"选项中默认只有一个"PRIMARY"文件组，在本例中不增添新的文件组。

　　（9）单击"确定"按钮，关闭"新建数据库"窗口，完成"学生选课"数据库的创建。

　　创建完用户数据库后，就可以在 SQL Server Management Studio 的控制台目录窗口中展开"数据库"，用户就可以看到新建的数据库"学生选课"了。

3.2.2　使用 SQL 语句创建数据库

语法格式如下：

```
CREATE DATABASE database_name
 [ ON   [ PRIMARY ]
   { <filespec> [ ,...n ] }
   [ , <filegroup> [ ,...n ] ]
 [ LOG ON { <filespec> [ ,...n ] } ]
```

　其中：

```
<filespec> ::=
{(NAME = logical_file_name ,
 FILENAME = os_file_name,
 [ , SIZE = size ]
 [ , MAXSIZE = { max_size | UNLIMITED } ]
 [ , FILEGROWTH = growth_increment [ KB | MB | GB | TB | % ] ]
) [ ,...n ]}
<filegroup> ::=
{FILEGROUP filegroup_name | DEFAULT}
```

对其中各参数说明如下。

（1）database_name：数据库名称，在服务器中必须唯一，并且符合标识符命名规则，最长为 128 个字符。

（2）ON：用于定义数据库的数据文件。

（3）PRIMARY：用于指定其后所定义的文件为主要数据文件，如果省略的话，系统将把第一个定义的文件作为主要数据文件。

（4）LOG ON：指明事务日志文件的明确定义。

（5）NAME：指定 SQL Server 系统应用数据文件或事务日志文件时使用的逻辑文件名。

（6）FILENAME：指定数据文件或事务日志文件的操作系统文件名称和路径，即数据库文件的物理文件名。

（7）SIZE：指定数据文件或事务日志文件的初始容量，默认单位为 MB。SQL Server 2008 中，数据文件默认大小为 3 MB，事务日志文件默认大小为 1 MB。

（8）MAXSIZE：指定数据文件或事务日志文件的最大容量，默认单位为 MB。如果省略 MAXSIZE，或指定为 UNLIMITED，则文件的容量可以不断增加，直到整个磁盘满为止。

（9）FILEGROWTH：指定数据文件或事务日志文件每次增加容量的大小，当指定数据为 0 时，表示文件不增长。

（10）FILEGROUP：用于指定数据文件所属的用户自定义文件组。默认文件组为主文件组"PRIMARY"。

（11）DEFAULT：指定文件组为默认文件组。

【例 3-2】创建"SELCourse"数据库。将该数据库的数据文件存储在 D:\data 下，数据文件的逻辑名称为 SELCourse，文件名为 SELCourse.mdf，初始大小为 10MB，最大容量不限制，每次增长为 10%；该数据库的日志文件逻辑名称为 SELCourse_log，文件名为 SELCourse_log.ldf，初始大小为 3MB，最大容量为 5MB，每次增长 1MB。

操作步骤如下。

（1）在 SQL Server Management Studio 中，单击工具栏上的"新建查询"按钮，或选择"文件"→"新建"→"数据库引擎查询"命令，打开一个新的查询编辑器窗口。

（2）在查询编辑器窗口中输入以下 SQL 语句：

```
CREATE DATABASE SELCourse
ON
( NAME ='SELCourse',
  FILENAME='D:\data\SELCourse.mdf',
  SIZE=10MB,
```

```
    MAXSIZE = UNLIMITED,
    FILEGROWTH = 10%)
LOG ON
( NAME= 'SELCourse_log',
    FILENAME='D:\data\ SELCourse_log.ldf',
    SIZE=3MB,
    MAXSIZE = 5MB,
    FILEGROWTH = 1MB)
```

（3）单击"查询"菜单中的"分析"或工具栏的分析按钮，进行语法分析，保证上述语句语法的正确性。

（4）按 F5 键或是单击"查询"菜单中的"执行"，或是单击工具栏上的执行按钮，执行上述语句。

（5）在"消息"窗口中将显示相关消息，告诉用户数据库创建是否成功。

【说明】在执行代码前，数据文件和日志文件所在的目录必须存在，如果不存在将产生错误，创建数据库失败。所命名的数据库名称必须是唯一的，否则创建数据库也将失败。

【例 3-3】创建一个名为"student"的数据库，数据库文件位于"D:\data"。数据库包含三个数据文件和一个事务日志文件。三个数据文件逻辑名称分别为 student1、student2、student3，文件名分别为 student1.mdf、student2.ndf、student3.ndf，初始大小都为 10MB，最大容量为 30MB，每次增长 5%。student3.ndf 放在自定义文件组 FileDb 中。事务日志文件逻辑名为 student_log，文件名为 student_log.ldf，初始大小为 3MB，最大容量为 5MB，每次增长 1MB。

操作步骤如下。

（1）在 SQL Server Management Studio 中，单击工具栏上的"新建查询"按钮，或选择"文件"→"新建"→"数据库引擎查询"命令，打开一个新的查询编辑器窗口。

（2）在查询编辑器窗口中运行以下 SQL 语句：

```
CREATE DATABASE  student
ON
( NAME = 'student1',
    FILENAME = 'D:\data\student1.mdf',
    SIZE = 10,
    MAXSIZE = 30,
    FILEGROWTH = 5% ),
( NAME = 'student2',
    FILENAME = 'D:\data\student2.ndf',
    SIZE = 10,
    MAXSIZE = 30,
    FILEGROWTH = 5% ),
FILEGROUP  FileDb
( NAME= 'student3',
    FILENAME = 'D:\data\student3.ndf',
    SIZE = 10,
    MAXSIZE = 30,
    FILEGROWTH = 5% )
LOG ON
( NAME= 'student_log',
    FILENAME='D:\data\student_log.ldf',
```

```
SIZE=3MB,
MAXSIZE = 5MB,
FILEGROWTH = 1MB)
```

单击工具栏上的执行按钮，数据库创建成功。

3.3 管理数据库

数据库在使用过程中有些属性可能会发生变化，如容量大小、数据库性能等，用户可以用自动和手工的方式对数据库进行增、删、改、收缩、属性的修改等有效的管理。

3.3.1 选择数据库

当用户登录 SQL Server 2008 服务器，连接上 SQL Server 后，用户需要连接上服务器中的一个数据库，才能使用该数据库中的数据。如果用户没有预先指定连接哪个数据库，SQL Server 会自动连接上 master 系统数据库。用户可以在查询窗口利用 USE 命令来打开或切换至不同的数据库。

打开或切换数据库的命令格式如下：

```
USE database_name
```

其中，database_name 表示想要打开或切换的数据库名。

【例 3-4】打开数据库"学生选课"。

```
USE 学生选课
```

3.3.2 查看数据库

对于服务器上已有的数据库可以分别用 SQL Server Management Studio 和 SQL 语句来查看数据库的信息。

1. 使用 SQL Server Management Studio 查看数据库信息

数据库创建以后，可以利用 SQL Server Management Studio 管理控制台查看创建的数据库基本信息。

如查看数据库"学生选课"的属性，可以用鼠标右键单击该数据库名，在弹出的菜单中选择"属性"命令，弹出"数据库属性–学生选课"对话框，在"常规"选择页中，可看到数据库的基本信息；在"文件"选择页中，可看到数据库的文件信息，如图 3.4 所示；在其他选择页中，可以查看数据库的其他信息。

2. 使用 sp_helpdb 查看数据库信息

查看数据库信息的基本语法格式如下：

```
sp_helpdb  [数据库名]
```

如果不指定数据库名，则显示当前服务器中的所有数据库的信息。如果指定数据库名，则只显示指定的数据库的信息。

【例 3-5】查看当前服务器上数据库"学生选课"的信息。

在查询编辑器窗口执行如下 SQL 语句：

```
sp_helpdb  学生选课
```

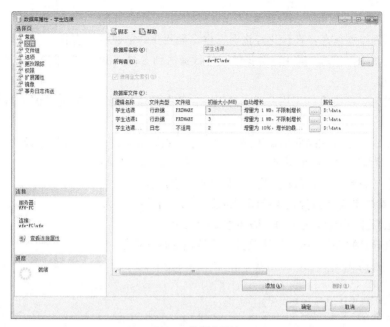

图3.4 数据库属性

【例 3-6】查看当前服务器上所有数据库的信息。

在查询编辑器窗口执行如下 SQL 语句：

```
sp_helpdb
```

3.3.3 修改数据库

1. 在 SQL Server Management Studio 中修改数据库

【例 3-7】在 SQL Server Management Studio 中完成对"学生选课"数据库的修改。

（1）启动 SQL Server Management Studio，展开数据库节点。

（2）用鼠标右键单击"学生选课"，在出现的快捷菜单中选择"属性"，打开"数据库属性"对话框，如图 3.4 所示。

（3）打开"数据库属性"对话框后，可以进行数据库属性的修改。

在"数据库属性"对话框内含有"常规""文件""文件组""选项""权限""扩展属性""镜像"和"事务日志传送"共 8 个选择页。

在"常规"选择页中显示当前数据库的名称、状态、所有者、创建日期、大小、可用空间、用户数以及数据库上次备份日期和维护规则等信息，可对相关信息在页面进行修改。

在"文件"选择页中可以修改数据文件和事务日志文件的逻辑名称、文件类型、文件组、初始大小（MB）、自动增长等信息。

在"文件组"选择页中可以添加或删除文件组。

在"选项"选择页中可以对数据库的排序规则、恢复模式、兼容级别以及恢复、游标、杂项、状态、自动等属性进行修改。对其中常用的有关参数说明如下。

① ANSI NULL 默认设置：允许在数据库表的列（字段）中输入空（NULL）值。

② 递归触发器已启用：允许触发器递归调用。SQL Server 设定的触发器递归调用的层数最

多为 32 层。

③ 自动创建统计信息：在优化查询时，根据需要自动创建统计信息。

④ 自动更新统计信息：当用户数据修改的数量达到 SQL Server 内部的判断条件时，就会自动更新统计信息。

⑤ 自动关闭：数据库中无用户时，系统会自动关闭该数据库，并将所占用的资源交给操作系统。

⑥ 自动收缩：允许定期对数据库进行检查，当数据库文件或日志文件的未用空间超过其大小的 25% 时，系统将会自动缩减文件大小使其未用空间等于 25%。

在"权限"选择页中可以设置用户对数据库的使用权限。

其他属性参数更具体的含义请参阅"SQL Server 联机丛书"。

2. 用 ALTER DATABASE 语句修改数据库

使用 ALTER DATABASE 语句修改数据库的语法格式如下：

```
ALTER DATABASE database_name
{ ADD FILE < filespec > [ ,...n ]
[ TO FILEGROUP filegroup_name ]
| ADD LOG FILE < filespec > [ ,...n ]
| REMOVE FILE logical_file_name
| ADD FILEGROUP filegroup_name
| REMOVE FILEGROUP filegroup_name
| MODIFY FILE < filespec >
| MODIFY NAME = new_dbname
| MODIFY FILEGROUP filegroup_name
{ <filegroup_updatability_option>
    | DEFAULT
    | NAME = new_filegroup_name
    }
```

其中：

```
<filespec>::=
(
  NAME = logical_file_name
  [ , NEWNAME = new_logical_name ]
  [ , FILENAME = 'os_file_name' ]
  [ , SIZE = size ]
  [ , MAXSIZE = { max_size|UNLIMITED } ]
  [ , FILEGROWTH = growth_increment [ KB | MB | GB | TB| % ] ]
)
<filegroup_updatability_option>::=
{
  { READONLY | READWRITE }
  | { READ_ONLY | READ_WRITE }
}
```

对其中的参数说明如下。

（1）ADD FILE：增加数据文件到数据库。

（2）ADD LOG FILE：增加事务日志文件到数据库。

（3）REMOVE FILE：删除文件。

（4）REMOVE FILEGROUP：删除文件组，要求文件组必须为空。

（5）ADD FILEGROUP：增加文件组。

（6）MODIFY FILE：更改文件的属性，一次只能更改一个文件属性。

（7）MODIFY NAME：数据库更名。

参数更具体的含义请参阅"SQL Server 联机丛书"。

【例 3-8】"学生选课"数据库经过一段时间的使用后，数据量不断增大，将引起数据库空间不足。现增加一个数据文件存储在"D:\data"路径下，数据文件的逻辑名为"学生选课 2"，初始大小为 20MB，增量为 10MB。

在查询编辑器窗口执行如下 SQL 语句：

```
ALTER DATABASE 学生选课
ADD FILE
( NAME ='学生选课 2',
FILENAME = 'D:\data\学生选课 2.NDF',
SIZE=20MB,
MAXSIZE=1GB,
FILEGROWTH=10MB )
```

【例 3-9】将数据库"学生选课"重命名为"XSXK"。

在查询编辑器窗口执行如下 SQL 语句：

```
ALTER DATABASE 学生选课
MODIFY NAME=XSXK
GO
```

【例 3-10】在 SQL Server Management Studio 中将"XSXK"数据库重命名为"学生选课"。具体操作步骤如下。

（1）在"对象资源管理器"中，用鼠标右键单击"XSXK"数据库，在弹出的快捷菜单中选择"重命名"选项。

（2）输入新数据库名"学生选课"，然后按 Enter 键。

3.3.4　收缩数据库

在 SQL Server 系统中，通过改变数据库引擎的设置会定期检查每一个数据库空间的使用情况。如把某个数据库的 AUTO_SHRINK 选项设置为 ON，则数据库引擎将自动收缩数据库文件的大小；如果把该选项设置为 OFF，则不会自动收缩数据库文件的大小。该选项的默认值是 OFF。

1. 使用 SQL Server Management Studio 收缩数据库

在 SQL Server Management Studio 的"对象资源管理器"窗口选择数据库"学生选课"，用鼠标右键单击，依次选择"任务"→"收缩"→"文件"命令，打开"收缩文件"对话框，如图 3.5 所示。在"收缩文件"对话框中，选择"文件类型""文件组""文件名"，然后选择收缩类型后，单击"确定"按钮，就收缩数据库"学生选课"了。

2. 在 ALTER DATABASE 语句中，设置 AUTO_SHRINK 来自动收缩数据库

语法格式如下：

```
ALTER DATABASE database_name SET AUTO_SHRINK ON
```

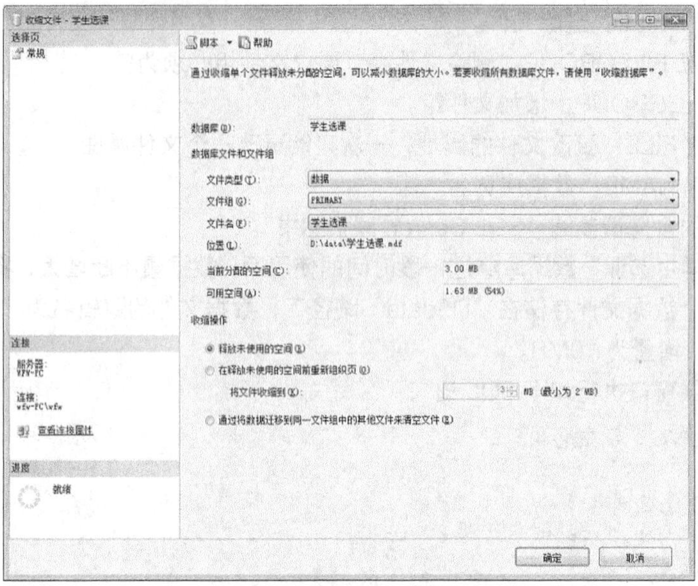

图3.5 "收缩文件"对话框

用 ALTER DATABASE 在收缩数据库时，数据文件和日志文件都可以自动收缩。需要注意的是，只有在数据库设置为简单恢复模式或事务日志已经备份时，该选项才可以减小事务日志文件的大小。

3. 使用 DBCC SHRINKDATABASE 语句实现用户数据库的收缩

DBCC SHRINKDATABASE 的语法格式如下：

```
DBCC SHRINKDATABASE(database_name,target_percent)
```

对其中的参数说明如下。

（1）database_name：要收缩的数据库名称。

（2）target_percent：收缩的百分比。

【例 3-11】收缩数据库"学生选课"大小，使得数据库中的文件有 20% 可用空间。

```
DBCC SHRINKDATABASE（学生选课, 20）
```

4. 使用 DBCC SHRINKFILE 语句收缩指定数据文件

DBCC SHRINKFILE 的语法格式如下：

```
DBCC SHRINKFILE（file_name,target_size）
```

对其中的参数说明如下。

（1）file_name：要收缩的文件的逻辑名称或文件的标识（ID）号。

（2）target_size：用兆字节表示的文件大小（用整数表示）。如果未指定，则将文件大小减少到默认文件大小。

【例 3-12】将数据库"学生选课"中名为"学生选课 2"的数据文件收缩到 17MB。

```
DBCC SHRINKFILE(学生选课2, 17)
```

3.3.5 删除数据库

删除数据库的语法格式如下：

```
DROP DATABASE database_name
```

其中，database_name 是要删除的数据库名。

例如，要删除数据库 "student"，可用的命令如下：

```
DROP DATABASE student
```

3.3.6 分离与附加数据库

分离数据库是指将数据库从 SQL Server 2008 的实例中删除，但是该数据库的数据文件和事务日志文件依然保持不变，并可将该数据库附加到任何的 SQL Server 2008 实例中。

附加数据库是把可用的所有数据文件（.mdf 文件和.ndf 文件）附加到 SQL Server 2008 的某个实例中。在附加数据库过程中，要指出附加数据文件的路径，如果没有日志文件，系统将自动创建一个新的日志文件。

下面将介绍用 SQL Server Management Studio 和 SQL 两种方式分离与附加数据库的方法。

1. 利用 SQL Server Management Studio 分离与附加用户数据库

（1）分离用户数据库

在 SQL Server Management Studio 的 "对象资源管理器" 窗口中选择要分离的数据库，用鼠标右键单击选择 "任务" → "分离" 命令，如图 3.6 所示，打开 "分离数据库" 对话框。

图3.6 分离数据库

在 "分离数据库" 对话框中，"要分离的数据库" 列表框中的 "数据库名称" 栏中显示了所选数据库的名称。如果有用户和该数据库连接，可以选中 "删除连接" 选项。

设置完毕后，单击 "确定" 按钮。DBMS 将执行分离数据库任务。如果分离成功，在 "对象资源管理器" 中将不会出现被分离的数据库。

（2）附加用户数据库

在 SQL Server Management Studio 的 "对象资源管理器" 窗口中选择数据库实例下的 "数据库" 项，用鼠标右键单击选择 "附加" 命令，打开 "附加数据库" 对话框。

在 "附加数据库" 对话框中，单击 "添加" 按钮，打开 "定位数据库文件" 对话框。在 "定

位数据库文件"对话框中，选择数据库文件所在的磁盘驱动器并展开目录树定位到数据库的.mdf
文件。选中该文件，单击"确定"按钮。

附加数据库成功完成后，就可以在 SQL Server Management Studio 的控制台目录窗口中展
开"数据库"，用户就可以看到新附加的数据库了。

2. 利用系统存储过程分离与附加用户数据库

（1）使用系统存储过程 sp_detach_db 来执行分离用户数据库的操作。

语句格式如下：

```
sp_detach_db [@dbname=]'database_name'
     [ ,[@skipchecks=]'skipchecks']
     [ ,[@keepfulltextindexfile=]'KeepFulltextindexFile'
```

参数说明如下。

① [@dbname=] 'database_name'：要分离的数据库的名称。

② [@skipchecks =] 'skipchecks'：指定跳过还是运行 UPDATE STATISTIC。

③ [@keepfulltextindexfile=] 'KeepFulltextIndexFile'：指定在数据库分离操作过程中不会删
除与所分离的数据库关联的全文索引文件。

【例 3-13】分离用户数据库 SELCourse。

```
EXEC sp_detach_db @dbname = 'SELCourse'
GO
```

（2）使用系统存储过程 sp_attach_db 来执行附加用户数据库的操作。

语句格式如下：

```
sp_attach_db [@dbname=]'dbname',
             [@filename1=]'filename_n' [,…,16]
```

参数说明如下。

① [@dbname =] 'dbname'：要附加到该服务器的数据库的名称。该名称必须是唯一的。

② [@filename1=] 'filename_n'：数据库数据文件的物理名称，包括路径。

【例 3-14】附加用户数据库 SELCourse。

```
EXEC sp_attach_db @dbname= 'SELCourse',
     @filename1='D:\data\SELCourse.mdf'
```

本章小结

（1）数据库的概念，SQL Server 2008 中的系统数据库及其作用。

（2）SQL Server 2008 中文件与文件组，数据空间的分配。规划数据库应该考虑的问题是：
数据库名称，数据库所有者，数据文件和事务日志文件的逻辑名、物理名、初始大小、增长方式
和最大容量。

（3）使用 SQL Server Management Studio 和 SQL 语句创建数据库。

（4）使用 SQL Server Management Studio 和 SQL 语句管理数据库，包括选择数据库、查
看数据库、修改数据库、收缩数据库、删除数据库、分离与附加数据库。

（5）T-SQL 创建与管理数据库的语句。使用 CREATE DATABASE 创建数据库，使用 ALTER DATABASE 修改数据库，使用 DROP DATABASE 删除数据库，使用 DBCC SHRINKDATABASE 和 DBCC SHRINKFILE 收缩数据库，使用存储过程 sp_detach_db 分离数据库，使用存储过程 sp_attach_db 附加数据库。

实训项目

网上书店数据库的创建与管理

目的：

（1）熟悉 SQL Server Management Studio 工具。

（2）掌握用 SQL Server Management Studio 和 SQL 语句两种方式创建数据库。

（3）掌握用 SQL Server Management Studio 和 SQL 语句两种方式管理数据库。

内容：

（1）分别使用 SQL Server Management Studio 和 SQL 语句两种方式创建"网上书店"数据库。

数据库的名字是"网上书店"，物理文件保存在 D:\BookShop，设置主要数据文件初始大小为 5MB，允许自动增长，数据文件大小不受限制，事务日志文件初始大小为 2MB，最大为 20MB。

（2）分别使用 SQL Server Management Studio 和 SQL 语句两种方式，按如下要求修改"网上书店"数据库。

新建一个文件组 textgroup。在 textgroup 文件组中，添加一个次要数据文件 BookShop1.ndf，添加一个事务日志文件 BookShop_log1.ldf。

（3）分别使用 SQL Server Management Studio 和 SQL 语句两种方式，删除 BookShop1.ndf 和 BookShop_log1.ldf 两个文件。

（4）分别使用 SQL Server Management Studio 和 SQL 语句两种方式，分别分离和附加数据库"网上书店"。

（5）使用 SQL Server Management Studio 重命名"网上书店"为"BookShop"，再用 SQL 语句重命名"BookShop"为"网上书店"。

（6）分别使用 SQL Server Management Studio 和 SQL 语句两种方式，查看"网上书店"数据库的信息。

（提示：为了保证能将数据库存放在指定的文件夹中，必须首先创建好文件夹 D:\BookShop，否则会出现错误。）

 课后习题

一、填空题

1. SQL Server 2008 存储、处理和保证数据安全的核心服务是_____。

2. 语句 CREATE DATABASE myData 中的 myData 是_____的名字。

3. 使用系统存储过程_____可以查看指定数据库或所有数据库的信息。

二、选择题

1. 记录 SQL Server 实例的所有系统级信息的数据库是（   ）。

   A. master   B. tempdb   C. msdb   D. model

2. SQL Server 2008 数据库主要数据文件的扩展名是（   ）。

   A. ndf   B. ldf   C. mdf   D. 没有扩展名

3. 在修改数据库时不能完成的操作是（   ）。

   A. 添加或删除数据文件和事务日志文件   B. 更改数据库名称

   C. 更改数据库的所有者   D. 更改数据库文件的物理路径

4. 删除数据库使用的 SQL 语句是（   ）。

   A. CREATE DATABASE   B. ALTER DATABASE

   C. DROP DATABASE   D. DELETE DATABASE

5. 在创建或修改数据库时使用下列（   ）子句可以指定文件的增长速度。

   A. SIZE   B. MAXSIZE   C. FILEGROWTH   D. FILENAME

三、问答题

1. 创建数据库的 SQL 语句是什么？

2. 如何使用 SQL Server Management Studio 创建数据库？

3. 简述附加和分离数据库的操作步骤。

4. 修改数据库的 SQL 语句是什么？

SQL Server 2008

4

Chapter

第 4 章
数据库表的管理

本章目标：
- 理解数据完整性、主键和外键的概念及在数据库表中的应用
- 掌握数据库表的设计方法和设计要素，掌握基本的数据类型的用法
- 掌握建立数据库表的方法
- 掌握查看表的信息、修改和删除数据表的方法
- 掌握查看数据库表的依赖关系的方法
- 掌握添加、修改和删除表中数据的方法
- 掌握数据库不同格式文件的导入与导出操作

数据库是存放和管理各种数据对象的容器，数据表是存放在数据库中的一种对象，其他的数据库对象，如视图、数据关系图、索引、存储过程、触发器等都是围绕数据库表展开的，都是为了更有效地管理和使用表中的数据提供的服务，因此了解和掌握数据库表的概念、创建和管理，是使用 SQL Server 2008 的基础。

4.1 表相关的几个概念

4.1.1 数据完整性

数据的完整性是指数据的准确性和一致性，主要用以保证数据库中数据的质量。它是为防止数据库中存在不符合语义规定的数据和防止因错误信息的输入、输出造成无效操作或报错而提出的。数据的完整性主要分为以下四类。

1. 实体完整性

实体完整性又称行完整性，用以保证表中的每一行数据在表中是唯一的。保证实体完整性的措施：PRIMARY KEY 约束、UNIQUE 约束或 IDENTITY 列。

2. 域完整性

域完整性又称列完整性，是指数据库中的数据列必须满足某种特定的数据类型和数据约束，其中约束又包括取值的范围和精度。域的完整性是用来保证数据表特定列输入的有效性与正确性。保证域完整性的措施：限制数据的类型或格式、CHECK 约束、DEFAULT 约束、NOT NULL 约束或规则。

3. 参照完整性

参照完整性又称引用完整性，是建立在外键与主键或外键与唯一键之间的一种引用规则，是确保主表的数据和从表的数据的一致性，防止数据的丢失和无意义的数据在数据库中的扩散。保证参照完整性的措施是用 FOREIGN KEY 约束，设置了参照完整性的两个表（主表和从表），SQL Server 将阻止用户进行下列操作。

（1）在主表中没有关联的记录时，将记录添加或更改到相关的从表中。

（2）更改主表的值，导致相关从表中生成孤立记录。

（3）从主表中删除了记录，但仍然存在与该记录匹配的相关记录在从表中。

4. 用户定义完整性

用户定义的不属于其他任何完整性类别的特定业务规则，称为用户定义完整性。所有完整性类别都支持用户定义完整性。

4.1.2 主键和外键

1. 主键

主键（Primary Key，PK）是指定表的一列或几列的组合来唯一标识实体，即能在表中唯一地指定一行记录，这样的一列或多列的组合称为表的主键。定义数据表的主键列主要是确保表中行的数据能够通过主键进行区分，避免出现数据重复的记录，这也是实现实体完整性约束的主要工具。

在表中被设置为主键的列上输入数据时，要求输入的数据不能出现重复，不允许为空

（NULL），并且一个表中只能有一个主键。

2. 外键

外键（Foreign Key）是表中一个列或多个列的组合。当将表中的一列或多列的组合定义为当前表的外键，该外键值参照对应主表中的主键列的值。外键用于建立和加强两个表（主表和从表）的一列或多列数据之间的关联，当对表中添加、修改和删除数据时，通过参照完整性保证主表和从表数据的一致性。

定义参照完整性是先定义主表的主键，再对从表定义外键。建立主、外键的另一关键点是对应的列必须是两张表中的含义和数据类型相同的列。

4.2　设计表

4.2.1　表的设计要素

表是存放数据库中所有数据的主要数据库对象。数据在表中是按行和列的格式进行组织的。其中每行代表一条记录，每列代表记录中的一个字段（域）。例如，在包含学生基本信息的学生表中每一行代表一位学生的基本信息，每一列分别表示这位学生的某一方面的特性，如学号、姓名、性别、出生日期、班级。

在 SQL Server 2008 中，有四种类型的数据库表，分别是：系统表、用户表、临时表和分区表。系统表是用于存放系统运行信息的数据表；用户表是用户创建的，用于存储用户信息的数据表；临时表是用户或应用程序或者系统因运行的需要而临时创建的数据表；分区表用于将大型数据表分割成多个较小数据表，以提高数据管理性能。这里我们主要研究的是数据库的用户表。

在一个数据库中需要包含很多方面的数据，例如在"学生选课"数据库中，包含学生、教师、课程、选课等信息数据。所以在设计数据库时，应先确定需要什么样的表，各表中都应该包括哪些数据以及各个表之间的关系和存取权限等，这个过程称为设计表。在设计表时需要确定如下项目。

（1）表的名称。

（2）表中每一列的名称。

（3）表中每一列的数据类型和长度。

（4）表中的列是否允许空值、是否唯一、是否要进行默认值设置或添加用户定义约束。

（5）表中需要的索引的类型和需要建立索引的列。

（6）表间的关系，即确定哪些列是主键，哪些是外键。

良好的表的设计应能精确地捕捉用户需求，并对具体的事务处理非常了解。

4.2.2　数据类型

在 SQL Server 2008 中，各种对象都有对应的数据类型，将不同的对象按不同的数据类型来存储和管理，可以提高系统的存储和运行效率。例如要保存 10 个数字字符的学生的 "学号"信息就可以选择定长字符型的数据类型 char，长度为 10，而要保存学生的"籍贯"信息，可以用变长 Unicode 字符型的数据类型 nvarchar，长度可以设为学生籍贯的最大长度，这样可以提高存储的效率。

在 SQL Server 2008 中提供的系统内置数据类型，可分为整型、浮点型、字符型、日期和时间型、货币型、二进制类型和其他数据类型七个类型。如果用户有特殊的需要，还可以在系统数据类型的基础上创建用户自定义的数据类型。

1. 整型数据类型

整型数据类型如表 4-1 所示。

表 4-1　整型数据类型

类型名称	取值范围及说明
int	$-2^{31} \sim 2^{31}-1$ 之间的整型数据，存储大小为 4 字节
smallint	-2^{15}（$-32,768$）$\sim 2^{15}-1$（32,767）之间的整型数据，存储大小为 2 字节
bigint	$-2^{63} \sim 2^{63}-1$ 之间的整型数据，存储大小为 8 字节
tinyint	$0 \sim 255$ 之间的整型数据，存储大小为 1 字节
bit	可以取值为 1、0 或 NULL。存储大小为 1 位，相当于逻辑数据类型，TRUE 和 FALSE 可以转换为 bit 值，TRUE 转换为 1，FALSE 转换为 0

2. 浮点数据类型

浮点数据类型如表 4-2 所示。

表 4-2　浮点数据类型

类型名称	取值范围及说明
real	存储范围为 $-3.40E+38 \sim 3.40E+38$，数据精度为 7 位有效数字，存储大小为 4 字节
float [(n)]	其中，n 为用于存储 float 数值尾数的位数（以科学计数法表示），因此可以确定精度和存储大小。n 是介于 1 和 53 之间的某个值。n 的默认值为 53。此数据类型最大存储范围为 $-1.79E+308 \sim 1.79E+308$
decimal[(p[,s])]	固定精度和小数位数。使用最大精度时，有效值为 $-10^{38}+1 \sim 10^{38}-1$。p（精度）为最多可以存储的十进制数字的总位数，包括小数点左边和右边的位数，$1 \leqslant p \leqslant 38$，默认精度为 18。s（小数位数）为小数点右边可以存储的十进制数字的最大位数，$0 \leqslant s \leqslant p$。仅在指定精度后才可以指定小数位数，默认的小数位数为 0。最大存储大小基于精度而变化
numeric[(p[,s])]	功能上等价于 decimal[(p[,s])]

3. 字符数据类型

字符数据类型如表 4-3 所示。

表 4-3　字符数据类型

类型名称	取值范围及说明
char [(n)]	固定长度，非 Unicode 字符数据，长度为 n 个字节。$1 \leqslant n \leqslant 8000$，存储大小是 n 个字节
varchar [(n | max)]	可变长度，非 Unicode 字符数据。$1 \leqslant n \leqslant 8000$。max 指长度设为最大存储长度，大小是 $2^{31}-1$ 个字节。存储大小是输入数据的实际长度加 2 个字节
text	长度可变的非 Unicode 数据，最大长度为 $2^{31}-1$ 个字节
nchar [(n)]	n 个字符固定长度的 Unicode 字符数据。$1 \leqslant n \leqslant 4000$。存储大小为 2n 个字节
nvarchar[(n | max)]	可变长度 Unicode 字符数据。$1 \leqslant n \leqslant 4000$。max 指长度设为最大存储长度，大小是 $2^{31}-1$ 个字节。存储大小是所输入字符个数的两倍加 2 个字节
ntext	长度可变的 Unicode 数据，最大长度为 $2^{31}-1$ 个字节。存储大小是所输入字符个数的两倍（以字节为单位）

对于字符型列，如果数据项长度大小相同或近似相同，则使用 char 或 nchar；如果列的数据项长度差异较大，则使用 varchar 或 nvarchar。字符型用于存储字符串，字符串可以是汉字、字母、数字和其他的特殊符号。在输入字符串时，需要将字符串的符号用单引号等定界符括起来。例如，'学号'。

4．日期和时间数据类型

日期和时间数据类型如表 4-4 所示。

表 4-4　日期和时间数据类型

类型名称	取值范围及说明
date	指定年、月、日的值，格式为 YYYY-MM-DD，表示 0001 年 1 月 1 日～9999 年 12 月 31 日的日期，存储占 3 个字节
datetime	存放范围 1753-01-0100:00:00～9999-12-3123:59:59.997 的日期时间，占用的存储空间大小为 8 个字节
datetime2[(fractional seconds precision))]	存放范围 1753-01-01 00:00:00～9999-12-31 23:59:59.9999999 的日期时间，占用的存储空间大小为 6~8 个字节
datetimeoffset[(fractional seconds precision)]	用于定义一个与采用 24 小时制并可识别时区的一日内时间相组合的日期。0000 年 1 月 1 日～9999 年 12 月 31 日的日期和时间，默认值为 10 个字节的固定大小
smalldatetime	1900-01-01～2079-12-31 的日期和时间，时间表示精确度为分钟，占用的存储空间大小为 4 个字节
time[(fractional second precision)]	定义一天中的某个时间。此时间不能感知时区且基于 24 小时制。固定 5 个字节

其中 date 精确度为 1 天，smalldatetime 精确度为 1min，datetime 精确度为 0.00333s，datetime2 精确度为 100ns，datetimeoffset 精确度为 100ns。

5．货币数据类型

货币数据类型如表 4-5 所示。

表 4-5　货币数据类型

类型名称	取值范围及说明
money	取值范围为–922,337,203,685,477.5808~922,337,203,685,477.5807，占 8 个字节
smallmoney	取值范围为–214,748,3648～214,748,3647，占 4 个字节

6．二进制数据类型

二进制数据类型如表 4-6 所示。

表 4-6　二进制数据类型

类型名称	取值范围及说明
binary[(n)]	固定长度为 n 个字节的二进制数据。1≤n≤8000，数据的存储长度为 n 个字节
varbinary[(n)]	n 个字节可变长度的二进制数据。1≤n≤8000，数据的存储长度为实际数据长度加 2 个字节

其中 varbinary[(n)]所输入的长度可以为 0。

7. 其他数据类型

其他数据类型如表 4-7 所示。

表 4-7　其他数据类型

类型名称	取值范围及说明
geography	地理空间数据类型。此类型表示圆形地球坐标系中的数据
geometry	平面空间数据类型。此类型表示欧几里得（平面）坐标系中的数据
hierarchyid	是一种长度可变的系统数据类型。可使用该类型表示层次结构中的位置
sql_variant	用于存储 SQL Server 支持的各种数据类型（不包括 text、ntext、image、timestamp 和 sql_variant）的值
timestamp	timestamp 数据类型与时间和日期无关。SQL Server timestamp 是二进制数字，它记录数据库中数据修改发生的相对顺序。这一时间戳值在数据库中必须是唯一的
uniqueidentifier	用于存储全局唯一标识符（GUID）
xml	用于存放 XML 文档或者部分片段

8. 用户自定义数据类型

用户自定义数据类型是在 SQL Srever 2008 系统提供的基本数据类型基础上，根据实际需要由用户自己定义的数据类型。一般来说，当多个表的列中要存储同样的数据，且想确保这些列具有完全相同的数据类型、相等的长度、是否为空的属性时，可以在这个数据库中使用用户自定义数据类型来定义一个符合要求的数据类型。如果在某个数据库中用户自定义了一个数据类型，那么在这个数据库中定义表结构时，表中列的数据类型就可以选择这个自定义的数据类型。

下面通过实例介绍如何使用 SQL Server Management Studio 创建用户自定义数据类型。

【例 4-1】在"学生选课"数据库中，创建一个用户自定义数据类型 StudentId（是数据库表中的"学号"字段所用的数据类型）。

分析：假设学生的学号是 8 位字符数据，因为学号是固定不变的长度，把用户自定义数据类型 StudentId 定义为 char(8)，不允许为空。

具体操作步骤如下。

（1）启动 SQL Server Management Studio。

（2）在"对象资源管理器"窗口中，附加本书所提供的案例数据库——"学生选课"数据库。

（3）在"对象资源管理器"窗口中，展开"数据库"→"学生选课"→"可编程性"→"类型"→"用户自定义数据类型"节点。用鼠标右键单击"用户自定义数据类型"节点，在弹出的快捷菜单中执行"新建用户自定义数据类型"命令，打开"新建用户定义数据类型"窗口。

（4）在"常规"选择页的"名称"文本框中输入"StudentId"，在"数据类型"下拉列表框中选择 char，在"长度"文本框中输入 8，不要选中"允许 NULL 值"复选框，表示不允许输入空值，如图 4.1 所示。

（5）单击"确定"按钮，用户在"学生选课"数据库中自定义数据类型 StudentId 创建成功。

用户创建了自定义数据类型后，在数据库中定义表时，使用该数据类型的方法与基本数据类型使用一样。

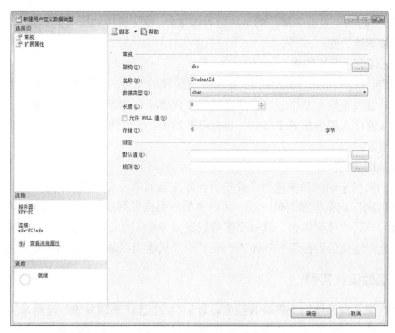

图4.1 用户自定义数据类型

 说 明

本例中创建的 StudentId 数据类型只能在"学生选课"数据库中使用。要想把用户自定义数据类型应用到所有用户数据库,必须把用户自定义数据类型创建到系统数据库 model 中。

4.2.3 约束

通常创建表的步骤是首先定义表结构,即给表的每一列取列名,并确定每一列的数据类型、数据长度、列数据是否为空等;同时为了限制某列输入值的取值范围,为了保证输入数据的正确性和一致性还要设置约束。当表结构和约束建立完成之后,就可以向表中输入数据了。SQL Server中有五种约束类型,分别是 CHECK 约束、DEFAULT 约束、PRIMARY KEY 约束、FOREIGN KEY约束、UNIQUE 约束。

1. CHECK 约束

CHECK 约束用于限制一列或多列输入的值的范围。往表中输入数据时,约束列的输入内容必须满足 CHECK 约束的条件,否则,数据无法正常输入,从而强制数据的域完整性。

2. DEFAULT 约束

若将表中某列定义了 DEFAULT 约束后,用户在插入新的数据行时,如果没有为该列指定数据,那么系统将默认值赋给该列,当然该默认值也可以是空值(NULL)。

3. PRIMARY KEY 约束

即主键约束。主键约束是将表中一列或多列的组合设置为主键。其值能唯一标识表中的每一行。一个表只能有一个主键,而且主键列不能为空值且不能出现重复值。如将"学生"表的学号设为该表的主键,在录入记录时,学号不能为空,且两条记录的学号不能重复。如果主键约束定义在不止一列上，则其中主键中某一列中的值可以重复，但主键中的所有列的组合的值必须唯一，且这些列的值都不能为空。

4. FOREIGN KEY 约束

即外键约束。将表中的一列或多列的组合设置为表的外键，一个表的外键必须是另一个表的主键。通过主外键约束建立两个表的参照完整性。外键所在的表为从表，主键所在的表为主表。从表的外键列只能插入所参照的主表的主键列存在的值。一般情况下，主表的主键列被参照的值不能被删除或修改。

5. UNIQUE 约束

UNIQUE 约束用于确保表中的两个数据行在非主键列中没有相同的列值。与 PRIMARY KEY 约束类似，UNIQUE 约束也强制唯一性，为表中的一列或多列提供实体完整性。但 UNIQUE 约束用于非主键的一列或多列组合，且一个表可以定义多个 UNIQUE 约束，另外，UNIQUE 约束可以用于定义允许空值的列；而 PRIMARY KEY 约束只能用在唯一列上且不能为空值。

4.2.4 表的设计实例

以"学生选课管理系统"为例来介绍表设计。"学生选课管理系统"是用来实现高校学生选修课程的一个软件。学生可以查看所有选修课程的相关信息，包括课程名、学时、学分，然后选择选修的课程；也可以查看相关课程授课教师的信息，包括教师姓名、性别、学历、职称；老师可以通过系统查看选修自己课程的学生的信息，包括学号、姓名、性别、出生日期、班级；在考试结束后，可以通过系统录入学生的考试成绩，学生可以通过系统查看自己的考试成绩。

1. "学生选课管理系统"表的数据结构

根据"学生选课管理系统"的要求，可以在"学生选课"数据库中设计如下数据库表。

（1）"学生"表的结构设计（见表 4-8）。

表 4-8 "学生"表的结构

序号	列名	数据类型	允许 NULL 值	约束
1	学号	char(8)	NO	主键
2	姓名	char(8)	NO	
3	性别	bit	YES	
4	出生日期	smalldatetime	YES	
5	班级	varchar(20)	YES	

（2）"教师"表的结构设计（见表 4-9）。

表 4-9 "教师"表的结构

序号	列名	数据类型	允许 NULL 值	约束
1	工号	char(4)	NO	主键
2	姓名	char(8)	NO	
3	性别	bit	YES	
4	学历	varchar(10)	YES	只能为"专科""本科""硕士研究生""博士研究生"
5	职称	varchar(8)	YES	只能为"助理讲师""讲师""副教授""教授"，默认为"讲师"

（3）"课程"表的结构设计（见表 4-10）。

表 4-10 "课程"表的结构

序号	列名	数据类型	允许 NULL 值	约束
1	课程号	tinyint	NO	主键
2	课程名	varchar(40)	NO	唯一约束
3	学时	tinyint	YES	范围在 36～80
4	学分	decimal(3,1)	YES	范围在 1.0～4.0
5	授课教师	char(4)	NO	是教师表工号的外键

（4）"选课"表的结构设计（见表 4-11）。

表 4-11 "选课"表的结构

序号	列名	数据类型	允许 NULL 值	约束
1	课程号	tinyint	NO	主键（课程号，学号），其中课程号是课程表课
2	学号	char(8)	NO	程号的外键，学号是学生表学号的外键
3	成绩	tinyint	YES	范围在 0～100

2. 学生选课管理系统数据库的表的数据

（1）"学生"表数据如表 4-12 所示。

表 4-12 "学生"表数据

学号	姓名	性别	出生日期	班级
10101001	张永峰	0	1993-8-1	电子商务 101
10101002	何小丽	1	1992-11-3	电子商务 101
10101003	张宇	0	1992-8-21	电子商务 101
10102001	王斌	1	1991-7-14	网络技术 101
10102002	包玉明	1	1993-11-15	网络技术 101
10102003	孙平平	0	1992-2-27	网络技术 101
10102004	翁静静	0	1992-5-9	网络技术 101
11101001	刘淑芳	0	1994-6-10	电子商务 111
11101002	王亚旭	1	1993-3-18	电子商务 111
11101003	高磊	1	1993-5-11	电子商务 111

（2）"教师"表数据如表 4-13 所示。

表 4-13 "教师"表数据

工号	姓名	性别	学历	职称
0001	吴亚飞	1	本科	讲师
0002	李琦	1	硕士研究生	副教授
0003	王艳红	0	硕士研究生	讲师
0004	马志超	1	博士研究生	教授
0005	万丽	0	硕士研究生	助理讲师

（3）"课程"表数据如表 4-14 所示。

表 4-14 "课程"表数据

课程号	课程名	学时	学分	授课教师
1	文学欣赏	40	1.5	0001
2	中国历史文化	60	2	0003
3	视频编辑	70	2.5	0002
4	音乐欣赏	40	1.5	0005

（4）"选课"表数据如表 4-15 所示。

表 4-15 "选课"表数据

学号	课程号	成绩	学号	课程号	成绩
10101001	1	73	10102003	3	67
10101001	3	81	10102003	5	
10101001	4	51	11101001	1	49
10101002	1	78	11101001	2	67
10101003	3	69	11101001	4	62
10102001	1	50	11101002	1	67
10102002	3	95	11101002	2	
10102002	4	75	11101003	2	88
10102002	2	68	11101003	3	90
10102003	1	85	11101003	4	82
10102003	2	78			

4.3 创建表

4.3.1 使用 SQL Server Management Studio 创建表

【例 4-2】在"学生选课"数据库中，利用 SQL Server Management Studio 创建 4.2 节中设计的"学生"表，表的结构如表 4-8 所示。

具体操作步骤如下。

（1）启动 SQL Server Management Studio。

（2）在"对象资源管理器"窗口中，展开"数据库"→"学生选课"→"表"节点。用鼠标右键单击"表"节点，在弹出的快捷菜单中执行"新建表"命令，打开图 4.2 所示的表设计器。

（3）在表设计器中，在"列名"单元格输入字段名"学号"，在同一行的"数据类型"单元格设置该字段的数据类型为 char(8)，并在"允许 Null 值"列选择不允许该字段为空值。如果允许，则选中复选框；如果不允许，则取消选中的复选框。将该列设置为主键，可以直接单击工具栏上的设置主键按钮。

（4）重复步骤（3）设置"姓名""性别""出生日期""班级"等列的属性。

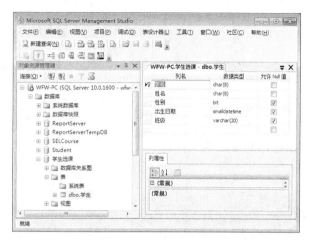

图4.2　创建数据库表

（5）执行"文件"→"保存"命令或单击工具栏上的保存按钮，在打开的对话框中输入表名称"学生"，单击"确定"按钮保存表。"学生"表的相关信息会出现在"对象资源管理器"窗口中。

4.3.2　使用 SQL 语句创建表

SQL 创建表的语法格式如下：

```
CREATE TABLE [database_name.[schema_name].|schema_name.]table_name
({column_name <data_type> [NULL|NOT NULL]
[IDENTITY[(seed,increment)]][<column_constraint> […n ] ]
[ ,…n ] }
[,< table_constraint>][,…n ]
)
```

参数说明如下。

（1）database_name：在其中创建表的数据库的名称。database_name 必须指定现有数据库的名称。如果未指定，则 database_name 默认为当前数据库。

（2）schema_name：新表所属架构的名称。

（3）table_name：新表的名称。表名必须遵循标识符规则，最多可包含 128 个字符。

（4）column_name：表中列的名称。列名必须遵循标识符规则并且在表中是唯一的。column_name 最多可包含 128 个字符。

（5）<column_constraint>：在列上定义的约束。

（6）< table_constraint>：在表上定义的约束。

【例 4-3】在"学生选课"数据库中，利用 CREATE TABLE 创建 4.2 节设计的"教师"表，表的结构如表 4-9 所示。

在查询编辑器窗口执行如下 SQL 语句：

```
USE 学生选课
GO
CREATE TABLE 教师
 (工号 char(4)  NOT NULL  PRIMARY KEY,
姓名 char(8)  NOT NULL,
```

```
性别 bit,
学历 varchar(10) CHECK(学历='专科' or 学历='本科' or 学历='硕士研究生' or 学历='博士研究生' ),
职称 varchar(8) CHECK(职称='助理讲师' or 职称='讲师' or 职称='副教授' or 职称='教授'))
GO
```

【例 4-4】在"学生选课"数据库中，利用 CREATE TABLE 创建 4.2 节中设计的"课程"表，表的结构如表 4-10 所示。

在查询编辑器窗口执行如下 SQL 语句：

```
USE 学生选课
GO
CREATE TABLE 课程
(课程号 tinyint  NOT NULL  PRIMARY  KEY ,
课程名 varchar(40)  UNIQUE ,
学时 tinyint CHECK(学时>=36 and 学时<=80) ,
学分 decimal(3,1) CHECK(学分<=4.0 and 学分>=1.0) ,
授课教师 char(4) FOREIGN KEY REFERENCES 教师(工号)
)
GO
```

【例 4-5】在"学生选课"数据库中，利用 CREATE TABLE 创建 4.2 节中设计的"选课"表，表的结构如表 4-11 所示。

在查询编辑器窗口执行如下 SQL 语句：

```
USE 学生选课
GO
CREATE TABLE 选课
(课程号 tinyint FOREIGN KEY REFERENCES 课程(课程号),
学号 char(8) FOREIGN KEY REFERENCES 学生(学号),
成绩 tinyint  CHECK(成绩>=0 and 成绩<=100),
PRIMARY KEY(课程号,学号)
)
GO
```

4.4 表的管理和维护

数据库表创建之后，用户可以进行查看表的定义信息、修改表的结构、删除表等操作。用户可以使用 SQL Server Management Studio 和 SQL 中的 ALTER TABLE 语句修改表的结构，新增列、删除列和修改列名称、数据类型、长度、是否为空等属性，也可以修改表中列的约束定义，这些都是常见的修改表结构的操作。

4.4.1 查看表的定义信息

1. 查看表的属性

【例 4-6】利用 SQL Server Management Studio 查看"学生"表的信息。

具体操作步骤如下。

（1）启动 SQL Server Management Studio。

（2）在"对象资源管理器"窗口中，展开"数据库"→"学生选课"→"表"→"学生"节点。

（3）用鼠标右键单击"学生"，在弹出的快捷菜单中执行"属性"命令，打开"表属性–学生"窗口，如图 4.3 所示。在该窗口中可查看到表常规属性，如和"学生"表连接的服务器、数据库、用户，"学生"表的简要说明，即创建日期、架构、名称、系统对象，还可以查看"学生"表的权限、更改跟踪和扩展属性，以及"学生"表的存储属性，如文件组、压缩、常规的存储情况。

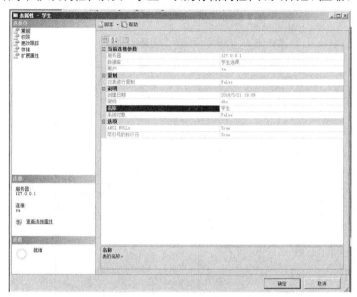

图4.3　表属性的信息

（4）再次展开"学生"→"列"节点，用鼠标右键单击"学号"列，在弹出的快捷菜单中执行"属性"命令，打开"列属性–学号"窗口，如图 4.4 所示。在该窗口中可查看"学生"表具体列常规和扩展属性，如数据类型、是否为主键、是否允许空等。

图4.4　表的列的属性信息

2. 查看表结构

【例 4-7】查看"学生选课"的表结构、约束、触发器等信息。

展开"dbo.学生"中的"列""键""约束""触发器"和"索引"等对象，即可看到相关信息，如图 4.5 所示。

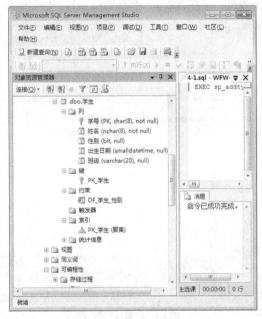

图4.5　表结构的信息

3. 查看表中数据

【例 4-8】查看"学生信息表"中的记录。

在 SQL Server Management Studio 中，用鼠标右键单击"dbo.学生"节点，在弹出的快捷菜单中执行"选择前 1000 行"命令，则会显示表中前 1000 条记录信息。

4.4.2　修改表

1. 利用 SQL Server Management Studio 管理数据表

更改数据表结构的步骤如下。

（1）启动 SQL Server Management Studio。

（2）在对象资源管理器中展开"数据库"节点，依次选择"数据库"→"学生选课"→"表"→"学生"，用鼠标右键单击选择"设计"命令，打开"表设计器"（见图 4.2）。

在"表设计器"中，可以查看表结构，新增、删除列，修改列的数据类型、长度、是否为空等属性，还可以修改列的约束定义。

（3）当完成修改操作后，单击工具栏上的"保存"按钮，保存对表结构的修改。

2. 使用 SQL 更改数据表

ALTER TABLE 用于更改原有表的结构，其语法格式如下：

```
ALTER TABLE 表名
 ALTER COLUMN 列名 列定义
```

```
| ADD 列名 数据类型 约束[,…,n]
| DROP COLUMN 列名[,…,n]
| ADD CONSTRAINT 约束名 约束[,…,n]
| DROP CONSTRAINT 约束名[,…,n]
```

参数说明如下。

（1）表名：所要修改的表的名称。

（2）ALTER COLUMN：修改列的定义子句。

（3）ADD 列名：增加新列子句。

（4）DROP COLUMN：删除列子句。

（5）ADD CONSTRAINT：增加约束子句。

（6）DROP CONSTRAINT：删除约束子句。

【例 4-9】用 ALTER TABLE 语句，在"学生"表中将 "班级"的数据的长度改为 30。

在查询编辑器窗口中执行如下 SQL 语句：

```
USE 学生选课
GO
ALTER TABLE 学生
ALTER COLUMN 班级 char(30)
GO
```

【例 4-10】用 ALTER TABLE 语句，在"学生"表中增加一列，列名为"电话"，数据类型及长度为 varchar(11)，允许取空值。

在查询编辑器窗口中执行如下 SQL 语句：

```
USE 学生选课
GO
ALTER TABLE 学生
ADD 电话 varchar(11)  null
GO
```

【例 4-11】用 ALTER TABLE 语句，在"学生"表中删除数据列"电话"。

在查询编辑器窗口中执行如下 SQL 语句：

```
USE 学生选课
GO
ALTER TABLE 学生
DROP COLUMN 电话
GO
```

【例 4-12】用 ALTER TABLE 语句，在"教师"表中创建约束"CK_教师_学历"，要求"学历"只能为"中专""专科""本科""硕士研究生""博士研究生"。

在查询编辑器窗口中执行如下 SQL 语句：

```
USE 学生选课
GO
ALTER TABLE 教师
ADD CONSTRAINT CK_教师_学历 CHECK（学历 IN('中专','专科','本科','硕士研究生','
博士研究生'))
```

【例 4-13】用 ALTER TABLE 语句，在"教师"表中添加默认"DF_教师_职称"，设置"职称"的默认值为"讲师"。

在查询编辑器窗口中执行如下 SQL 语句：

```
USE 学生选课
GO
ALTER TABLE 教师
ADD CONSTRAINT DF_教师_职称 DEFAULT ('讲师') FOR 职称
```

【例 4-14】用 ALTER TABLE 语句，在"课程"表的"课程名"字段上添加名称为"UQ_课程_课程名"的 UNIQUE 约束。

在查询编辑器窗口中执行如下 SQL 语句：

```
USE 学生选课
GO
ALTER TABLE 课程
ADD CONSTRAINT  UQ_课程_课程名 UNIQUE (课程名)
```

【例 4-15】用 ALTER TABLE 语句，删除"选课"表中名为"FK_课程_选课"的外键。

在查询编辑器窗口中执行如下 SQL 语句：

```
USE 学生选课
GO
ALTER TABLE 选课
DROP CONSTRAINT FK_课程_选课
```

【例 4-16】用 ALTER TABLE 语句，在"课程"表的"课程号"字段上添加名为"PK_课程_课程号"的主键约束。

在查询编辑器窗口中执行如下 SQL 语句：

```
USE 学生选课
GO
ALTER TABLE 课程
ADD CONSTRAINT PK_课程_课程号 PRIMARY KEY (课程号)
```

【例 4-17】用 ALTER TABLE 语句，在"选课"表中的"课程号"字段上添加名称为"FK_课程_选课"的外键约束，其中"课程号"是主表"课程"表中的"课程号"字段的外键。

在查询编辑器窗口中执行如下 SQL 语句：

```
USE 学生选课
GO
ALTER TABLE 选课
ADD  CONSTRAINT FK_课程_选课 FOREIGN KEY (课程号)  REFERENCES 课程 (课程号)
```

4.4.3 删除表

1. 使用 SQL Server Management Studio 删除表

在指定的数据库中，展开"表"节点，用鼠标右键单击指定表，在弹出的快捷菜单中选择"删除"选项，即可完成删除任务。

2. 使用 DROP TABLE 语句

DROP TABLE 语句的语法格式如下：

```
DROP TABLE 表名 1[ ,…n ]
```

【例 4-18】删除"选课"表。

在查询编辑器窗口中执行如下 SQL 语句：

```
USE 学生选课
GO
DROP TABLE 选课
GO
```

4.4.4　查看表之间的依赖关系

如果已经在数据库的表之间建立了关系，通过数据库关系图可以查看到表之间的依赖关系，其实利用关系图也可以管理数据库，比如创建数据库表，给表创建主键约束等操作。

在"对象资源管理器"窗口中，展开"数据库"→"学生选课"→"数据库关系图"，单击鼠标右键，单击"新建数据库关系图"，添加"学生选课"数据库中的所有用户表（"选课"表、"教师"表、"课程"表、"学生"表），因为"学生选课"数据库中表之间已经建立了关系，可以看到"学生选课"数据库表的依赖关系。如图 4.6 所示，保存数据库关系图为"学生选课关系图"。

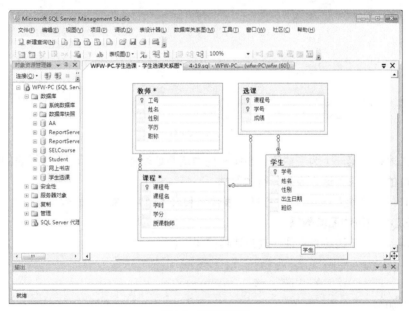

图4.6　数据库关系

如果需要再一次查看表之间的依赖关系，展开"数据库"→"学生选课"→"数据库关系图"→"学生选课关系图"后双击，可以打开图 4.6 所示界面查看到"学生选课"数据库中表之间的依赖关系。

4.5　表数据的添加、修改和删除

4.5.1　向表中添加数据

1. 利用 SQL Server Management Studio 向表中添加数据

表数据的添加步骤如下。

72 SQL Server 2008 数据库应用技术（第 2 版）

（1）在 SQL Server Management Studio 的对象资源管理器中，依次选择"数据库"→"学生选课"→"表"→"学生"，单击鼠标右键，选择"编辑前 200 行"命令，打开表的窗口。

（2）如图 4.7 所示，在表窗口，显示出当前表中数据。当前表中没有任何数据（空表）。

图4.7 显示表中数据

（3）单击表格中第一个为空的行，在每一列中填写如表 4-12 所示"学生"表的第一条记录的数据。同样的方法录入这个表其他行的数据。

（4）同样的方法录入表 4-13"教师"表数据和表 4-14"课程"表数据。

2. 用 SQL 向表中添加数据

可以使用 INSERT 语句来实现，其语法格式如下：

```
INSERT [INTO] 表名[(column_list)]
VALUES ( { value|DEFAULT |NULL |expression }[,...n] )
```

参数说明如下。

（1）INTO：用在 INSERT 关键字和目标表名之间的可选关键字。

（2）column_list：指定要插入数据的列，列名之间用逗号隔开。如果 VALUES 后给了所有列的值，且值的顺序和表中列的顺序一致，则此项可以省略。

（3）DEFAULT：表示使用为此列指定的默认值。

（4）expression：指定一个具有数据值的变量或表达式。

【例 4-19】用 SQL 中的 INSERT 语句向"学生选课"数据库中的"选课"表添加第一条记录（见表 4-15）。

在查询编辑器窗口中执行如下 SQL 语句：

```
USE 学生选课
GO
```

```
INSERT 选课（学号，课程号，成绩）
VALUES('10101001',1,73)
```

【例 4-20】用 SQL 中的 INSERT 语句向"学生选课"数据库中的"教师"表添加一条记录，工号是"0006"，姓名是"张三"，性别是"男"，学历是"本科"，职称是"讲师"。

在查询编辑器窗口中执行如下 SQL 语句：

```
USE 学生选课
GO
INSERT 教师
VALUES('0006', '张三', 1, '本科', '讲师')
```

【例 4-21】用 SQL 中的 INSERT 语句向"学生选课"数据库中的"学生"表添加一条记录，学号是"11110000"，姓名是"张三"，出生日期是"08-22-1989"。

在查询编辑器窗口中执行如下 SQL 语句：

```
USE 学生选课
GO
INSERT 学生（学号，姓名，出生日期）
VALUES('11110000', '张三', '08-22-1989')
```

4.5.2　修改表中的数据

1. 利用 SQL Server Management Studio 修改表中的数据
修改表中数据的步骤如下。

（1）在 SQL Server Management Studio 的对象资源管理器中，依次选择"数据库"→"学生选课"→"表"→"学生"，单击鼠标右键，选择"编辑前 200 行"命令，打开表的窗口（见图 4.7）。

（2）在表窗口中，显示出当前表中数据。

（3）直接修改需要修改的数据，保存即可。

2. 用 SQL 语句修改表中数据
可以使用 UPDATE 语句来实现，其语法格式如下：

```
UPDATE 表名
SET column_name=value [,…]
[WHERE condition ]
```

参数说明如下。

（1）column_name：指定修改的列名。

（2）value：指出要更新的列应取的值。有效值可以是表达式、列名和变量。

（3）WHERE condition：指定修改行的条件。

【例 4-22】在"学生选课"数据库中，把"学生"表中"姓名"为张宇的"出生日期"改为"1993 年 8 月 21 日"。

在查询编辑器窗口中执行如下 SQL 语句：

```
USE 学生选课
GO
UPDATE 学生
```

```
SET 出生日期='08-21-1993'
WHERE 姓名='张宇'
GO
```

4.5.3　删除表中的数据

1．利用 SQL Server Management Studio 删除表中的数据

删除表中数据的步骤如下。

（1）在 SQL Server Management Studio 的对象资源管理器中，展开 SQL Server 实例，依次选择"数据库"→"学生选课"→"表"→"学生"，用鼠标右键单击，选择"编辑前 200 行"命令，打开表的窗口（见图 4.7）。

（2）在表窗口中，显示出当前表中数据。

（3）对准删除的记录，单击鼠标右键，在出现的菜单中单击"删除"即可。

2．用 DELETE 语句来实现从表中删除数据

其语法格式如下：

```
DELETE [FROM] 表名
[WHERE condition]
```

其中，condition 指定删除行的条件。

【例 4-23】在"学生选课"数据库中，删除"学生"中姓名为"张宇"的记录。

在查询编辑器窗口中执行如下 SQL 语句：

```
USE 学生选课
GO
DELETE  FORM 学生
WHERE 姓名='张宇'
GO
```

【例 4-24】在"学生选课"数据库中，删除"学生"表中的所有记录。

在查询编辑器窗口中执行如下 SQL 语句：

```
USE 学生选课
GO
DELETE  FROM 学生
```

4.6　导入和导出数据

导入数据是从 SQL Server 的外部数据源（如 ASCII 文本文件、Excel 表、Access 表）中检索数据，并将数据插入 SQL Server 表的过程，是将外部数据源中的数据引入 SQL Server 的数据库中。导出数据是将 SQL Server 实例中的数据导出为用户指定格式的过程，即将 SQL Server 数据库中的数据转换成其他数据格式引入其他系统中。虽然 SQL Server 2008 支持的数据格式很多，但除个别数据格式导出（或导入）时需要做相应的参数设置外，导入和导出的基本步骤大致相同，包括设置数据源、数据目标、设置转换关系等。

1．数据的导出

【例 4-25】将"学生选课"数据库中的"学生"和"课程"导出为 Excel 文件。

具体操作步骤如下。

（1）启动 SQL Server Management Studio。

（2）在"对象资源管理器"窗口中，展开"数据库"节点，用鼠标右键单击"学生选课"数据库，从弹出的快捷菜单中执行"任务"→"导出数据"命令，打开"SQL Server 导入和导出向导"对话框。

（3）设置数据源。单击"下一步"按钮，打开"选择数据源"对话框，如图 4.8 所示，"数据源"选择为"SQL Server Native Client 10.0"选项，选择"身份验证"方式为"使用 Windows 身份验证"，在"数据库"下拉列表框中选择或输入"学生选课"。

图4.8　设置数据源

说　明

　　从"数据源"下拉列表框中可以选择不同数据源，不同数据源类型有不同的对话框内容。根据不同的数据源，需要设置身份验证模式、服务器名称、数据库名称和文件的格式。

（4）设置数据目标。单击"下一步"按钮，打开"选择目标"对话框，如图 4.9 所示。在"目标"下拉列表框中选择"Microsoft Excel"选项，设置 Excel 文件路径。

说　明

　　在导出数据之前，首先要建立一个空的 Excel 文件，此例是在"D:\data"目录下建立一个"sql-excel.xls"文件。

（5）指出导出的数据。单击"下一步"按钮，打开"指定表复制或查询"对话框，如图 4.10 所示，选中"复制一个或多个表或视图的数据"单选按钮。

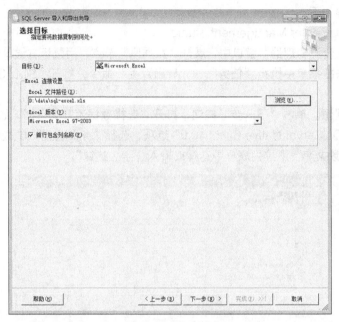

图4.9　设置数据目标

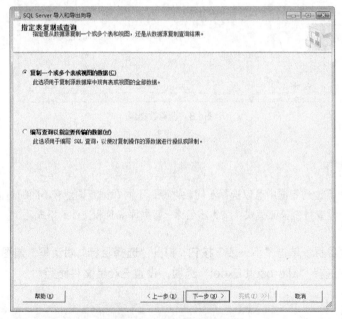

图4.10　指定表复制或查询

（6）选择数据源表和源视图。单击"下一步"按钮，打开"选择源表和源视图"对话框，如图 4.11 所示。选中"学生"和"课程"复选框，表示要复制这两个表格。单击"预览"按钮可以预览所选表中的数据，如图 4.12 所示。

图4.11　选择源表和源视图

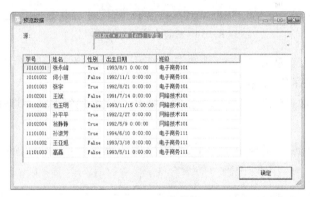

图4.12　预览数据

（7）数据类型映射。单击"编辑映射"按钮，打开"列映射"对话框，如图 4.13 所示，在此不做任何设置。单击"确定"按钮，打开"查看数据类型映射"对话框，如图 4.14 所示。

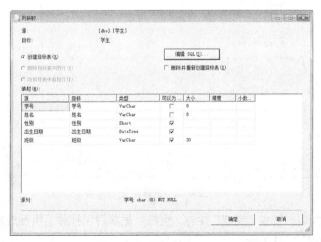

图4.13　列映射

图4.14　查看数据类型的映射

（8）保存并运行包。单击"下一步"按钮，打开"保存并运行包"对话框，这里使用默认设置"立即执行"，不保存 SSIS 包。

（9）指定包的名称。单击"下一步"按钮，打开了"完成该向导"对话框，如图 4.15 所示，确认导出数据。

图4.15　完成向导

（10）完成导出向导。单击"完成"按钮，执行数据库导出操作，执行成功后，将会打开"执行成功"对话框，如图 4.16 所示。

图4.16　执行导出包

（11）打开导出的 Excel 文件"D:\data\sql-excel.xls"，验证导出数据的正确性。

说明

　　把 SQL Server 数据库中的数据导出到 Access 数据库的方法和导出到 Execl 文件类似，只是在"选择目标"对话框的设置有所不同。

2. 数据的导入

【例 4-26】创建一个 Student 数据库，将【例 4-25】中导出的"D:\data\sql-excel.xls"文件导入到 Student 数据库中。

　　具体操作步骤如下。

（1）启动 SQL Server Management Studio。

（2）在"对象资源管理器"窗口中，用鼠标右键单击"数据库"节点，从弹出的快捷菜单中执行"新建数据库"命令，创建一个名为"Student"的数据库。

（3）在"对象资源管理器"中，展开"数据库"节点，用鼠标右键单击"Student"数据库节点，从弹出的快捷菜单中选择"任务"→"导入数据"选项，打开"SQL Server 导入和导出向导"对话框。

（4）单击"下一步"按钮，打开"选择数据源"对话框，在"数据源"下拉列表框中选择"Microsoft Excel"选项，然后单击"浏览"按钮，选择 Excel 文件路径，如图 4.17 所示。

（5）单击"下一步"按钮，打开"选择目标"对话框，在"目标"下拉列表框中选择"SQL Server Native Client 10.0"选项，然后选择"身份验证"方式为"使用 Windows 身份验证"，在"数据库"下拉列表框中选择或输入"Student"，如图 4.18 所示。

图4.17　设置数据源

图4.18　设置目标

（6）单击"下一步"按钮，打开"指定表复制或查询"对话框，选中"复制一个或多个表或视图的数据"单选按钮。

（7）单击"下一步"按钮，打开"选择源表和源视图"对话框，如图 4.19 所示。选中"学生"和"课程"复选框，表示要复制这两个表格。单击"预览"按钮预览所选表中的数据，观测数据表是否正确。

图4.19　设置表和视图

（8）单击"下一步"按钮，打开"保存并运行包"对话框，使用默认设置"立即执行"，不保存 SSIS 包。

（9）单击"下一步"按钮，打开"完成该向导"对话框，确认导入数据。

（10）单击"完成"按钮，执行数据库导入操作，执行成功后，将会打开"执行成功"对话框。

（11）打开数据库"Student"，验证数据的正确性。

本章小结

（1）数据完整性的概念、类型。创建主键和外键约束来实现数据完整性。表设计的要素：列名、数据类型、长度、NULL 值等；SQL Server 2008 的常用的基本数据类型，用户创建自定义数据类型。

（2）SQL Server 2008 中的五种约束：CHECK 约束、DEFAULT 约束、PRIMARY KEY 约束、FOREIGN KEY 约束、UNIQUE 约束。使用 SQL Server Management Studio 和 SQL 语句创建这些约束的方法。

（3）使用 SQL Server Management Studio 管理表，包括创建表、修改表、查看表的信息以及删除表。

（4）使用 SQL Server Management Studio 查看表之间的依赖关系。

（5）使用 SQL 语句管理表，包括创建表、修改表、查看表的信息、删除表。

（6）使用 SQL Server Management Studio 和 SQL 语句对表记录的操作，包括添加记录、更新记录、删除记录。

（7）使有 SQL Server Management Studio 向导工具实现数据库不同格式文件的导入与导出操作。

实训项目

项目1：网上书店数据库中相关表结构的创建

目的：

（1）熟练掌握创建数据表结构的方法；

（2）掌握查看表信息的方法。

内容：

（1）使用 SQL Server Management Studio，分别创建会员表（见表 4-16）、图书表（见表 4-17）的表结构；

（2）使用 SQL 语句创建图书类别表（见表 4-18）、订购表（见表 4-19）的表结构；

（3）使用 DROP TABLE 删除上述已创建的表，然后使用 T-SQL 语句再次创建上述数据表；

（4）分别使用 SQL 语句和 SQL Server Management Studio 两种方式查看会员表的信息；

（5）使用 SQL 语句修改表结构。添加字段"联系地址"，其数据类型和长度为 varchar(50)，更改"联系地址"为"联系方式"，删除添加的字段。

表 4-16　会员表结构

	列名	数据类型	允许 NULL 值	约束
1	会员编号	char(4)	NO	主键
2	会员昵称	varchar(20)	NO	
3	E-mail	varchar(20)	NO	
4	联系电话	varchar(15)	NO	
5	积分	int	YES	

表 4-17　图书表结构

	列　名	数据类型	允许 NULL 值	约束
1	图书编号	int	NO	主键
2	图书名称	varchar(50)	NO	
3	作者	char(8)	NO	
4	价格	smallmoney	NO	
5	出版社	varchar(50)	NO	
6	折扣	smallmoney	YES	折扣小于价格
7	图书类别	int	NO	图书类别表的类别编号的外键

表 4-18　图书类别表结构

	列名	数据类型	允许 NULL 值	约束
1	类别编号	int	NO	主键
2	类别名称	varchar(16)	NO	

表 4-19 订购表结构

	列名	数据类型	允许 NULL 值	约束
1	图书编号	int	NO	
2	会员编号	char(4)	NO	
3	订购量	int	NO	默认值为 1
4	订购日期	datetime	NO	
5	发货日期	datetime	YES	订购日期小于等于发货日期

项目 2：在网上书店数据库数据表中插入数据

目的：

（1）熟练掌握使用 SQL Server Management Studio 向表中添加、修改、删除记录；

（2）掌握使用 SQL 语句中的 INSERT、DELETE、UPDATE 语句操作表的记录的方法。

内容：

（1）网上书店数据库表中的数据分别如表 4-20、表 4-21、表 4-22 和表 4-23 所示；

表 4-20 会员表数据

会员编号	会员昵称	E-mail	联系电话	积分
1001	何仙姑	Hxg18@163.com	13320101991	20
1002	平平人生	Lp011@126.com	13545158219	300
1003	四十不惑	12345@qq.com	18688168818	1000
1004	桃花岛主	810124@qq.com	13068011234	600
1005	水灵	zs123@371.cn	15838182503	150
1006	感动心灵	gandong@tom.com	13641151234	500

表 4-21 图书表数据

图书编号	图书名称	作者	价格	出版社	折扣	图书类别
1	平凡的世界	路遥	25	北京十月文艺出版社	16.3	4
2	好妈妈好老师	尹建莉	49	作家出版社	36.8	2
3	商道	崔仁浩	38	世界知识出版社	29	3
4	围城	钱钟书	36	人民文学出版社	27.9	4
5	敦煌	井上靖	25	北京十月文艺出版社	18.8	1
6	操盘	许枫	49.8	江苏凤凰文艺出版社	41.9	3
7	主交易员	钱本草	39.8	中国社会科学出版社	27.4	3
8	鬼谷子的局	寒川子	42	长江文艺出版社	33.6	1
9	家	巴金	33	人民文学出版社	22.9	4

表 4-22 图书类别表数据

类别编号	类别名称	类别编号	类别名称
1	历史	3	财经
2	家教	4	小说

表 4-23　订购表数据

会员编号	图书编号	订购量	订购日期	发货日期
1001	1	2	2017-3-12	
1001	4	1	2017-4-15	
1001	8	1	2017-9-15	
1003	7	1	2017-12-14	
1003	4	1	2017-10-10	
1003	8	1	2017-9-13	
1003	9	3	2017-12-15	
1005	9	2	2017-8-23	
1005	5	1	2017-10-17	
1005	1	3	2017-11-12	
1006	5	1	2017-9-18	
1006	1	2	2017-10-21	
1006	7	2	2017-11-21	

（2）使用 SQL Server Management Studio 分别向会员表（见表 4-20）、图书表（见表 4-21）插入记录；

（3）使用 SQL 语句分别向图书类别表（见表 4-22）、订购表（见表 4-23）插入记录；

（4）分别使用 SQL Server Management Studio 和 SQL 语句修改记录。把会员表中"会员编号"为"1001"的"姓名"修改为"何大姑"；把订购表中"会员编号"为"1003"且"图书编号"为3的"订购量"改为10，"订购日期"改为"2017-10-01"，"发货日期"改为"2017-10-02"。

项目 3：网上书店数据库数据表的导入与导出

目的：掌握 SQL Server 2008 导入和导出的基本步骤。

内容：

（1）导出网上书店数据库中的会员表和图书表为 Execl 文件；

（2）创建一新的数据库 bookshop，把上述导出的两表导入该数据库中。

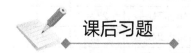

课后习题

一、选择题

1. SQL Server 2008 支持的整型数据类型有 bigint、int、smallint、tinyint，其中 int 的数值的范围为（　　）。

　　A. $-2^{63} \sim 2^{64}-1$　　　　B. $-2^{31} \sim 2^{31}-1$　　　　C. $-2^{15} \sim 2^{15}-1$　　　　D. 0～255

2. 下列不属于设计表时要明确的项目是（　　）。

　　A. 列名称　　　　　　　　　　　　　B. 列的数据类型和宽度

　　C. 表间的关系　　　　　　　　　　　D. 表中的数据

3.　表参照的完整性规则中，表的（　　）的值必须是另一个表主键的有效值。

A.　次关键字　　　　　B.　外关键字　　　　　C.　主关键字　　　　　D.　主属性

4.　不允许在关系中出现重复记录的约束是通过（　　）实现的。

A.　CHECK　　　　　　　　　　　　B.　INTO 子句

C.　FOREIGN KEY　　　　　　　　　D.　PRIMARY KEY 或 UNIQUE

5.　如果要求购买图书量必须在 1 ~ 100，可以通过（　　）约束来实现。

A.　CHECK　　　　　B.　DEFAULT　　　　　C.　UNIQUE　　　　　D.　PRIMARY KEY

6.　用来表示可变长度的非 Unicode 数据类型是（　　）。

A.　CHAR　　　　　B.　NCHAR　　　　　C.　VARCHAR　　　　　D.　NVARCHAR

7.　如果更新表中的记录，使用以下哪个命令动词？（　　）

A.　Insert　　　　　B.　Update　　　　　C.　Delete　　　　　D.　Select

二、问答题

1.　如何确定列的数据类型？数据类型中 char 和 varchar 有什么区别？

2.　INSERT 语句的用途是什么？如果在 INSERT 语句中列出了 6 个列名，那需要提供几个列值？如果向一个没有默认值而且也不允许 NULL 值的列中插入一个 NULL 值，结果会怎样？

3.　简述 CREATE TABLE 语句的各个参数的作用。

4.　什么是约束？请分别说明不同类型约束的含义，以及约束对数据的影响。

SQL Server 2008

5 Chapter

第 5 章
数据查询

本章目标：
- 熟练应用 SELECT 语句进行简单查询
- 掌握使用 SELECT 语句进行统计查询的方法
- 掌握子查询
- 能够应用 SELECT 语句对多表进行连接、联合和嵌套查询数据查询是数据库系统应用的主要内容，是对数据库最频繁的操作请求。数据查询主要是根据用户提供的限定条件，从已存在的数据表或视图中检索用户需要的数据。SQL Server 使用 SELECT 语句从数据库中检索数据，并将结果集以表格的形式返回给用户。

5.1　SELECT 语句

SELECT 语句是数据库最基本的语句之一，也是 SQL 编程最常用的语句。使用 SELECT 语句不但可以从数据库中精确地查询信息，而且还可以模糊地查找带有某项特征的多条数据。

基本语法如下：

```
SELECT [ALL|DISTINCT] [TOP n]列表达式
[INTO 新表名]
FROM 表名与视图名列表
[WHERE 逻辑表达式]
[GROUP BY 列名列表[HAVING 逻辑表达式]]
[ORDER BY 列名[ASC|DESC]]
```

上面语法结构中，SELECT 查询语句中共有 5 个子句，其中 SELECT 和 FROM 语句为必选子句，而 WHERE、GROUP BY 和 ORDER BY 子句为可选子句。[]内的部分为可选项，大写部分为关键字。

子句说明如下。

（1）SELECT 列表达式：用于指定查询结果集返回的列，各列表达式之间用逗号分隔，并且各列在 SELECT 子句中的顺序决定了它们在结果表中的顺序。若要返回所有列，则可以用"*"表示。

（2）ALL|DISTINCT：用来标识在查询结果集中对相同行的处理方式。关键字 ALL 表示返回查询结果集中的所有行，包括重复行；关键字 DISTINCT 表示若结果集中有相同的数据行则只保留显示一行。默认值为 ALL。

（3）TOP n 子句：输出查询结果集的前 n 行。

（4）INTO 新表名：用来把查询结果集创建成一个新的数据表。

（5）FROM 表名与视图名列表：指定用于查询的表或视图的名称以及它们之间的连接关系。

（6）WHERE 逻辑表达式：用于指定查询的条件。

（7）GROUP BY 列名列表：用来指定查询结果的分组条件。

（8）HAVING 逻辑表达式：用来指定对分组的过滤条件，选择出满足条件的分组记录集。此选项必须和 GROUP BY 配合使用。

（9）ORDER BY 列名[ASC|DESC]：用来指定查询结果集的排序方式。ASC 表示结果集按指定的列以升序排列，DESC 表示结果集按指定的列以降序排列，默认为 ASC。

SELECT 语句既可以实现数据的简单查询、结果集的统计查询，也可以实现复杂的多表查询。

5.2　简单 SELECT 语句

5.2.1　基本的 SELECT 语句

基本的 SELECT 包括以下三个部分：

```
SELECT 选取的列
FROM 表名与视图名列表
WHERE 逻辑表达式
```

可以说明为，按照指定的条件从指定的表或视图中查询输出指定的列。SELECT 子句指定查询结果要输出的列的列名，FROM 子句包含提供数据的表或视图的名称，WHERE 子句给出查询的条件。

【例5-1】查询"学生"表，输出所有学生的详细信息。

要输出表中所有列的内容可以使用关键字"*"，对应的 SQL 语句如下：

```
SELECT * FROM 学生
```

【例5-2】查询"学生"表，输出所有学生的学号和姓名。

要从表中选择部分列进行输出，则需要在 SELECT 后面给出所选列的列名，各列名之间用逗号隔开。查询结果集中列的顺序取决于 SELECT 语句中给出的列的顺序。

对应的 SQL 语句如下：

```
SELECT 学号，姓名 FROM 学生
```

查询输出时，SELECT 子句中列表达式不仅可以是表或视图中的属性列，也可以是常量、变量、表达式，这些列称为派生列。

【例5-3】查询"学生"表，输出所有学生的学号、姓名以及查询日期和时间，在"查询日期和时间"列前输出常量"查询日期和时间"。

输出当前日期和时间可以使用 GetDate() 函数实现。

对应的 SQL 语句如下：

```
SELECT 学号，姓名，'查询日期和时间'，GetDate()
FROM 学生
```

查询结果如图5.1所示。

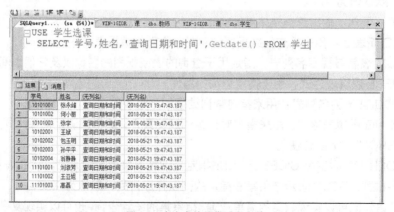

图5.1 查询中使用常量和函数

使用 SELECT 语句进行查询时，返回结果集中列的名称与 SELECT 子句中列的名称相同。也可以在 SELECT 语句中，让查询结果集中显示出新的列名，称为列的别名。指定返回列的别名有以下三种方法：

（1）列名 AS 别名

（2）列名 别名

（3）别名=列名

【例 5-4】查询"学生"表，输出所有学生的学号、姓名以及查询日期和时间，并分别使用"学生学号""学生姓名""查询日期"作为别名。

对应的 SQL 语句如下：

```
SELECT 学号 AS 学生学号, 姓名 学生姓名, 查询日期=GetDate()
FROM 学生
```

查询结果如图 5.2 所示。

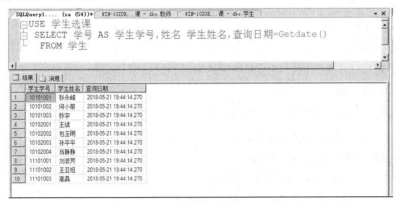

图5.2　对查询输出的列设置别名

【例 5-5】查询"学生"表，输出学生所在的班级，每个班级只输出一次。

SELECT 语句使用 DISTINCT 关键字消除结果集中的重复行。否则，结果集中将包括所有满足条件的行。对应的 SQL 语句如下：

```
SELECT DISTINCT 班级
FROM 学生
```

查询结果如图 5.3 所示。

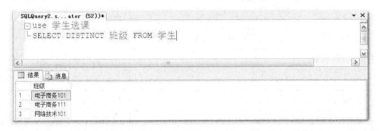

图5.3　对查询结果使用DISTINCT子句

SELECT 子句使用 TOP 关键字指定返回结果集中行的数量，即限定返回查询结果集的前一部分数据。使用 TOP n 子句，则输出查询结果中的前 n 行数据。使用 TOP n PERCENT 子句，则输出查询结果中前面占结果总行数的 n%行数据。注意：TOP 子句和 DISTINCT 关键字不能同时使用。

【例 5-6】查询"学生"表，输出表中前三名学生的详细信息。

对应的 SQL 语句如下：

```
SELECT TOP 3 * FROM 学生
```

【例 5-7】查询"学生"表，输出表中前 30%学生的详细信息。

对应的 SQL 语句如下：

```
SELECT TOP 30 PERCENT * FROM 学生
```

5.2.2　使用 INTO 子句

使用 INTO 子句可以把查询结果插入一个新的表中，语法格式如下：

```
SELECT 列表达式
INTO 新表名
FROM 表名与视图名列表
WHERE 逻辑表达式
```

【例 5-8】查询"学生"表，将所有学生的学号和姓名信息插入"学生 1"表中。

对应的 SQL 语句如下：

```
SELECT 学号, 姓名 INTO 学生 1 FROM 学生
```

使用 INTO 子句，应注意以下几点。

（1）新表是数据库中没有存在的表。

（2）新表中行和列是由查询结果集决定的。

（3）使用该子句时，用户必须有在数据库中建立表的权限。

（4）如果新表的表名以"#"开头，则生成的是一个临时表。

5.2.3　使用 WHERE 子句

WHERE 子句确定查询条件，用来从表与视图中筛选出满足条件的数据行。WHERE 子句中的条件表达式可以由表 5-1 所示的运算符构成。

表 5-1　条件表达式的运算符

运算符分类	运算符	说明
比较运算符	>、>=、=、<、<=、<>、!=、!>、!<	比较大小
范围运算符	BETWEEN...AND、NOT BETWEEN...AND	判断列的值是否在指定范围内
列表运算符	IN、NOT IN	判断列的值是否在指定的列表中
模糊匹配符	LIKE、NOT LIKE	判断列的值是否和指定的模式字符串匹配
空值判断符	IS NULL、IS NOT NULL	判断列值是否为空
逻辑运算符	AND、OR、NOT	用于多个条件表达式的逻辑连接

1. 比较搜索条件

【例 5-9】查询"学生"表，输出"网络技术 101"班学生的详细信息。

对应的 SQL 语句如下：

```
SELECT * FROM 学生 WHERE 班级='网络技术 101'
```

2. 范围搜索条件

【例 5-10】查询"学生"表，输出 1992 年出生的学生的详细信息。

对应的 SQL 语句如下：

```
SELECT * FROM 学生
WHERE 出生日期 BETWEEN '1992-01-01' AND '1992-12-31'
```

3. 列表搜索条件

【例 5-11】查询"学生"表，输出学号为"10101001""10102001""11101001"的学生的详细信息。

对应的 SQL 语句如下：

```
SELECT * FROM 学生
WHERE 学号 IN('10101001','10102001','11101001')
```

4. 模式匹配搜索条件

LIKE 运算符用于将指定的列的值与模式字符串进行匹配运算，其语法格式如下：

```
<列名> [NOT] LIKE <'模式字符串'> [ESCAPE '<换码字符>']
```

参数说明如下。

（1）列名：指明进行匹配的列。列的数据类型可以是字符型或日期时间型。

（2）模式字符串：可以是一般的字符串，也可以是包含有通配符的字符串。通配符的种类如表 5-2 所示。

表 5-2　通配符

通配符	含义
%	匹配任意长度（0 个或多个）的字符串
_	匹配任意单个字符
[]	匹配任何在范围或集合中的单个字符
[^]	匹配任何不在范围或集合之内的单个字符

（3）ESCAPE：表示将模式字符串中<换码字符>后的通配符进行转义，使其成为普通字符。

通配符和字符串必须括在单引号中。例如，表达式 LIKE 'a%'匹配以字母 a 开头的字符串，LIKE '%101' 匹配以"101"结尾的字符串，表达式 LIKE '_学%' 匹配的是第 2 个字符为"学"的字符串。

表达式 LIKE '[ACD]S[A–C][^5–8]X'匹配的字符串为第 1 个字符在"A""C""D"三个字符中，第 2 个字符为"S"，第 3 个字符在"A"到"C"中，即"A""B""C"中的一个，第 4 个字符不在字符"5"到"8"中，即不能是"5""6""7""8"中的一个，第 5 个字符为"X"。

查找的字符串包括通配符本身时，可以用 ESCAPE '<换码字符>'将通配符转义为普通字符，也可以将字符串中的通配符用方括号括起来。例如，表达式 LIKE 'A_' ESCAPE 'A'和 LIKE 'A[_]' 都表示匹配的字符串长度为 2，且第 1 个字符为"A"，第 2 个字符为"_"。

【例 5-12】查询"学生"表，输出姓"张"的学生的详细信息。

对应的 SQL 语句如下：

```
SELECT * FROM 学生 WHERE 姓名 LIKE '张%'
```

5. 空值判断搜索条件

T-SQL 使用 IS [NOT] NULL 运算符判断指定列的值是否为空值。对于空值判断，不能使用比较运算符或模式匹配运算符。

【例5-13】查询"选课"表，输出没有成绩的学生的学号和课程号。

对应的 SQL 语句如下：

```
SELECT 学号，课程号，成绩 FROM 选课 WHERE 成绩 IS NULL
```

查询结果如图 5.4 所示。

图5.4　查询列值为空值的记录

6. 包含逻辑运算符的搜索条件

查询条件可以是一个条件表达式，也可以是多个条件表达式的组合。逻辑运算符能够连接多个条件表达式，构成一个复杂的查询条件。逻辑运算符包括：AND（逻辑与）、OR（逻辑或）、NOT（逻辑非）。

（1）AND：连接两个条件。如果两个条件表达式都成立，那么组合起来的条件成立。

（2）OR：连接两个条件。如果两个条件表达式中任何一个成立，那么组合起来的条件成立。

（3）NOT：连接一个条件表达式，对给定条件的结果取反。

【例5-14】查询"学生"表，输出姓"王"且是"电子商务111"班的学生的详细信息。

对应的 SQL 语句如下：

```
SELECT * FROM 学生
WHERE 姓名 LIKE '王%' AND 班级='电子商务 111'
```

【例5-15】查询"学生"表，输出不是 1992 年出生的学生的详细信息。

对应的 SQL 语句如下：

```
SELECT * FROM 学生 WHERE NOT（YEAR(出生日期)=1992）
```

当然也可以写成：

```
SELECT * FROM 学生 WHERE YEAR（出生日期）!=1992
```

5.2.4　使用 ORDER BY 子句

在查询结果集中，数据行的排列顺序是按它们在表中的顺序进行排列的。可以使用 ORDER BY 子句对结果集中的数据行按指定列的值重新排列顺序。可以规定按升序排列（使用参数 ASC），也可以指定按降序排列（使用参数 DESC），默认参数为 ASC。可以在 ORDER BY 子句中指定多个列，查询结果首先按第 1 列进行排序，第 1 列值相同的那些数据行，再按照第 2 列排序，依次类推。ORDER BY 子句要写在 WHERE 子句后面。

【例5-16】查询"选课"表，输出选修了课程号为 1 的学生的学号、课程号和成绩，并将查询结果按成绩从高到底进行排序。

对应的 SQL 语句如下：

```
SELECT * FROM 选课 WHERE 课程号=1 ORDER BY 成绩 DESC
```

查询结果如图 5.5 所示。

图5.5　查询结果按降序排列

5.3　SELECT 语句的统计功能

SELCET 语句的统计功能可以对查询结果集进行求和、求平均值、求最大值、求最小值以及求查询结果集中数据行的行数，统计功能是通过集合函数和 GROUP BY 子句、COMPUTE 子句进行组合来实现的。

5.3.1　使用集合函数进行数据统计

集合函数用于对查询结果集中的指定列进行统计，并输出统计值。常用的集合函数如表 5–3 所示。

表 5-3　集合函数

集合函数	功能描述
COUNT([DISTINCT|ALL]列表达式|*)	计算一列中值的个数。COUNT（*）返回行数，包括含有空值的行，不能与 DISTINCT 一起使用
SUM([DISTINCT|ALL]列表达式)	计算一列数据的总和（此列为数值型）
AVG([DISTINCT|ALL]列表达式)	计算一列数据的平均值（此列为数值型）
MAX([DISTINCT|ALL]列表达式)	计算一列数据的最大值
MIN([DISTINCT|ALL]列表达式)	计算一列数据的最小值

ALL 为默认选项，指计算查询结果中一列所有的值；DISTINCT 则去掉重复值。

【例 5–17】查询"学生"表，统计学生总人数。

统计学生总人数，就是统计学生表中的数据行数。对应的 SQL 语句如下：

```
SELECT COUNT(*) AS 学生总数 FROM 学生
```

查询结果如图 5.6 所示。

【例 5–18】查询"选课"表，统计选修了课程号为 3 的学生人数、总成绩、平均成绩、最高成绩和最低成绩。

对应的 SQL 语句如下：

```
SELECT COUNT(*) AS 学生人数,SUM(成绩) AS 总成绩,AVG(成绩) AS 平均成绩,MAX(成绩)
AS 最高成绩,MIN(成绩) AS 最低成绩  FROM 选课 WHERE 课程号=3
```

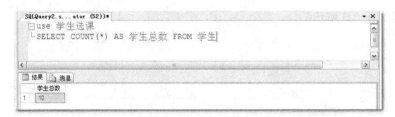

图5.6　查询结果使用集合函数统计数据行数

查询结果如图 5.7 所示。

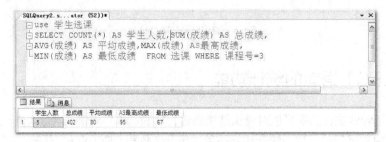

图5.7　集合函数的综合使用

5.3.2　使用 GROUP BY 子句

前面的例子进行的统计都是对整个查询结果集进行的。GROUP BY 子句用于对查询结果集按指定列的值进行分组，列值相同的放在一组。集合函数和 GROUP BY 子句配合使用，将对查询结果集进行分组统计。

使用 GROUP BY 子句进行分组统计时，SELECT 子句中的列表达式中所包含的列只能是如下两种情况。

（1）列名应用了集合函数。

（2）未应用集合函数的列必须包含在 GROUP BY 子句中。

【例 5–19】查询"学生"表，分别统计男女生人数。

对应的 SQL 语句如下：

```
SELECT 性别,COUNT(*) AS 男女生人数 FROM 学生 GROUP BY 性别
```

【例 5–20】查询"选课"表，统计输出每个学生所选课程数目及平均分。

对应的 SQL 语句如下：

```
SELECT 学号,COUNT(课程号) AS 选课数目,AVG(成绩) AS 平均分
FROM 选课 GROUP BY 学号
```

【例 5–21】查询"选课"表，统计输出每门课程的所选学生人数及最高分。

对应的 SQL 语句如下：

```
SELECT 课程号,COUNT(学号) AS 选课人数,MAX(成绩) AS 最高分
FROM 选课 GROUP BY 课程号
```

查询结果如图 5.8 所示。

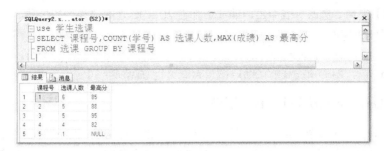

图5.8　分组统计的应用

GROUP BY 子句常和 HAVING 子句配合使用。HAVING 子句用于对分组按条件进行筛选。HAVING 子句只能出现在 GROUP BY 子句后。语法格式如下：

```
GROUP BY 列名 HAVING 条件表达式
```

前面讲的 WHERE 子句也是用来对数据行进行筛选的，HAVING 和 WHERE 子句的区别表现如下。

（1）WHERE 子句设置的查询筛选条件在 GROUP BY 子句之前发生作用，并且条件中不能使用集合函数。

（2）HAVING 子句设置的筛选条件在 GROUP BY 子句之后发生作用，并且条件中允许使用集合函数。

当一个 SELECT 语句中同时出现了 WHERE 子句、GROUP BY 子句和 HAVING 子句时，SQL的执行顺序如下。

（1）执行 WHERE 子句，从数据表中选取满足条件的数据行。

（2）由 GROUP BY 子句对选取的行进行分组。

（3）执行集合函数。

（4）执行 HAVING 子句，选取满足条件的分组。

【例 5-22】查询"选课"表中至少有 4 名学号前四位为"1010"的学生选修的课程的平均分数。

对应的 SQL 语句如下：

```
SELECT 课程号, AVG(成绩) AS 平均分
FROM 选课 WHERE 学号 LIKE '1010%'
GROUP BY 课程号   HAVING COUNT(*)>=4
```

查询结果如图 5.9 所示。

图5.9　带记录筛选和组筛选的分组统计

【例 5-23】查询"选课"表中每门课成绩都在 70~90 之间的学生的学号。

对应的 SQL 语句如下：

```
SELECT 学号  FROM 选课
GROUP BY 学号 HAVING MIN(成绩)>=70 AND MAX(成绩)<=90
```

5.3.3　使用 COMPUTE BY 子句

GROUP BY 子句和集合函数配合使用，只能输出每组统计结果，而不能显示每组内明细数据。如果既想显示明细数据，又要显示统计结果，就需要使用 COMPUTE BY 子句。语法格式如下：

```
COMPUTE 集合函数 [BY 列名]
```

【例 5-24】查询"选课"表，输出学号、课程号、成绩的明细并统计平均成绩、最高分、最低分。

对应的 SQL 语句如下：

```
SELECT * FROM 选课
COMPUTE AVG（成绩），MAX（成绩），MIN（成绩）
```

【例 5-25】查询"选课"表，按课程号分组，输出各组的学号、课程号、成绩的明细并统计每门课的上课人数和平均成绩。

对应的 SQL 语句如下：

```
SELECT * FROM 选课
ORDER BY 课程号
COMPUTE COUNT（学号），AVG（成绩）BY 课程号
```

查询结果如图 5.10 所示。

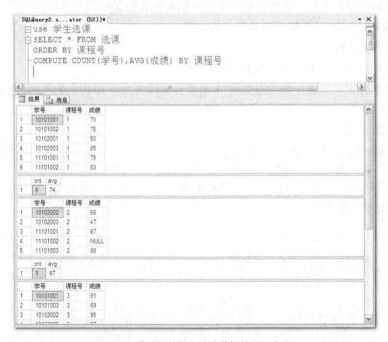

图5.10　带明细数据和统计数据的分组查询

使用 COMPUTE 子句必须注意以下几点。

（1）集合函数中不能使用 DISTINCT 关键字。

（2）COMPUTE 子句中指定的属性列必须存在于 SELECT 子句的列表达式中。

（3）COMPUTE...BY 子句必须与 ORDER BY 子句一起使用，并且 BY 关键字后面指定的列必须与 ORDER BY 子句中指定的列相同，或为其子集，且列的顺序也必须一致。

5.4 多表连接查询

在实际查询中，很多情况下用户所需要的数据并不是全部都在一个表或视图中，而是存在于多个表或视图中，这时就要使用多表连接查询。多表连接查询是通过各个表之间的共同列的相关性来查询数据的。多表连接查询首先要在这些表中建立连接，再在连接生成的结果集中进行筛选。

多表连接查询语法格式如下：

```
SELECT [表名.]目标列表达式 [AS 别名], …
FROM 左表名 [AS 别名] 连接类型 右表名 [AS 别名]
ON 连接条件
```

其中，连接类型以及运算符有以下几种。

（1）CROSS JOIN：交叉连接。

（2）INNER JOIN 或 JOIN：内连接。

（3）LEFT JOIN 或 LEFT OUTER JOIN：左外连接。

（4）RIGHT JOIN 或 RIGHT OUTER JOIN：右外连接。

（5）FULL JOIN 或 FULL OUTER JOIN：完全外连接。

举例说明各种类型的连接运算。假设有两个表 R 和 S，R 和 S 中存储的数据如图 5.11 所示。

	R			S	
A	B	C		A	D
1	2	3		1	2
4	5	6		3	4
				5	6

图5.11　示例表 R 和 S 的数据

5.4.1 交叉连接

交叉连接就是将连接的两个表的所有行进行组合，也就是将第一个表的所有行分别与第二个表的每一行连接形成一个新的数据行。连接后生成的结果集的数据行数等于两个表的行数的乘积，列数等于两个表的列数的和。交叉连接在实际应用中一般是没有任何意义的。表 R 和表 S 进行交叉连接的结果集如图 5.12 所示。

交叉连接有以下两种语法格式：

```
SELECT 列名列表 FROM 表名1 CROSS JOIN 表名2
```

或者：

```
SELECT 列名列表 FROM  表名1，表名2
```

R CROSS JOIN S				
A	B	C	A	D
1	2	3	1	2
1	2	3	3	4
1	2	3	5	6
4	5	6	1	2
4	5	6	3	4
4	5	6	5	6

图5.12　表 R 和表 S 交叉连接的结果集

【例 5-26】对“课程”表和“教师”表进行交叉连接，观察连接后的结果集。

对应的 SQL 语句如下：

```
SELECT 课程.*, 教师.* FROM 课程 CROSS JOIN 教师
```

查询结果如图 5.13 所示。

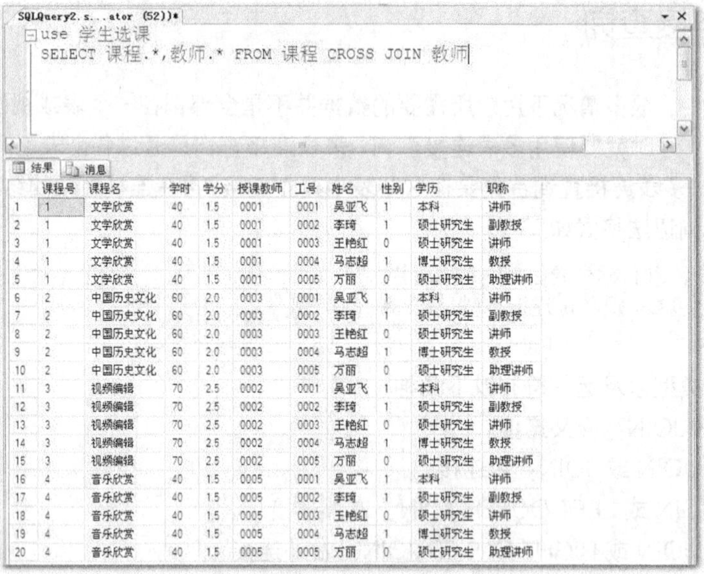

	课程号	课程名	学时	学分	授课教师	工号	姓名	性别	学历	职称
1	1	文学欣赏	40	1.5	0001	0001	吴亚飞	1	本科	讲师
2	1	文学欣赏	40	1.5	0001	0002	李琦	1	硕士研究生	副教授
3	1	文学欣赏	40	1.5	0001	0003	王艳红	0	硕士研究生	讲师
4	1	文学欣赏	40	1.5	0001	0004	马志超	1	博士研究生	教授
5	1	文学欣赏	40	1.5	0001	0005	万丽	0	硕士研究生	助理讲师
6	2	中国历史文化	60	2.0	0003	0001	吴亚飞	1	本科	讲师
7	2	中国历史文化	60	2.0	0003	0002	李琦	1	硕士研究生	副教授
8	2	中国历史文化	60	2.0	0003	0003	王艳红	0	硕士研究生	讲师
9	2	中国历史文化	60	2.0	0003	0004	马志超	1	博士研究生	教授
10	2	中国历史文化	60	2.0	0003	0005	万丽	0	硕士研究生	助理讲师
11	3	视频编辑	70	2.5	0002	0001	吴亚飞	1	本科	讲师
12	3	视频编辑	70	2.5	0002	0002	李琦	1	硕士研究生	副教授
13	3	视频编辑	70	2.5	0002	0003	王艳红	0	硕士研究生	讲师
14	3	视频编辑	70	2.5	0002	0004	马志超	1	博士研究生	教授
15	3	视频编辑	70	2.5	0002	0005	万丽	0	硕士研究生	助理讲师
16	4	音乐欣赏	40	1.5	0005	0001	吴亚飞	1	本科	讲师
17	4	音乐欣赏	40	1.5	0005	0002	李琦	1	硕士研究生	副教授
18	4	音乐欣赏	40	1.5	0005	0003	王艳红	0	硕士研究生	讲师
19	4	音乐欣赏	40	1.5	0005	0004	马志超	1	博士研究生	教授
20	4	音乐欣赏	40	1.5	0005	0005	万丽	0	硕士研究生	助理讲师

图5.13 交叉连接的查询结果

5.4.2 内连接

内连接是指用比较运算符设置连接条件，只返回满足连接条件的数据行，是将交叉连接生成的结果集按照连接条件进行过滤形成的。内连接包括 3 种类型：等值连接、非等值连接和自然连接。

（1）等值连接：在连接条件中使用等号（=）比较运算符来比较连接列的列值，其查询结果中包含被连接表的所有列，包括重复列。在等值连接中，两个表的连接条件通常采用“表 1.主键=表 2.外键”的形式。

（2）非等值连接：在连接条件中使用了除等号之外的比较运算符（>、<、>=、<=、!=）来比较连接列的列值。

（3）自然连接：与等值连接相同，都是在连接条件中使用“=”运算符，但结果集中不包括重复列。

表 *R* 和表 *S* 进行等值连接、非等值连接和自然连接的结果集如图 5.14 所示。

R JOIN *S* (*R.A*=*S.A*)

R.A	*B*	*C*	*S.A*	*D*
1	2	3	1	2

（等值连接）

R JOIN *S* (*R.A*>*S.A*)

R.A	*B*	*C*	*S.A*	*D*
4	5	6	1	2
4	5	6	3	4

（非等值连接）

R JOIN *S*

R.A	*B*	*C*	*D*
1	2	3	2

（自然连接）

图5.14 表 *R* 和表 *S* 内连接的结果集

内连接有以下两种语法格式：

```
SELECT 列名列表 FROM 表名1 [INNER] JOIN 表名2
ON 表名1.列名=表名2.列名
```

或

```
SELECT 列名列表 FROM 表名1，表名2
WHERE 表名1.列名=表名2.列名
```

在上述语法格式中，如果要输出两个表中相同名字的列，则必须在列名前加上表名以进行区分，用"表名.列名"来表示。如果表名太长，可以给表名定义一个简短的别名，这样在 SELECT 语句的输出列名和连接条件中，用到表名的地方都可以用别名来代替。

【例 5-27】查询"学生选课"数据库，输出考试不及格学生的学号、姓名、课程号以及成绩。

查询结果需要输出四个列，在"学生选课"数据库中，没有一个表包含了这四个列，这就需要多表连接查询。多表连接查询首先要确定需要哪几个表进行连接查询。进行连接查询的表要能够包括输出和查询条件中需要的所有列且用到表的数量最少。进行连接的表之间要有含义相同的列。

在本例中，在学生表和选课表中有"学号"列，在学生表中有"姓名"列，在课程表和选课表中有"课程号"列，在选课表中有"成绩"列，由此可知，要查询输出指定的四列，最少需要学生表和选课表两个表。两个表共同的列为"学号"。

对应的 SQL 语句如下：

```
SELECT A.学号，姓名，课程号，成绩
FROM 学生 AS A INNER JOIN 选课 AS B
ON A.学号=B.学号
WHERE 成绩<60
```

或：

```
SELECT A.学号，姓名，课程号，成绩
FROM 学生 AS A ，选课 AS B
WHERE A.学号=B.学号 AND 成绩<60
```

【例 5-28】查询"学生选课"数据库，输出考试不及格学生的学号、姓名、课程名以及成绩。

通过分析，完成本查询需要用到三个表：学生表、课程表、选课表。三个表进行连接查询，是通过表的两两连接来实现的。即 A 和 B 先连接，再和 C 连接，B 表和 A 表、C 表都要有含义相同的列。在这三个表中，选课表和学生表有相同的列"学号"，和课程表有相同的列"课程号"，所以选为 B 表。

对应的 SQL 语句如下：

```
SELECT A.学号 AS 不及格学生学号，姓名，课程名，成绩
FROM 学生 AS A INNER JOIN 选课 AS B
ON A.学号=B.学号 INNER JOIN 课程 AS C
ON B.课程号=C.课程号
WHERE 成绩<60
```

或：

```
SELECT A.学号 AS 不及格学生学号，姓名，课程名，成绩
FROM 学生 AS A，选课 AS B，课程 AS C
WHERE A.学号=B.学号 AND B.课程号=C.课程号 AND 成绩<60
```

查询结果如图 5.15 所示。

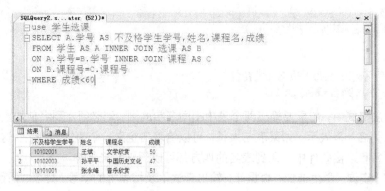

图5.15　内连接查询结果

5.4.3　外连接

内连接可能产生信息的丢失，为避免这种情况的发生，用户可以使用外连接。外连接与内连接不同，在查询时所用的表有主从之分。使用外连接时，以主表中每行数据去匹配从表中的数据行，如果符合连接条件则返回到结果集中；如果从表中没有找到匹配行，则在结果集中仍然保留主表的行，相对应的从表中的列被填上 NULL 值。外连接查询只适用于两个表。

外连接包括三种类型：左外连接、右外连接和完全外连接。

（1）左外连接：将左表中的所有数据行与右表中的每行按连接条件进行匹配，结果集中包括左表中所有行。左表中那些与右表没有相匹配的行，在结果集中右表中的列都以 NULL 来填。bit类型不允许为 NULL，就以 0 填充。左外连接中 JOIN 关键字左边的表为主表，右边的表为从表。

（2）右外连接：将右表中的所有数据行与左表中的每行按连接条件进行匹配，结果集中包括右表中所有行。右表中那些与左表没有相匹配的行，在结果集中左表中的列都以 NULL 来填。右外连接中 JOIN 关键字右边的表为主表，左边的表为从表。

（3）完全外连接：该连接查询结果集中包括两个连接表的所有行，左表中每一行在右表中有匹配数据，则结果集中对应的右表的列填入相应数据，否则填为 NULL。右表中某一行在左表中没有匹配数据，则结果集对应的左表中的列填为 NULL。

表 R 和 S 进行外连接的结果集如图 5-16 所示。

R LEFT JOIN S (R.A=S.A)

R.A	B	C	S.A	D
1	2	3	1	2
4	5	6	NULL	NULL

R RIGHT JOIN S (R.A=S.A)

R.A	B	C	S.A	D
1	2	3	1	2
NULL	NULL	NULL	3	3
NULL	NULL	NULL	5	6

R FULL JOIN S (R.A=S.A)

R.A	B	C	S.A	D
1	2	3	1	2
4	5	6	NULL	NULL
NULL	NULL	NULL	3	4
NULL	NULL	NULL	5	6

图5.16　表 R 和表 S 外连接的结果集

【例 5-29】查询"学生选课"数据库，输出所有教师所教授的课程信息，没有教授课程的教师也要列出。

对应的 SQL 语句如下：

```
SELECT A.教师号，教师名，课程名，学时，学分
FROM 教师 AS A LEFT JOIN 课程 AS B
ON A.教师号=B.授课教师
```

5.4.4　自连接

自连接就是一个表的两个副本之间的内连接。表名在 FROM 子句中出现两次，为了区别，必须对表指定不同的别名，语句中使用的列名前也要加上表的别名进行限定。

【例 5-30】对"学生"表进行查询，查询和学号"11101002"在同一个班级的学生的学号和姓名。

对应的 SQL 语句如下：

```
SELECT B.学号，B.姓名
FROM 学生 AS A INNER JOIN 学生 AS B
ON A.班级=B.班级
WHERE A.学号='11101002' AND B.学号<>'11101002'
```

查询结果如图 5.17 所示。

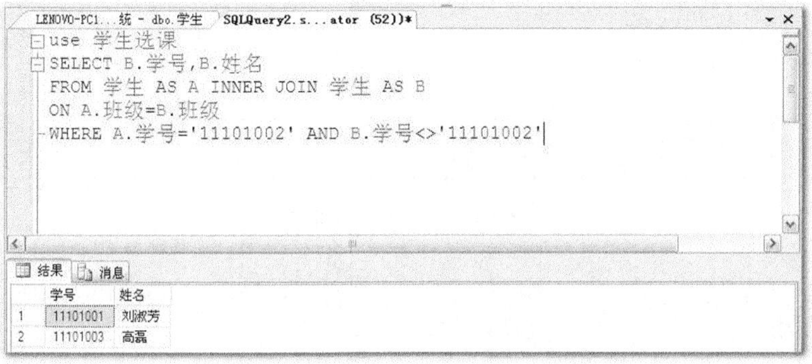

图5.17　自连接查询

5.5　合并结果集

合并结果集是指将多个 SELECT 语句查询的结果集进行并结算，组合成一个结果集。合并结果集使用的运算符是 UNION。

使用 UNION 时，需要注意以下几点。

（1）所有 SELECT 语句中的列数必须相同。

（2）所有 SELECT 语句中按顺序对应列的数据类型必须兼容。

（3）合并后的结果集中的列名是第一个 SELECT 语句中各列的列名。如果需要为返回列指定列名，则必须在第一个 SELECT 语句中指定。

（4）使用 UNION 运算符合并结果集时，每一个 SELECT 语句本身不能包括 ORDER BY 子句或 COMPUTE 子句，只能在最后使用一个 ORDER BY 子句或 COMPUTE 子句对整个结果集进行排序或汇总，且必须使用第一个 SELECT 语句中的列名。

【例 5-31】对"学生选课"数据库进行查询，输出所有学生和教师的编号和姓名。

对应的 SQL 语句如下：

```
SELECT 学号 AS 编号，姓名 FROM 学生
UNION
SELECT 工号 AS 编号，姓名 FROM 教师
```

查询结果如图 5.18 所示。

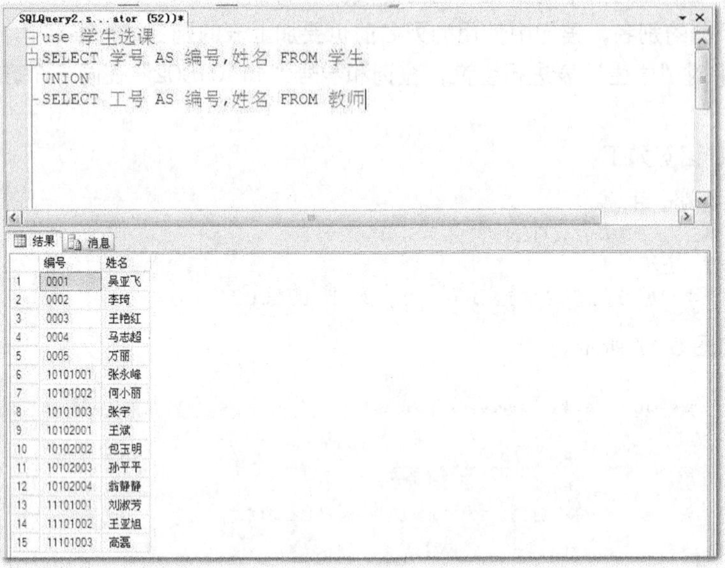

图5.18　合并查询结果集

5.6　子查询

子查询是一个 SELECT 语句嵌套在另一个 SELECT 语句的 WHERE 子句中的查询。包含子查询的 SELECT 语句称为父查询或外部查询。子查询可以多层嵌套，执行时由内向外，即每一个子查询在其上一级父查询处理之前先处理，其查询结果回送给父查询。

子查询也可以嵌套在 INSERT、UPDATE 或 DELETE 语句中。

使用子查询时，应注意以下几点。

（1）子查询的 SELECT 语句总是使用圆括号括起来。

（2）子查询不能包含 COMPUTE 子句；如果子查询的 SELECT 语句中使用了 TOP 关键字，则子查询必须包含 ORDER BY 子句。

（3）子查询的返回值为单个值时，子查询可以应用到任何表达式中。

子查询有几种形式，分别是比较子查询、IN 子查询、批量比较子查询和 EXISTS 子查询。

5.6.1　比较子查询

比较子查询是指父查询与子查询之间用比较运算符进行连接。在这种类型子查询中，子查询返回的值最多只能有一个。

【例 5-32】查询"学生选课"数据库，输出选修了"音乐欣赏"这门课的所有学生的学号和

成绩。

用子查询先查找出"音乐欣赏" 这门课的课程号，再用外查询查找出课程号等于子查询找到的课程号的那些数据行，输出这些行的学号和成绩列。

对应的 SQL 语句如下：

```
SELECT 学号，成绩 FROM 选课
WHERE 课程号=(SELECT 课程号 FROM 课程
             WHERE 课程名='音乐欣赏')
```

【例 5-33】查询"学生选课"数据库，输出年龄最大的学生的姓名。

在"学生选课"数据库的学生表中，只有学生的"出生日期"列，要查找年龄最大的学生信息，先用子查询查找学生"出生日期"最小值，再用父查询查找出"出生日期"等于子查询找到的"出生日期"的数据行，并输出"姓名"列。

对应的 SQL 语句如下：

```
SELECT 姓名 FROM 学生
WHERE 出生日期=(SELECT MIN(出生日期) FROM 学生)
```

【例 5-34】查询"学生选课"数据库，输出"音乐欣赏"这门课不及格的学生的姓名。

用子查询先从"课程"表中查找出"音乐欣赏"这门课的课程号，再用外查询从"成绩"表中查找出课程号等于子查询找到的课程号，且成绩小于 60 的那个数据行，得到这个数据行中的学号的值，再用外查询从"学生"表中查找学号等于子查询找到的那个学号的学生的姓名。

对应的 SQL 语句如下：

```
SELECT 姓名 FROM 学生
WHERE 学号=(SELECT 学号 FROM 选课
           WHERE 成绩<60 AND 课程号=(SELECT 课程号
           FROM 课程 WHERE 课程名='音乐欣赏'))
```

查询结果如图 5.19 所示。

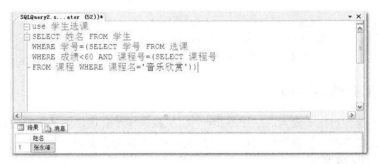

图5.19 比较子查询的查询结果

在这个例子中，用到了子查询的多层嵌套。

在这个例子中，外一层查询和它的子查询是用比较运算符连接的，这就要求每一层子查询查询到的值最多只能有一个。也就是说最多只能有一个学生的"音乐欣赏"课成绩不及格。如果有两个或两个以上的学生的"音乐欣赏"课成绩不及格，这个查询就要出错。

假如有多个学生的"音乐欣赏"课成绩不及格，该怎么书写 SQL 语句？对于子查询可能有多个值的情况，父查询和子查询之间，就要用谓词 IN 或 NOT IN 进行连接。

5.6.2 IN 子查询

IN 子查询是指父查询与子查询之间用 IN 或 NOT IN 进行连接，判断某个属性列的值是否在子查询查找到的集合中。

【例 5-35】查询"学生选课"数据库，输出考试不及格的学生的姓名。

先用子查询在"选课"表中查找出凡是有成绩小于 60 分的学生的学号，查找到的学号可能是多个，是一个集合。再用父查询从"学生"表中查找出学号在子查询找到的学号中的学生的姓名。

对应的 SQL 语句如下：

```
SELECT 姓名 FROM 学生
WHERE 学号 IN(SELECT 学号 FROM 选课
              WHERE 成绩<60)
```

查询结果如图 5.20 所示。

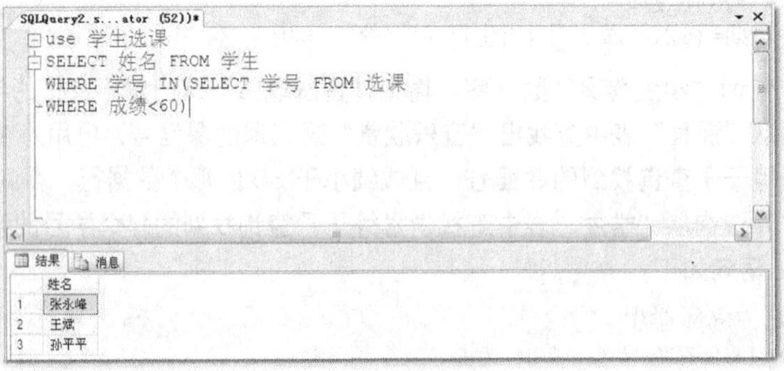

图5.20　IN子查询的查询结果

如果本例改为要查询没有考试不及格的学生的姓名，可把 IN 改为 NOT IN。对应的 SQL 语句如下：

```
SELECT 姓名 FROM 学生
WHERE 学号 NOT IN(SELECT 学号 FROM 选课
                  WHERE 成绩<60)
```

5.6.3 批量比较子查询

批量比较子查询是指子查询的结果不止一个，父查询和子查询之间又需要用比较运算符进行连接，这时候，就需要在子查询前面加上 ALL 或 ANY 这样的谓词。

1. 使用 ANY 谓词

在子查询前面使用 ANY 谓词时，会使用指定的比较运算符将一个表达式的值或列值与子查询返回值中的每一个进行比较，只要有一次比较的结果为 TRUE，则整个表达式的值为 TRUE，否则为 FALSE。

【例 5-36】查询"学生选课"数据库，输出需要补考的学生姓名。

对应的 SQL 语句如下：

```
SELECT 姓名 FROM 学生
WHERE 学号=ANY(SELECT 学号 FROM 选课 WHERE 成绩<60)
```

2. 使用 ALL 谓词

在子查询前面使用 ALL 谓词时，会使用指定的比较运算符将一个表达式的值或列值与子查询返回值中的每一个进行比较，只有所有比较的结果为 TRUE，则整个表达式的值为 TRUE，否则为 FALSE。

【例 5-37】查询"学生选课"数据库，输出不需要补考的学生的姓名。

对应的 SQL 语句如下：

```
SELECT 姓名 FROM 学生
WHERE 学号<>ALL(SELECT 学号 FROM 选课 WHERE 成绩<60)
```

查询结果如图 5.21 所示。

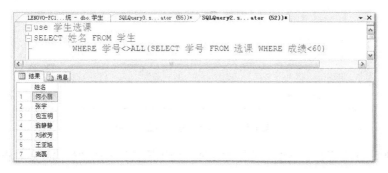

图5.21　使用ALL谓词的查询结果

5.6.4　EXISTS 子查询

EXISTS 子查询是指在子查询前面加上 EXISTS 运算符或 NOT EXISTS 运算符。EXISTS 运算符和后面的子查询构成 EXISTS 表达式。如果子查询查找到有满足条件的数据行，那么 EXISTS 表达式返回值为 TRUE，否则为 FALSE。

【例 5-38】查看"学生选课"数据库中有没有一个"教师"表，如果有，删除这个表。

对应的 SQL 代码如下：

```
USE 学生选课
GO
IF EXISTS(SELECT * FROM sysobjects WHERE name='教师')
   DROP TABLE 教师
GO
```

【例 5-39】查询选课表，如果有需要补考的，则显示所有学生的成绩信息。如果没有需要补考的，则不输出任何信息。

对应的 SQL 语句如下：

```
SELECT * FROM 选课
WHERE EXISTS(SELECT * FROM 选课 WHERE 成绩<60)
```

查询结果如图 5.22 所示。

子查询和连接查询在很多情况下可以互换。例如，对于【例 5-30】，可以用子查询来实现：

```
SELECT 学号,姓名 FROM 学生
WHERE 学号<>'11101002' AND 班级=(SELECT 班级 FROM 学生
WHERE 学号='11101002')
```

	学号	课程号	成绩
1	10101001	1	73
2	10101002	1	78
3	10102001	1	50
4	10102003	1	85
5	11101001	1	78
6	11101002	1	83
7	10102002	2	68
8	10102003	2	47
9	11101001	2	67
10	11101002	2	NULL
11	11101003	2	88
12	10101001	3	81
13	10101003	3	69
14	10102002	3	95
15	10102003	3	67
16	11101003	3	90
17	10101001	4	51
18	10102002	4	75
19	11101001	4	76
20	11101003	4	82
21	10102003	5	NULL

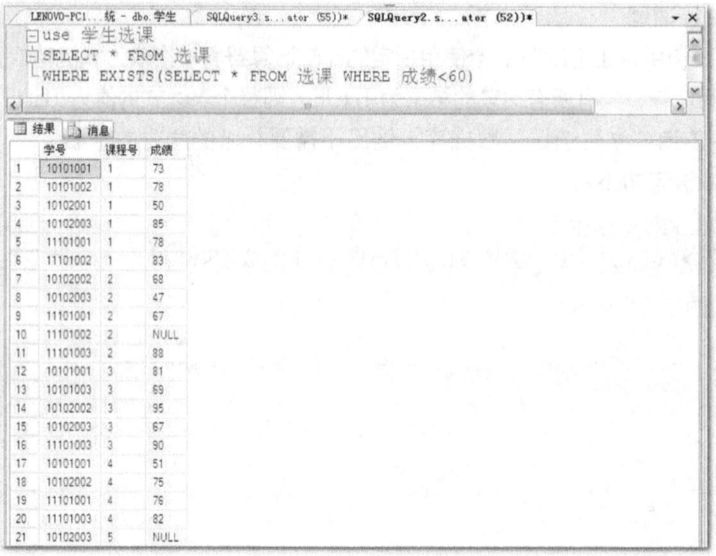

图5.22　EXISTS子查询的查询结果

对于【例 5-36】查询“学生选课”数据库，输出需要补考的学生的姓名，也可以用连接查询来实现：

```
SELECT 姓名 FROM 学生 INNER JOIN 选课
ON 学生.学号=选课.学号 WHERE 成绩<60
```

至于什么时候使用连接查询，什么时候使用子查询，可以参考以下原则。

（1）如果查询语句要输出的列来自多个表，则需要用连接查询。

（2）如果查询语句要输出的列来自一个表，但其 WHERE 子句需要涉及另一个表时，常用子查询。

（3）如果查询语句要输出的列和 WHERE 子句都只涉及一个表，但是 WHERE 子句的查询条件涉及应用集合函数进行数值比较时，一般用子查询。

5.6.5　在 INSERT、UPDATE、DELETE 语句中使用子查询

1. 在 INSERT 语句中使用子查询

使用 INSERT...SELECT 语句可以将 SELECT 语句查询的结果添加到表中，一次可以添加多行。语法格式如下：

```
INSERT 表 1[列名列表 1]
SELECT 列名列表 2 FROM 表 2 [WHERE 条件表达式]
```

注意

使用本语句时，表 1 已经存在，且列名列表 1 中的列数、列的顺序、列的数据类型和列名列表 2 中对应的要一样或兼容。

【例 5-40】建立一个“电子商务学生”表，表里有学号、姓名、出生年月，把在“学生”表中查询到的电子商务专业的学生的信息添加到本表中。

对应的 SQL 语句如下：

```
INSERT 电子商务学生 (学号, 姓名, 出生年月)
SELECT 学号, 姓名, 出生年月 FROM 学生
WHERE 班级 LIKE '电子商务%'
```

2. 在 UPDATE 语句中使用子查询

使用 UPDATE 语句时，可以在 WHERE 子句中使用子查询。

【例 5-41】修改"课程"表，把上课老师的职称为"教授"的课程的学时减少 6 个。

对应的 SQL 语句如下：

```
UPDATE 课程 SET 学时=学时-6
WHERE 授课教师 IN (SELECT 工号 FROM 教师
 WHERE 职称='教授')
```

3. 在 DELETE 语句中使用子查询

使用 DELETE 语句时，可以在 WHERE 子句中使用子查询。

【例 5-42】将"选课"表中王斌的选课信息删除。

对应的 SQL 语句如下：

```
DELETE FROM 选课
WHERE 学号 IN (SELECT 学号 FROM 学生 WHERE 姓名='王斌')
```

本章小结

（1）查询是数据库最常进行的操作，T-SQL 使用 SELECT 进行数据查询。

（2）SELECT 语句最基本的格式包括 SELECT 和 FROM 两部分。格式如下：

```
SELECT 列表达式 FROM 表名或视图名
```

其中，"列表达式"指出查询结果要输出的列，"表名或视图名"指出从哪个表或视图中进行查询。

（3）SELECT 语句中可以加 WHERE 子句，指明查询条件。

（4）SELECT 语句中可以加 ORDER BY 子句，用于对查询结果进行排序。

（5）SELECT 语句的"列表达式"中可以使用集合函数，用于对查询结果进行统计。SELECT 语句还可以加 GROUP BY 子句，用于对查询结果进行分组。GROUP BY 子句常和集合函数配合使用。在 SELECT 语句中如果没有加 GROUP BY 子句，则集合函数是对整个查询结果进行统计。如果在 SELECT 语句中加 GROUP BY 子句，则查询结果是按分组进行统计。GROUP BY 子句后可加 HAVING 子句，用于对分组设置筛选条件。

（6）连接查询和子查询是用于实现多表查询的常用方式。

实训项目

项目 1：在网上书店数据库中进行简单查询

目的：掌握 SELECT 语句中 DISTINCT 子句、TOP 子句、WHERE 子句以及 ORDER BY 子句的使用。

内容：

（1）查询会员表，输出积分高于 500 的会员的昵称和联系电话；

（2）查询会员表，输出积分低于 200 的会员的昵称和联系电话，并且分别用英文 username、telephone 指定别名；

（3）查询会员表，输出 E-mail 是 QQ 邮箱的会员的昵称和 E-mail；

（4）查询订购表，输出订购日期是 2017 年 10 月的订单的详细信息；

（5）查询订购表，输出订货的会员的编号，要求删除重复行；

（6）查询图书表，输出图书的名称和价格，并把查询结果按价格降序排列；

（7）查询图书表，输出价格最高的三种图书的名称和价格。

项目 2：在网上书店数据库查询中使用集合函数

目的：掌握集合函数、GROUP BY 子句、HAVING 子句和 COMPUTE 子句。

内容：

（1）查询图书表，输出所有图书的最高价格、最低价格、平均价格；

（2）查询图书表，输出每一类图书的数量；

（3）查询图书表，输出每一类图书的最高价格、最低价格、平均价格；

（4）查询订购表，输出订购超过 3 本的会员的编号和订购数量；

（5）查询订购表，按照会员编号进行分组，明细汇总每个会员的订单信息以及订购产品的总数量。

项目 3：在网上书店数据库查询中使用连接查询和子查询

目的：掌握连接查询和子查询。

内容：

（1）输出所有图书的图书名称、价格以及所属类别名称；

（2）输出订购了《平凡的世界》的会员的昵称和联系电话以及订购数量；

（3）输出订购了图书的会员的昵称和联系电话；

（4）输出没人订购的图书的名称和价格；

（5）输出详细订购信息，包括订购图书的会员昵称、联系电话，所订图书名称、数量、价格、折扣价。

 课后习题

选择题

1. 数据查询语句 SELECT 由多个子句构成，下列（   ）子句能够将查询结果按指定列的值进行分组。

    A. ORDER BY   B. COMPUTE   C. GROUP BY   D. DISTINCT

2. WHERE 子句用于指定（   ）。

A. 查询结果的分组条件
B. 查询结果的统计方式
C. 查询结果的排序条件
D. 查询结果的搜索条件

3. 要在网上书店数据库的图书表中查找图书名称包括"中国"两字的图书的信息，可使用（　　）。

A. SELECT * FROM 图书 WHERE 图书名称 LIKE '中国%'

B. SELECT * FROM 图书 WHERE 图书名称 LIKE '%中国%'

C. SELECT * FROM 图书 WHERE 图书名称 LIKE '%中国'

D. SELECT * FROM 图书 WHERE 图书名称 LIKE '_中国%'

4. 在 SELECT 语句中，下面（　　）子句用于将查询结果存储在一个新表中。
A. GROUP BY　　　B. INTO　　　　C. WHERE　　　　D. DISTINCT

5. 集合函数（　　）可实现对指定列求平均值。
A. SUM　　　　　B. AVG　　　　　C. MIN　　　　　D. MAX

6. 对于网上书店数据库，下面 SELECT 语句的含义是（　　）。

```
SELECT 会员昵称 FROM 会员
WHERE 会员编号 NOT IN（SELECT 会员编号 FROM 订购）
```

A. 查询输出没有订购图书的会员昵称

B. 查询输出订购图书的会员昵称

C. 查询输出所有会员的昵称

D. 查询输出没有编号的会员的昵称

7. 子查询的结果不止一个值时，前面可以使用的运算符是（　　）。
A. IN　　　　　　B. LIKE　　　　C. =　　　　　　　D. >

8. EXISTS（子查询）的返回值是（　　）。
A. 数值型量　　　B. 字符型量　　　C. 日期时间型量　　　D. 逻辑型量

9. 执行以下 SQL 语句：

```
SELECT TOP 40 PERCENT 学号, 姓名 FROM 学生
```

结果返回了 20 行数据，则（　　）。

A. 学生表中只有 40 行数据
B. 学生表中只有 20 行数据
C. 学生表中有 50 行数据
D. 学生表中有 100 行数据

10. 输出学生选课数据库中学生的成绩，在输出时把每个学生每门课程成绩都提高 10%，使用的 SQL 语句是（　　）。

A. SELECT 学号, 课程号, 成绩*10 FROM 选课

B. SELECT 学号, 课程号, 成绩+10 FROM 选课

C. SELECT 学号, 课程号, 成绩*0.1 FROM 选课

D. SELECT 学号, 课程号, 成绩*1.1 FROM 选课

SQL Server 2008

6 Chapter

第 6 章
视图和索引

本章目标：
- 掌握创建视图的方法
- 掌握管理视图的方法
- 掌握通过视图修改数据的方法
- 理解索引的概念
- 掌握创建索引的两种方式
- 了解查看索引信息的方式

在 SQL Server 2008 中，视图和索引主要起到辅助查询和组织数据的功能，通过使用它们，可以大大地提高查询数据的效率。视图和索引的区别是：视图将查询语句压缩，使大部分查询语句放在服务端，在客户端只输入你要查询的信息，而不用写出大量的查询代码，这其实也是一个封装的过程；而索引类似目录，使得查询更快速、更高效，适用于访问大型数据库。

6.1 视图的概述

6.1.1 视图的基本概念

视图是一种数据库对象，是从一个或多个基表（或视图）导出的虚表。视图的结构和数据是对数据表进行查询的结果。

通过定义 SELECT 语句以检索将在视图中显示的数据来创建视图。SELECT 语句引用的数据表称为视图的基表。

视图被定义后便存储在数据库中，通过视图看到的数据只是存放在基表中的数据。当对通过视图看到的数据进行修改时，相应的基表的数据也会发生变化，同时，若基表的数据发生变化，这种变化也会自动地反映到视图中。

视图可以是一个数据表的一部分，也可以是多个基表的联合；视图还可以由一个或多个其他视图产生。

视图通常用来进行以下三种操作：

（1）筛选表中的行。

（2）防止未经许可的用户访问敏感数据。

（3）将多个物理数据表抽象为一个逻辑数据表。

视图上的操作和基表类似，但是 DBMS 对视图的更新操作（INSERT、DELETE、UPDATE）往往存在一定的限制。DBMS 对视图进行的权限管理和基表也有所不同。

视图可以提高数据的逻辑独立性，也可以增加一定的安全性。DBMS 在处理视图时和基表存在很多不同的地方，具体如下。

（1）定义：基于基表或视图。

（2）数据：一般不单独存放。

（3）查询：和基表类似。

（4）插入、删除、更新：有限制。

（5）权限：有所不同。

6.1.2 视图的优点

视图只是保存在数据库中的 SELECT 查询。因此，对查询执行的大多数操作也可在视图上进行。也就是说视图只是给查询起的一个名字，把它保存在数据库中，查看视图中查询的执行结果只要使用简单的 SELECT 语句即可实现。视图是定义在基表（视图的数据源）之上的，对视图的一切操作最终会转换为对基表的操作。

为什么要引入视图呢？这是由于视图具有如下优点。

（1）视图能够简化用户的操作。视图使用户可以将注意力集中在他关心的数据上，如果这些数据不是直接来自于基表，则可以通过定义视图，使用户眼中的数据结构简单、清晰，并且可以简化用户的数据查询操作。例如，那些定义了若干张表连接的视图，就将表与表之间的连接操作对用户隐藏起来。换句话说，用户所做的只是对一个虚表的简单查询，而这个虚表是怎样得到的，用户无需了解。

（2）视图使用户能从多种角度看待同一数据。视图机制能使不同的用户以不同的方式看待同一数据，当许多不同种类的用户使用同一个数据库时，这种灵活性是非常重要的。

（3）视图对重构数据库提供一定的数据的逻辑独立性。数据的逻辑独立性是指当数据库重构时，如增加新的关系或对原关系增加新的字段等，用户和用户程序不受影响。

（4）视图能够对机密数据提供安全保护。有了视图机制，就可以在设计数据库应用系统时，对不同的用户定义不同的视图，使机密数据不出现在不应看到这些数据的用户视图上，这样就由视图的机制自动提供了对机密数据的安全保护功能。

（5）使用视图可以重新组织数据。通过视图，在数据的物理结构和逻辑结构发生变化的情况下，使某一应用的数据的逻辑表示不变，原有的应用程序仍可以通过视图来重载数据。

6.2 定义视图

创建视图有两种方式：使用图形工具创建视图和使用 T–SQL 语句创建视图。

6.2.1 使用 SQL Server Management Studio 创建视图

【例 6-1】为数据库"学生选课"创建一个视图，该视图基于"课程"表和"教师"表，能够查看所有课程的课程名、学时、学分以及讲授每门课程的教师姓名和职称。

操作步骤如下。

（1）在 SQL Server Management Studio 中，展开数据库"学生选课"，用鼠标右键单击"视图"节点，在弹出的快捷菜单中选择"新建视图"。

（2）打开"添加表"窗口，在此窗口中可以看到，视图的基表可以是表，也可以是视图、函数和同义词。在表中选择"教师"表和"课程"表，如图 6.1 所示。

图6.1　创建视图并添加表

（3）单击"添加"按钮，如果还需要添加其他表，则可以继续选择添加基表；如果不再需要添加，则可以单击"关闭"按钮，关闭"添加表"窗口。

（4）在视图窗口的"关系图"窗格中，显示了"教师"表和"课程"表的全部列信息，在此可以选择视图查询输出的列，如选择"教师"表中的"姓名""职称"列，"课程"表中的"课程名""学时""学分"列，在"显示 SQL"窗格中显示了对应的 SELECT 语句。如果要查看这个视图包含的数据内容，则可以单击"执行 SQL"的按钮 ，在"显示结果"窗格中显示查询出的结果集，如图 6.2 所示。

（5）单击"保存"按钮，在弹出的"选择名称"窗口中输入视图名称"课程_view"，单击"确定"按钮即可。就可以看到"视图"节点下增加了一个视图"课程_view"。

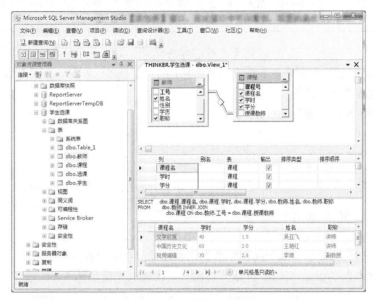

图6.2 定义视图的查询

6.2.2 使用 SQL 语句创建视图

在 SQL Server 2008 中，使用 CREATE VIEW 语句创建视图。语法格式如下：

```
CREATE VIEW [ schema_name . ] view_name [ (column [ ,...n ] ) ]
 [ WITH <view_attribute> [ ,...n ] ]
AS
 select_statement
[ WITH CHECK OPTION ]
<view_attribute> ::=
{ [ ENCRYPTION ]    [ SCHEMABINDING ]  [ VIEW_METADATA ]    }
```

其中，相关参数的含义如表 6-1 所示。

表 6-1 CREATE VIEW 语句相关参数的含义

参数名	含义
schema_name	视图所属架构名
view_name	视图名

（续表）

参数名	含义
column	视图中所使用的列名，一般只有列是从算术表达式、函数或常量派生出来的或者列的指定名称不同于来源列的名称时，才需要使用
select_statement	搜索语句
WITH CHECK OPTION	强制针对视图执行所有数据修改语句都必须符合在 select_ statement 中设置的条件
ENCRYPTION	加密视图
SCHEMABINDING	将视图绑定到基础表的架构
VIEW_METADATA	指定为引用视图的查询请求浏览模式的元数据时，SQL Server 实例将向 DB-Library、ODBC 和 OLE DB API 返回有关视图的元数据信息，而不返回基表的元数据信息

【例 6-2】使用 CREATE VIEW 语句，在"学生选课"数据库中创建一个基于"教师"表的视图"教师_view"，该视图要求查询输出所有教师的姓名、性别、职称，并要对该视图进行加密，不允许查看该视图的定义语句。

创建这个视图对应的 SQL 语句如下：

```
USE 学生选课
GO
CREATE VIEW 教师_view
WITH   ENCRYPTION
AS
SELECT 姓名，性别，职称 FROM 教师
GO
```

执行上述语句后，就在"学生选课"数据库中创建了视图"教师_view"。

使用 SELECT 语句查询"教师_view"视图，可以看到结果如图 6.3 所示。

图6.3 查询教师_view视图

【例 6-3】使用 CREATE VIEW 语句，在"学生选课"数据库中创建一个基于"学生"表和

"选课"表的视图"成绩_view",该视图要求查询输出所有不及格学生的学号、姓名、课程名、成绩。

创建这个视图对应的 SQL 语句如下:

```
USE 学生选课
GO
CREATE VIEW 成绩_view
 AS
    SELECT 学生.学号 AS 学生学号, 姓名, 课程名, 成绩
    FROM 学生 INNER JOIN 选课 ON 学生.学号=选课.学号
    INNER JOIN 课程 ON  选课.课程号=课程.课程号
    WHERE 成绩<60
GO
```

6.3 视图的维护

在创建了视图以后,就需要对视图进行管理。如修改视图的定义、删除不再需要的视图、查看视图的定义文本以及查看视图与其他数据库对象之间的依赖关系等。

6.3.1 查看视图的定义信息

SQL Server 允许用户获得视图的一些有关信息,如视图的名称、视图的所有者、创建时间、视图的定义文本等。视图的信息存放在以下几个 SQL Server 系统表中。

(1) sysobjects:存放视图名称等基本信息。

(2) syscolumns:存放视图中定义的列。

(3) sysdepends:存放视图的依赖关系。

(4) syscomments:存放定义视图的文本。

1. 查看视图的基本信息

在 SQL Server Management Studio 中,可以查询视图的基本信息。

如果要查看视图"课程_view"的基本属性,可以通过展开"数据库"→"学生选课"→"视图"节点,用鼠标右键单击"课程_view"视图,在出现的快捷菜单中选择"属性"。

也可以使用系统存储过程 sp_help 来显示视图的名称、拥有者和创建时间等信息。

【例 6-4】查看视图"课程_view"的基本信息。

使用如下语句:

```
sp_help 课程_view
```

执行上述语句后,显示结果如图 6.4 所示。

2. 查看视图的文本信息

如果视图在创建或修改时没有被加密,那么可以使用系统存储过程 sp_helptext 来显示视图定义的语句。如果视图被加密,那么连视图的拥有者和系统管理员都无法看到它的定义。

sp_helptext 可以查看视图、用户定义函数、存储过程、触发器等对象的定义信息。

sp_helptext 的语法格式如下:

```
sp_helptext [@objname=]'name'[,[@columnname=]computed_column_name]
```

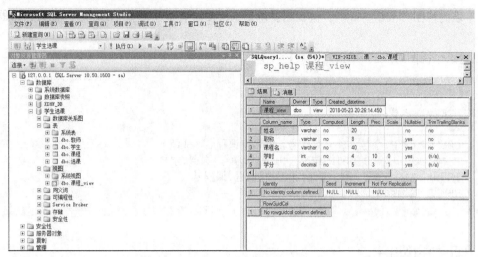

图6.4 课程_view的基本信息

参数说明如下。

（1）[@objname=]'name'：表示要查看定义信息的对象名。

（2）[@columnname=]computed_column_name：表示计算列的列名。

【例6-5】查看视图"课程_view"的文本信息。

使用如下语句：

```
sp_helptext 课程_view
```

执行上面语句后，显示课程_view 视图的文本信息，如图 6.5 所示。

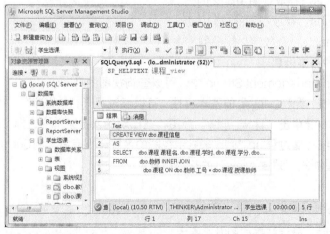

图6.5 课程_view视图的文本信息

如果查看的视图已被加密，则会返回该视图被加密的信息。

【例6-6】查看被加密的视图"教师_view"的定义信息。

使用如下语句：

```
sp_helptext 教师_view
```

执行结果如图 6.6 所示。

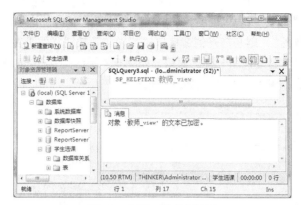

图6.6 【例6-6】执行结果

6.3.2 查看视图与其他对象的依赖关系

有时候需要查看视图与其他数据库对象之间的依赖关系,例如,视图在哪些表的基础上创建,又有哪些数据库对象的定义引用了该视图等。可以使用系统存储过程 sp_depends 查看。

【例 6-7】查看"课程_view"视图的依赖关系。

使用如下语句:

```
sp_depends 课程_view
```

执行上面语句后,返回结果如图 6.7 所示。

图6.7 课程_view的依赖关系

6.3.3 修改和删除视图

修改和删除视图也有两种方式:使用 SQL Server Management Studio 和使用 T-SQL 语句。

1. 使用图形工具修改和删除视图

【例 6-8】使用 SQL Server Management Studio 修改和删除数据库"学生选课"中的一个视图"课程_view"。

操作步骤如下。

(1)在 SQL Server Management Studio 中,展开"数据库"→"学生选课"→"视图"节

点，用鼠标右键单击"课程_view"视图，从快捷菜单中选择相应的选项。

（2）如果选择"删除"，则在打开的窗口单击"确定"按钮，即可完成删除操作。如果选择"设计"，则会打开一个与创建视图一样的窗口，如图 6.8 所示，用户可以在该窗口里面修改视图的定义，修改完毕之后，单击"保存"按钮即可。

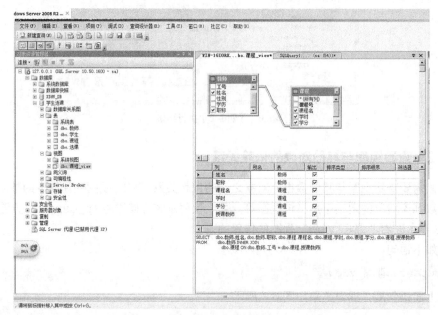

图6.8　修改视图窗口

2. 使用 SQL 语句修改和删除视图

使用 SQL 语句修改视图的定义用 ALTER VIEW 语句，ALTER VIEW 语句的语法与 CREATE VIEW 的语法类似，其语法格式如下：

```
ALTER  VIEW [ schema_name . ] view_name  [ (column [ ,...n ] ) ]
 [ WITH <view_attribute> [ ,...n ] ]
AS
 select_statement
 [ WITH CHECK OPTION ]
<view_attribute> ::=
{ [ ENCRYPTION ]    [ SCHEMABINDING ] [ VIEW_METADATA ]    }
```

【例 6-9】修改视图"课程_view"，使其增加输出每门课程的授课教师的性别信息。

使用如下语句：

```
ALTER VIEW 课程_view
AS
SELECT 课程.课程名，课程.学时，课程.学分，教师.姓名，教师.职称，教师.性别
FROM  教师 INNER JOIN 课程 ON 教师.工号=课程.授课教师
GO
```

执行此语句，即完成了对视图"课程_view"的修改。然后执行下列语句：

```
SELECT * FROM 课程_view
GO
```

执行语句后，使用 SELECT 语句查询"课程_view"，显示结果如图 6.9 所示，已经为视图输出信息添加上了授课教师的性别信息。

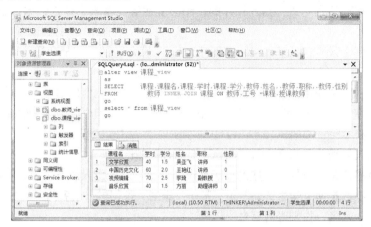

图6.9　修改后的课程_view视图显示结果

通过执行 DROP VIEW 语句，可以把视图的定义从数据库中删除。删除一个视图，就是删除其定义和赋予它的全部权限。删除一个表并不能自动删除引用该表的视图，因此，视图必须明确地删除。在 DROP VIEW 语句中，可以同时删除多个不再需要的视图。

DROP VIEW 语句的基本语法格式如下：

```
DROP VIEW view_name
```

【例 6-10】使用 DROP VIEW 语句删除视图"教师_view"。

使用如下语句：

```
DROP VIEW 教师_view
```

删除一个视图后，虽然它所基于的表和数据不会受到任何影响，但是依赖于该视图的其他对象或查询将会在执行时出现错误。

删除视图后重建与修改视图不一样。删除一个视图，然后重建该视图，那么必须重新指定视图的权限。但是，当使用 ALTER VIEW 语句修改视图时，视图原来的权限不会发生变化。

6.4　通过视图操纵表数据

6.4.1　通过视图修改数据

无论什么时候修改视图的数据，实际上都是在修改视图的基表中的数据。如果满足一些限制条件，可以通过视图自由地向基表插入、删除和更新数据。

6.4.2　使用 INSERT 插入数据

使用视图插入数据与在基表中插入数据一样，都可以通过 INSERT 语句来实现。插入数据的操作是针对视图中的列的插入操作，而不是针对基表中的所有的列的插入操作。由于进行插入操作的视图不同于基表，所以使用视图插入数据要满足一定的限制条件。

（1）使用 INSERT 语句进行插入操作的视图必须能够在基表中插入数据，否则插入操作会失败。

（2）如果视图上没有包括基表中所有属性为 NOT NULL 的行，那么插入操作会由于那些列的 NULL 值而失败。

（3）如果在视图中使用集合函数的结果，或者是包含多个列值的组合，则插入操作不成功。

（4）不能在使用了 DISTINCT、GROUP BY 或 HAVING 语句的视图中插入数据。

（5）如果创建视图的 CREATE VIEW 语句中使用了 WITH CHECK OPTION，那么所有对视图进行修改的语句必须符合 WITH CHECK OPTION 中的限定条件。

（6）对于由多个基表连接而生成的视图来说，一次插入操作只能作用于一个基表上。

【例 6-11】在数据库"学生选课"中，基于"学生"表创建一个名为"学生_view"的视图。该视图包含学号、姓名、性别等列信息。

创建该视图的语句如下：

```
USE 学生选课
GO
CREATE VIEW 学生_view
AS
   SELECT  学号，姓名，性别
   FROM 学生
GO
```

成功执行上述语句后，使用 SELECT 语句查看该视图的信息，返回结果如图 6.10 所示。

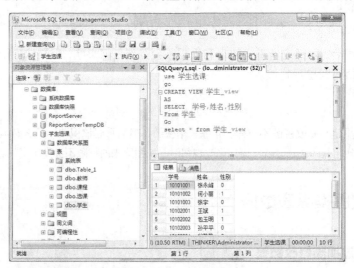

图6.10　学生_view视图信息

接下来向"学生_view"视图中插入一条数据，学号为"11101004"，姓名为"张三"、性别为"1"。实现上述操作，可以使用下面 INSERT 语句：

```
INSERT INTO 学生_view
VALUES('11101004', '张三',1)
```

6.4.3 使用 UPDATE 更新数据

在视图中更新数据与在基表中更新数据一样。在视图中同样使用 UPDATE 语句进行更新操作。而且更新操作也受到与插入操作一样的限制条件。当视图是来自多个基表中的数据时，与插入操作一样，每次更新操作只能更新一个基表中的数据。

【例 6-12】将前面视图"学生_view"中姓名为"张三"的学生的性别更新为"0"。

使用的语句如下：

```
USE 学生选课
GO
UPDATE 学生_view
SET 性别=0
WHERE 姓名='张三'
GO
```

执行上述语句后，查看结果如图 6.11 所示。

图6.11　更新后的视图数据

注 意

如果通过视图修改存在于多个基表中的数据，则对不同的基表要分别使用 UPDATE 语句来实现，这是因为每次只能对一个基表中的数据进行更新。

6.4.4 使用 DELETE 删除数据

通过视图删除数据与通过基表删除数据的方式一样，在视图中删除的数据同时在基表中也被删除。当一个视图连接了两个以上的基表时，对数据的删除操作则是不允许的。

【例 6-13】删除视图"学生_view"中姓名为"张三"的信息。

使用如下语句：

```
DELETE FROM 学生_view
WHERE 姓名='张三'
```

执行上述语句后，查看结果如图 6.12 所示。

图6.12 执行删除操作后的视图

索引

6.5.1 索引概述

如果把数据库表看作一本书，则表的索引就如同书的目录一样，通过索引可以大大提高查询速度，改善数据库的性能。数据库中的索引包含某个表中一列或若干列值的集合，以及指向表中相应记录物理存储位置的指针。当 SQL Server 进行数据查询时，查询优化器会自动计算现有的几种执行查询方案中，哪个方案的开销最小，速度最快，然后 SQL Server 就会按照该方案来查询。查询时，如果没有索引存在，就扫描整个表以搜索查询结果；如果有索引存在，因为索引是有序排列的，所以可以通过高效的有序查找算法（如折半查找等）找到索引项，再根据索引项中记录的物理地址，找到查询结果的存储位置。

索引的优点如下。

（1）通过创建唯一性索引，可以保证数据记录的唯一性。

（2）可以大大加快数据的检索速度。

（3）可以加快表与表之间的连接，这一点在实现数据的参照完整性方面有特别的意义。

（4）在使用 ORDER BY 和 GROUP BY 子句进行数据检索时，可以显著减少查询中分组和排序的时间。

（5）使用索引可以在检索数据的过程中使用优化隐藏器，提高系统性能。

但是，索引带来的查找速度的提高也是有代价的，因为索引要占用存储空间，而且为了维护索引的有效性，向表中插入数据或者更新数据时，数据库还要执行额外的操作来维护索引。所以，过多的索引不一定能提高数据库的性能，必须科学地设计索引。

6.5.2 索引的分类

SQL Server 2008 中提供了以下三种索引。

1. 聚集索引

在聚集索引中，会使表中数据行的物理存储顺序与索引逻辑顺序完全相同，即索引顺序决定了表中数据行的存储顺序。每个表只能有一个聚集索引。由于聚集索引的顺序与数据行存放的物理顺序相同，所以聚集索引最适合范围搜索，找到了一个范围内开始的行后可以很快地取出后面的行。

如果表中没有创建其他的聚集索引，则会在表的主键上自动创建聚集索引。

2. 非聚集索引

非聚集索引并不在物理上改变表中数据行的排列，即索引中的逻辑顺序并不等同于表中数据行的物理顺序，索引仅记录指向表中数据行位置的指针，这些指针本身是有序的，通过这些指针可以在表中快速定位数据。非聚集索引作为与表分离的对象存在，可以为表的每一个常用于查询的列定义非聚集索引。

非聚集索引的特点是它比较适合直接匹配单个条件的查询，而不太适合返回大量结果的查询。

为一个表建立的默认索引都是非聚集索引，在一列上设置唯一性约束时也会自动在该列上创建非聚集索引。

聚集索引和非聚集索引是按照索引的结构划分的，按照索引实现的功能还可以将索性划分为唯一性索引和非唯一性索引。

3. 唯一性索引

一个唯一性索引能够保证在创建索引的列或多列的组合上不包括重复的数据，聚集索引和非聚集索引都可以是唯一性索引。

在创建主键和唯一性约束的列上会自动创建唯一性索引。

创建索引应注意以下几个问题。

（1）只有表的拥有者才能在表上创建索引。

（2）每个表上只能创建一个聚集索引。

（3）每个表上最多能创建 249 个非聚集索引。

（4）一个索引的宽度最大不能超过 900 字节，在 char 等类型的列上创建索引时应考虑这一限制。

（5）数据类型为 text、ntext、image 或 bit 的列上不能创建索引。

（6）一个索引中最多包含的列数为 16。

创建聚集索引时，数据库占用的存储空间是原来存储空间的 120%，这是因为在建立聚集索引时表的数据将被复制以便进行排序，排序完成后，再将旧的未加索引的表删除，所以数据库必须有足够的空间用来备份这些数据。创建唯一性索引时，应保证创建索引的列不能有重复数据，并且没有两个或两个以上的空值，否则索引不能成功创建。

6.5.3　创建索引

SQL Server 2008 中提供了三种创建索引的方法：一是利用 SQL Server Management Studio；二是使用表设计器；三是通过 SQL 语句。

在创建索引之前，首先了解一下创建索引的规则。

（1）索引并非越多越好。一个表中如有大量的索引，不仅占用磁盘空间，而且会影响 INSERT、UPDATE、DELETE 等语句的性能。因为当表中的数据在更改的同时，索引也要进行调整和更新。

（2）避免对经常更新的表建立过多的索引，并且索引中的列应尽可能少。对经常用于查询的列应该建立索引，但要避免添加不必要的列。

（3）数据量小的表最好不要使用索引。由于数据较少，查询花费的时间可能比遍历索引的时间还要短，索引可能不会产生优化的效果。

（4）在不同值较少的列上不要建立索引。列中的不同值比较少，例如，"学生"表的"性别"列，只有0和1两个不同值，这样的列就无须建立索引，如果建立索引，不但不会提高查询效率，反而会严重降低更新速度。

（5）为经常需要排序、分组和连接操作的字段建立索引。在频繁进行排序或分组的字段和经常进行连接查询的字段上创建索引。

1. 使用 SQL Server Management Studio 创建索引

【例6-14】为数据库"学生选课"中的"教师"表的"联系方式"列创建唯一性索引。

操作步骤如下。

（1）在对象资源管理器中，展开"数据库"→"学生选课"→"表"→"教师"节点，用鼠标右键单击"索引"节点，在弹出的菜单中选择"新建索引"。

（2）在"新建索引"窗口的"常规"选择页，可以输入索引的名称、选择索引的类型、选择是否是唯一性索引等，如图6.13所示。

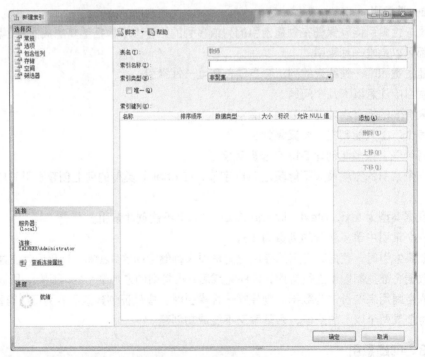

图6.13 "新建索引"窗口

（3）单击"添加"按钮，打开"从'教师'中选择列"窗口，在窗口中的"表列"列表中选择"联系方式"复选框，如图6.14所示。

（4）单击"确定"按钮，返回"新建索引"窗口，再单击"新建索引"窗口的"确定"按钮，"索引"节点下便生成了一个名为"教师_联系方式"的索引，说明该索引创建成功，如图 6.15

所示。

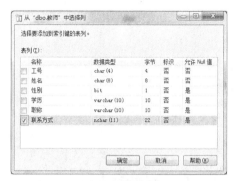

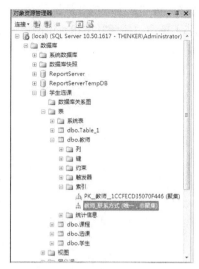

图6.14 选择索引列   图6.15 创建好的索引

2. 使用表设计器创建索引

【例 6-15】在"教师"表的"联系方式"列上创建唯一性索引。

具体操作步骤如下。

（1）在"对象资源管理器"窗口中，选中要创建索引的表，单击右键弹出快捷菜单，如图6.16 所示。

（2）选择"设计"，打开表设计器的标签页。

（3）用鼠标右键单击列名"联系方式"，弹出快捷菜单，如图 6.17 所示。

图6.16 弹出的快捷菜单   图6.17 在列上弹出的快捷菜单

（4）选择"索引/键"选项，打开"索引/键"对话框，单击"添加"按钮，在"选定的主/唯一键或索引"列表框中就添加一个新的索引项，选择该索引项，在窗口右侧"标识"下的"名称"后面，输入索引名"教师_联系方式"，在"常规"下的"列"后面，选择建立索引的列为"联系方式"，将"是唯一的"后面设为"是"，如图 6.18 所示。

（5）单击"关闭"按钮，返回上一级窗口，单击"保存"按钮保存对表的修改，这样索引即创建成功。

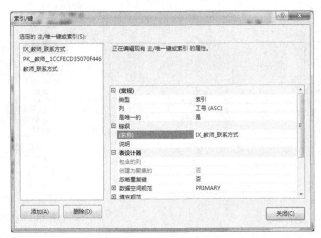

图6.18　设置索引参数窗口

3. 使用 CREATE INDEX 创建索引

使用 CREATE INDEX 语句来创建索引。在使用这种方式创建索引时，可以使用许多选项，例如，指定数据页的填充度、进行排序、整理统计信息等，从而优化索引。使用这种方法，还可以指定索引类型、唯一性、包含性和复合性，也就是说，既可以创建聚集索引，也可以创建非聚集索引，既可以在一个列上创建索引，也可以在两个或两个以上的列上创建索引。

CREATE INDEX 语句基本的语法形式如下：

```
CREATE [UNIQUE] [CLUSTERED] [NONCLUSTERED] INDEX index_name
ON table_or_view_name (column [ASC | DESC] [,…n])
[INCLUDE (column_name[,…n])]
[WITH
( PAD_INDEX = {ON | OFF}
 | FILLFACTOR = fillfactor
 | SORT_IN_TEMPDB = {ON | OFF}
 | IGNORE_DUP_KEY = {ON | OFF}
 | STATISTICS_NORECOMPUTE = {ON | OFF}
 | DROP_EXISTING = {ON | OFF}
 | ONLINE = {ON | OFF}
 | ALLOW_ROW_LOCKS = {ON | OFF}
 | ALLOW_PAGE_LOCKS = {ON | OFF}
 | MAXDOP = max_degree_of_parallelism)[,…n]]
ON {partition_schema_name(column_name) | filegroup_name | default}
```

参数说明如下。

（1）UNIQUE：该选项表示创建唯一性的索引，在索引列中不能有相同的列值存在。

（2）CLUSTERED：该选项表示创建聚集索引。

（3）NONCLUSTERED：该选项表示创建非聚集索引。这是 CREATE INDEX 语句的默认值。

（4）第一个 ON 关键字：表示索引所属的表或视图，这里用于指定表或视图的名称和相应的列名称。列名称后面可以使用 ASC 或 DESC 关键字，指定是升序还是降序排列，默认值是 ASC。

（5）INCLUDE：该选项用于指定将要包含到非聚集索引的页级中的非键列。

（6）PAD_INDEX：该选项用于指定索引的中间页级，也就是说为非叶级索引指定填充度。这时的填充度由 FILLFACTOR 选项指定。

（7）FILLFACTOR：该选项用于指定非页级索引页的填充度。

（8）SORT_INT_TEMPDB：该选项为 ON 时，用于指定创建索引时产生的中间结果，在 tempdb 数据库中进行排序。为 OFF 时，在当前数据库中排序。

（9）IGNORE_DUP_KEY：该选项用于指定唯一性索引键冗余数据的系统行为。当为 ON 时，系统发出警告信息，违反唯一性的数据插入失败。为 OFF 时，取消整个 INSERT 语句，并且发出错误信息。

（10）STATISTICS_NORECOMPUTE：该选项用于指定是否重新计算索引统计信息。为 ON 时，不自动计算过期的索引统计信息。为 OFF 时，启动自动计算功能。

（11）DROP_EXIXTING：该选项用于指定是否可以删除指定的索引，并且重建该索引。为 ON 时，可以删除并且重建已有的索引。为 OFF 时，不能删除重建。

（12）ONLINE：该选项用于指定索引操作期间基础表和关联索引是否可用于查询。为 ON 时，不持有表锁，允许用于查询。为 OFF 时，持有表锁，索引操作期间不能执行查询。

（13）ALLOW_ROW_LOCKS：该选项用于指定是否使用行锁，为 ON 时，表示使用行锁。

（14）ALLOW_PAGE_LOCKS：该选项用于指定是否使用页锁，为 ON 时，表示使用页锁。

（15）MAXDOP：该选项用于指定索引操作期间覆盖最大并行度的配置选项。主要目的是限制执行并行计划过程中使用的处理器数量。

【例 6-16】对"教师"表的"联系方式"列创建名称为"教师_联系方式"的非聚集索引。对"学生"表的"学号"列和"姓名"列建立唯一的非聚集索引"IX_学号姓名"。

对应的 SQL 语句如下：

```
USE  学生选课
GO
CREATE  NONCLUSTERED  INDEX  教师_联系方式
ON 教师（联系方式）
GO
CREATE  UNIQUE NONCLUSTERED  INDEX  IX_学号姓名
ON 学生（学号，姓名）
GO
```

6.5.4　查看索引

索引信息包括索引统计信息和索引碎片信息，通过查询这些信息分析索引性能，可以更好地维护索引。索引统计信息是查询优化器用来分析和评估查询、确定最优查询计划的基础数据。

1. 使用 DBCC SHOW_STATISTICS 命令来查看指定索引

DBCC SHOW_STATISTICS 可以用来返回指定表或视图中特定对象的统计信息，这些特定对象可以是索引、列等。命令语法格式如下：

```
DBCC SHOW_STATISTICS ('数据库名.表名','对象名')
```

【例 6-17】使用 DBCC SHOW_STATISTICS 命令查看"学生选课"数据库"教师"表中的"教师_联系方式"索引的统计信息。命令及返回结果如图 6.19 所示。

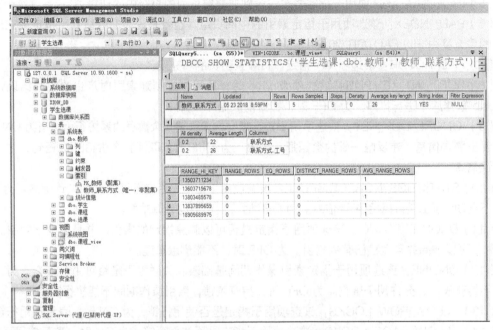

图6.19 教师_联系方式索引的统计信息

通过图 6.19 可以看出这些统计信息包括三部分，即统计标题信息、统计密度信息和统计直方图信息。统计标题信息主要包括表中的行数、统计的抽样行数、所有索引列的平均长度等。统计密度信息主要包括索引列前缀集的选择性、平均长度等信息。统计直方图信息即为显示直方图时的信息。

2. 使用 SQL Server Management Studio 图形化工具查看统计信息

【例 6-18】使用 SQL Server Management Studio 图形化工具查看"学生选课"数据库"教师"表中的"教师_联系方式"索引的统计信息。

具体步骤如下。

（1）在对象资源管理器中，展开"学生选课"数据库。

（2）展开"教师"表。

（3）展开"教师"表的"统计信息"节点。

（4）用鼠标右键单击所要查看统计信息的索引"教师_联系方式"，从弹出菜单中选择"属性"命令，打开"统计信息属性"窗口。

（5）从"选项页"中选择"详细信息"选项，可看到当前索引的统计信息，如图 6.20 所示。

3. 系统存储过程查看索引信息

使用系统存储过程 sp_helpindex 可以查看特定表上的索引信息，包括索引的名称、索引的类型以及建立索引的列信息。sp_helpindex 的语法格式如下：

```
sp_helpindex [@objname=]'name'
```

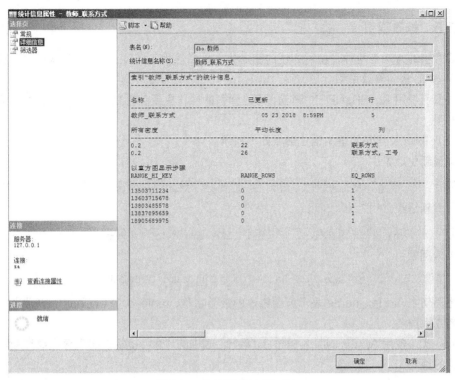

图6.20　"统计信息属性"窗口

参数说明如下。

[@objname=]'name'：表示创建索引的表或视图的名称。

【例6-19】查看数据库"学生选课"中"教师"表的索引信息。

使用如下语句：

```
EXEC sp_helpindex 教师
```

执行上面语句后，可以看到返回结果如图 6.21 所示。结果显示了"教师"表上的所有索引的名称、类型和建立索引的列。

图6.21　查看教师表中的索引信息

6.5.5 修改索引

修改索引的方法有两种，使用方便的图形化工具和使用 T-SQL 语句。在本节中，将主要介绍使用 T-SQL 语句修改索引。

修改索引使用 ALTER INDEX 语句，修改索引的操作主要包括禁用索引、重新生成索引和重新组织索引。

ALTER INDEX 语句的基本语法形式如下所示。

（1）重新生成索引

```
ALTER  INDEX  index_name  ON  table_or_view_name  REBUILD
```

（2）重新组织索引

```
ALTER INDEX index_name ON table_or_view_name RGORGANIZE
```

（3）禁用索引

```
ALTER INDEX index_name ON table_or_view_name DISABLE
```

上述语句中，index_name 表示所要修改的索引名称，table_or_view_name 表示当前索引基于的表名或视图名。

【例 6-20】使用 ALTER INDEX 语句将"教师"表中的"教师_联系方式"索引修改为禁止使用。使用的语句如下：

```
ALTER INDEX 教师_联系方式 ON 教师 DISABLE
```

6.5.6 删除索引

T-SQL 使用 DROP INDEX 语句删除索引。语法格式如下：

```
DROP INDEX  <table or view name>.<index name>
```

也可以使用如下语法格式：

```
DROP INDEX  <index name>  ON  <table or view name>
```

【例 6-21】使用 DROP INDEX 将"教师"表中的"教师_联系方式"索引删除。使用的语句如下：

```
DROP INDEX 教师.教师_联系方式
```

或：

```
DROP INDEX  教师_联系方式 ON 教师
```

在删除索引时，要注意下面的一些情况。

（1）当执行 DROP INDEX 语句时，SQL Server 释放被该索引所占的磁盘空间。

（2）不能使用 DROP INDEX 语句删除由主键约束或唯一性约束创建的索引。要想删除这些索引，必须通过删除这些约束。

（3）当删除表时，该表全部索引也将被删除。

（4）当删除一个聚集索引时，该表的全部非聚集索引重新自动创建。

（5）不能在系统表上使用 DROP INDEX 语句。

本章小结

（1）介绍了视图与索引的知识。管理视图包括建立视图和删除视图。在 SQL Server 的 T-SQL 语句中，CREATE VIEW 命令用于建立视图，DROP VIEW 命令用于删除视图。

（2）CREATE VIEW 命令中的查询可以有多种形式，从而可以建立多种不同类型的视图。对于用户而言，不同类型视图的区别在于系统对更新视图时的某些限制上，除此之外，别无差别。

（3）索引是一种特殊类型的数据对象，它可以用来提高表中数据的访问速度，还能够强制实施某些数据的完整性。

（4）SQL Server 中的索引类型包括 3 种，即唯一性索引、非聚集索引和聚集索引。其中，唯一性索引要求所有数据行中任意两行的被索引列不能存在重复值；聚集索引可以提高使用该索引的查询能力，在聚集索引中行物理存储顺序与索引顺序完全相同，每个表只允许建立一个聚集索引；非聚集索引不改变行的物理存储顺序，一个表可以建立多个非聚集索引。

实训项目

项目 1：在网上书店数据库中创建视图并维护使用

目的：掌握视图的定义、维护、使用。

内容：

（1）定义基于图书表的视图（图书编号，图书名称，作者，价格，出版社，图书类别）；

（2）查询图书表视图，输出图书的名称和价格，并把查询结果按价格降序排列；

（3）查询图书表视图，输出价格最高的三种图书的名称和价格。

项目 2：在网上书店数据库中创建索引并查看维护

目的：掌握索引的创建、维护、使用。

内容：

（1）为会员表定义索引，在"联系方式"列上定义唯一索引；

（2）使用 SQL 语句为图书表定义索引，在"图书名称"列上定义非聚集索引；

（3）删除以上所建索引。

课后习题

一、选择题

1. 下列关于视图的描述中，正确的是（ ）。

   A. 视图是将基表中的数据检索出来以后重新组成的一个新表

   B. 视图的定义不能确定行和列的结果集

C. 视图是一种虚表，本身并不存储任何数据

D. 通过视图可以向多个基表中同时插入数据

2. 下列（　　）选项使用视图修改数据是可行的。

A. 在一个 UPDATE 语句中修改的字段必须属于同一个基本表

B. 一次可以修改多个视图基本表

C. 视图中所有列的修改不必完全遵守视图基本表中所定义的数据完整性约束

D. 可以对视图中的计算列进行修改

3. 关于视图的说法，错误的是（　　）。

A. 视图可以集中数据，简化和定制不同用户对数据集的不同要求

B. 视图可以使用户只关心他感兴趣的某些特定数据和他所负责的特定任务

C. 视图可以让不同的用户以不同的方式看到不同或者相同的数据集

D. 视图不能用于连接多表

4. 下列几项中，关于视图的叙述正确的是（　　）。

A. 视图是一张虚表，所有的视图中不含有数据

B. 用户不允许使用视图修改表中的数据

C. 视图只能使用所属数据库的表，不能访问其他数据库的表

D. 视图既可以通过表得到，也可以通过其他视图得到

5. 下列能对表中的数据进行物理排序的是（　　）。

A. 唯一性索引　　　B. 聚集索引　　　　　C. 非聚集索引　　　　D. 复合索引

6. 一张表中至多可以有（　　）个非聚集索引。

A. 1　　　　　　　B. 249　　　　　　C. 3　　　　　　D. 无限多

二、问答题

1. 简单说明视图的基本概念及其优点。

2. 举例说明简单 SELECT 查询和视图的区别与联系。

3. 举例说明索引的概念与作用。

4. 举例说明什么是聚集索引并写出创建聚集索引的 T-SQL 语句。

7 Chapter

第 7 章
Transact-SQL 编程

本章目标：
- 掌握变量、函数的使用方法
- 掌握流程控制语句
- 掌握用户自定义函数的定义、修改和调用

Transact-SQL（又称 T-SQL），是微软公司在关系型数据库管理系统 SQL Server 中 SQL-3 标准的实现，是微软公司对 SQL 的扩展，具有 SQL 的主要特点，同时增加了变量、运算符、函数、流程控制和注释等语言元素，使得其功能更加强大。

7.1 批处理

批处理是从客户机传递给服务器的一组完整的数据和 SQL 指令的集合。SQL Server 将批处理作为一个整体来进行分析、编译和执行，这样可以节省系统开销。但如果一个批处理中存在一个语法错误，那么所有的语句都将无法通过编译，都不会被执行。

在书写 SQL 语句时，可以用 GO 命令标识一个批处理的结束。GO 本身并不是 T-SQL 语句的组成部分，当编译器读到 GO 时，就会把 GO 前面的语句当作一个批处理，并打包成一个数据包发送给服务器。

一些 SQL 语句不可以放在一个批处理中进行处理，它们需要遵守以下规则。

（1）大多数 CREATE 命令要在单个批处理中执行，但 CREATE DATABASE、CREATE TABLE 和 CREATE INDEX 例外。

（2）不能在一个批处理中修改表的结构（如添加新列），然后在同一个批处理中引用刚修改的表结构。

（3）在一个批处理中如果包括多个存储过程，那么在执行第一个存储过程时 EXEC 不能省略。

（4）不能在把规则和默认值绑定到表的字段或用户定义数据类型上之后，在同一批处理中使用它们。

【例 7-1】在"学生选课"数据库中创建一个视图"View_教师"，从"教师"表中查询职称为教授的教师信息。

对应的 SQL 语句如下：

```
USE 学生选课
GO
CREATE VIEW View_教师
AS
  SELECT * FROM 教师      /*查询语句*/
  WHERE 职称='教授'
GO
SELECT * FROM View_教师
```

以上命令共 3 个批处理，用两个 GO 分开。

7.2 注释

注释是程序代码中不被执行的文本字符串，用于对代码进行说明或暂时用来进行诊断的部分语句。一般来说，注释主要描述程序名称、作者名称、变量说明、代码更改日期、算法描述等。在 SQL Server 2008 系统中，支持两种注释方式，即双连字符（--）注释方式和正斜杠星号字符（/*...*/）注释方式。

　　在双连字符（--）注释方式中，从双连字符开始到行尾的内容都是注释内容。这些注释内容既可以与要执行的代码处于同一行，也可以另起一行。双连字符（--）注释方式主要用于在一行中对代码进行解释和描述。当然，双连字符（--）注释方式也可以进行多行注释，但是每一行都须以双连字符开始。

　　在正斜杠星号字符（/*...*/）注释方式中，开始注释对（/*）和结束注释对（*/）之间的所有内容均视为注释。这些注释字符既可以用于多行注释，也可以与执行的代码处于同一行，甚至还可以处在可执行代码的内部。服务器不计位于"/*"和"*/"之间的文本。多行/*...*/注释不能跨越批处理，整个注释必须包含在一个批处理内。

　　【例 7-2】在"学生选课"数据库中，查看所有教师的信息，然后查看职称为"讲师"的教师信息。

　　对应的 SQL 语句如下：

```
USE 学生选课
GO
--查看教师基本信息
SELECT * FROM 教师
/*
按照职称查询
*/
SELECT * FROM 教师 WHERE 职称='讲师'
```

　　执行语句的结果如图 7.1 所示。

　　双连字符（--）注释方式和正斜杠星号字符（/*...*/）注释方式都没有注释长度的限制。一般地，行内注释采用双连字符（--），多行注释采用正斜杠星号字符（/*...*/）注释方式。

图7.1　在语句中使用注释

7.3 常量和变量

7.3.1 常量

在任何语言中，最不可少的便是常量和变量，它们是语言编程的基础元素。常量，也称为文字值或标量值，是指程序运行中值不变的量，用于表示特定数据值的符号，根据代表的数据类型不同，值也就不同，可以是日期型、数值型、字符串型等。

在表 7-1 列出了 SQL Server 2008 中可用的常量类型及常量的表示说明。

表 7-1　常量类型及说明

常量类型	常量表示说明
字符串常量	包括在单引号内，由字母（a~z、A~Z）、数字字符（0~9）、汉字以及特殊字符（如!、@和#）等组成
二进制常量	只有 0 或者 1 构成的数字串，并且不使用单引号
十进制整型常量	使用不带小数点的十进制数据表示
十六进制整型常量	使用前缀 0X 后跟十六进制数字串表示
日期常量	使用单引号将日期时间型量括起来组成
实型常量	用定点和浮点两种方式表示的数字，如 13.5，1.3E+5
货币常量	以前缀为货币符号的数字串来表示

7.3.2 局部变量

局部变量是作用域局限在一定范围内的 Transact-SQL 对象。在 SQL Server 中，局部变量是用户自定义的，可以保存单个特定类型数据值对象。

通常情况下，局部变量在一个批处理（也可以是存储过程或触发器）中被声明或定义，然后该批处理内的 SQL 语句就可以设置这个变量的值，或者是引用这个已经被赋值的变量。当这个批处理结束后，这个局部变量的生命周期也就随之消失。

局部变量在使用前要先声明。声明局部变量使用 DECLARE 语句，语法格式如下：

```
DECLARE  @local_variable  data_type
```

主要参数说明如下。

（1）@local_variable：是变量的名称，必须以@开头。

（2）data_type：变量的数据类型，可以是由系统提供的或用户定义的数据类型。变量不能是 Text、Ntext 或 Image 数据类型。

声明局部变量后，可以使用 SET 或 SELECT 语句给局部变量赋值，语句格式如下：

```
SET @local_variable = expression
SELECT @ local_variable = expression
```

其中，@local_variable 是除 Cursor、Text、Ntext、Image 外的任何类型变量名，expression是任何有效的 SQL Server 表达式。

SELECT @local_variable = expression 通常用于将查询的结果保存到变量中，如果 expression

为列名，则可能返回多个值。如果 SELECT 语句返回多个值，将把最后一个值赋予变量。如果 SELECT 语句没有返回值，变量将保留当前值。如果 expression 是没有返回值的子查询，则将变量设为 NULL。

【例 7-3】将局部变量 hello 声明为 char 类型，长度为 20，并为其赋值 "hello，world!"。
对应的 SQL 语句如下：

```
DECLARE @hello char(20)
SET @hello='hello,world!'
```

7.3.3　全局变量

全局变量是 SQL Server 系统提供并赋值的变量。用户不能建立全局变量，也不能用 SET 语句来修改全局变量的值。通常将全局变量的值赋给局部变量，以便保存和处理。全局变量以两个 @ 符号开头。

常用的全局变量如表 7-2 所示。

表 7-2　常用的全局变量

全局变量	说明
@@ ERROR	前一个 T-SQL 语句执行产生的错误编号
@@ FETCH_STATUS	游标中上一条 FETCH 语句的状态
@@ IDENTITY	上次 INSERT 操作中使用的 IDENTITY 值
@@ ROWCOUNT	返回受上一语句影响的行数
@@ TRANCOUNT	返回当前连接的活动事务数
@@ VERSION	返回当前 SQL Server 安装版本、处理器体系结构、生成日期
@@ CONNECTIONS	返回 SQL Server 自上次启动以来尝试连接数
@@ CURSOR_ROWS	返回连接打开的上个游标中当前限定行数
@@SPID	返回当前用户进程会话 ID

@@ERROR 返回执行的上一个 Transact-SQL 语句的错误号，返回类型 Integer，如果前一个 Transact-SQL 语句执行没有错误，则返回 0。如果前一个语句遇到错误，则返回这个错误对应的错误号。

【例 7-4】检查 UPDATE 语句中的错误并给出错误提示，且给出 UPDATE 语句影响的行数。

使用全局变量@@ERROR 返回上一条语句发生错误的错误号，使用@@ROWCOUNT 返回上一条语句影响的行数。

对应的 SQL 语句如下：

```
USE 学生选课
GO
UPDATE 选课 SET 课程号=5，成绩=88
WHERE 学号='10102004'
IF @@ERROR=547
   PRINT '错误：违反 CHECK 约束！'
IF @@ROWCOUNT=0
   PRINT '警告：没有数据更新！'
GO
```

执行结果如图 7.2 所示。

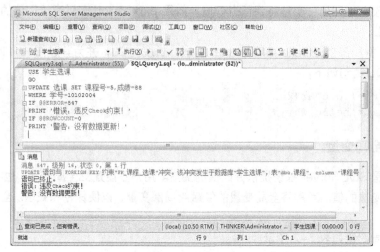

图7.2　全局变量的使用

关于其他全局变量的说明，读者可参考"SQL Server 联机丛书"中以"@@"开头的项。

7.4　运算符和表达式

7.4.1　运算符

运算符是一种符号，用来指定表达式中执行的操作。SQL Server 2008 中提供了七种运算符。

1．算术运算符

算术运算符用于对两个数值型的量执行算术运算。算术运算符包括：+（加）、−（减）、*（乘）、/（除）、%（取模）。使用算术运算符应注意以下几点。

（1）当两个表达式结果都是整数时，/（除）运算的结果也是整数，小数部分被截断。

（2）%（取模）返回两个整数相除后的余数。

（3）+（加）与−（减）可以用于对日期时间型数值执行算术运算。

2．赋值运算符

赋值运算符（=）用于将数据赋给指定的对象，包括变量、列名等。

3．字符串连接运算符

字符串连接运算符（+）用于将字符串连接起来。例如，'hello, '+'world! '的运算结果是'hello, world!'。

4．位运算符

位运算符用于在整型数据或二进制数据之间执行位运算。位运算符包括：&（位与）、|（位或）、^（位异或）。

5．一元运算符

一元运算符只对一个表达式执行操作。一元运算符包括：+（正）、−（负）、~（位非）。使用一元运算符应注意以下几点。

（1）+（正）、−（负）运算符可以用于任意数值类型的表达式。

（2）~（位非）运算符只能用于整数类型的表达式。

6. 比较运算符

比较运算符用于比较两个表达式是否相同，它的返回值为 TRUE 和 FALSE。比较运算符包括：=（等于）、<>（不等于）、!=（不等于）、>（大于）、<（小于）、>=（大于等于）、<=（小于等于）。

7. 逻辑运算符

逻辑运算符用于对表达式执行逻辑运算，返回值为 TRUE 和 FALSE。逻辑运算符包括：AND（与）、OR（或）、NOT（非）、BETWEEN...AND（范围运算符）、IN（列表运算符）、LIKE（模式匹配符）、IS NULL（空值判断）以及 EXISTS（存在运算符）。

7.4.2　表达式

表达式是指常量、变量、函数、字段等对象，应用运算符组合起来而形成的式子。

一个表达式包含多种运算符时，表达式执行运算的先后顺序取决于运算符的优先级。运算符的优先级如表 7-3 所示，表中运算符级别由高到低排列。

表 7-3　运算符的优先级

级别	运算符
1	()（括号）
2	~
3	*、/、%
4	+、−（加、减）；+、−（正、负）；+（字符串连接）；&
5	=（等于）、<、>、!=、<>、>=、<=
6	|、^
7	NOT
8	AND
9	OR、BETWEEN...AND、IN、LIKE、EXISTS
10	=（赋值）

7.5　函数

函数对于任何程序设计语言都是非常关键的组成部分。函数有返回值，返回值的类型取决于所使用的函数。一般来说，允许使用变量、字段或表达式的地方都可以使用函数。

7.5.1　字符串函数

字符串函数用于计算、格式化和处理字符串参数，或将对象转换为字符串。常见的字符串函数如表 7-4 所示。

表 7-4　字符串函数

字符串函数	描述
ASCII(c1)	ASCII 函数，返回字符表达式 c1 最左侧的字符的 ASCII 码值
CHAR(n)	ASCII 代码转换函数，返回指定 ASCII 代码 n 对应的字符
LEFT(c1,n)	左子串函数，返回字符串 c1 中从左边开始的 n 个字符
LEN(c1)	返回字符串 c1 的字符（而不是字节）数，其中不包含尾随空格
LOWER(c1)	小写字母函数，将字符串 c1 中大写字符转换为小写字符后返回
LTRIM(c1)	删除前导空格，返回删除了前导空格之后的字符串
REPLACE(c1,c2,c3)	替换函数，用第三个字符串表达式 c3 替换第一个字符串表达式 c1 中出现的所有第二个字符串表达式 c2 的匹配项
REPLICATE(c1,n)	复制函数，以指定的次数 n 重复字符串表达式 c1
RIGHT(c1,n)	右子串函数，返回字符串 c1 中从右边开始的 n 个字符
RTRIM(c1)	删除尾随空格函数，删除所有尾随空格后返回一个字符串
SPACE(n)	空格函数，返回由 n 个重复的空格组成的字符串
STR(f[,n[,m]])	返回由数值数据 f 转换来的字符串，字符串长度由参数 n 决定，字符串中保留的小数位数由 m 决定
SUBSTRING(c1,n1,n2)	求子串函数，返回字符串表达式 c1 从 n1 开始长度为 n2 的子串
UPPER(c1)	大写函数，将字符表达式 c1 中小写字符转换为大写字符后返回

【例 7-5】在"学生选课"数据库中，使用字符串函数输出姓"王"的教师的相关信息。
对应的 SQL 语句如下：

```
USE 学生选课
SELECT RIGHT（工号，2） '工号'，姓名，ASCII（性别）　'性别'，LEN（姓名）　'长度'，
'聘为'+SPACE（1）+LTRIM（职称）'职称' FROM 教师
WHERE SUBSTRING（姓名,1,1）='王'
GO
```

在上述语句中同时使用了 RIGHT、ASCII、LEN、SPACE、LTRIM 和 SUBSTRING 共 6 个字符串函数，其执行结果如图 7.3 所示。

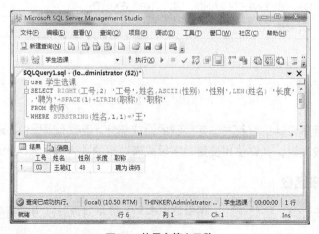

图7.3　使用字符串函数

7.5.2　日期函数

SQL Server 2008 提供了九个日期和时间处理函数。其中的一些函数有 datepart 参数，这个参数指定函数处理日期与时间型量时所使用的时间粒度。表 7-5 列出了 datepart 参数的可能取值。

表 7-5　参数 datepart 的取值

常量	含义	常量	含义
yy 或 yyyy	年	dy 或 y	年日期（1 到 366）
qq 或 q	季	dd 或 d	日
mm 或 m	月	hh	小时
wk 或 ww	周	mi 或 n	分
dw 或 w	周日期	ss 或 s	秒
ms	毫秒		

在表 7-6 中列出了 SQL Server 2008 提供的九个日期和时间函数。

表 7-6　日期和时间函数

日期函数	描述
DATEADD(datepart,n,d)	返回给指定日期 n 加上一个指定类型时间间隔 d 后的新的日期时间值
DATEDIFF(datepart,d1,d2)	返回跨两个指定日期 d1 和 d2 在指定时间类型上的差值
DATENAME(datepart,d)	返回指定日期 d 的指定部分对应的字符串
DATEPART(datepart,d)	返回指定日期 d 的指定部分对应的整数
DAY(d)	返回一个整数，表示指定日期 d 中的天
GETDATE()	返回当前系统日期和时间
GETUTCDATE()	返回当前的 UTC 时间（通用协调时间或格林威治标准时间）。当前的 UTC 时间得自当前的本地时间和运行 Microsoft SQL Server 2008 实例的计算机操作系统中的时区设置
MONTH(d)	返回指定日期 d 的月份
YEAR(d)	返回指定日期 d 的年份

【例 7-6】根据服务器当前的系统日期与时间，给出系统当前的月份和月份的名字。对应的 SQL 语句如下：

```
SELECT GETDATE() 当前日期和时间, DATEPART(YEAR, GETDATE())年,
DATENAME(YEAR,GETDATE())年名, DATEPART(MONTH,GETDATE())月,
DATENAME(MONTH,GETDATE())月份名, DATEPART(DAY,GETDATE()) 日
```

7.5.3　数学函数

数学函数用于对数值表达式进行数学运算并返回运算结果。数学函数可以对以下类型数据进行运算：Decimal、Integer、Float、Real、Money、Smallmoney、Smallint 和 Tinyint。默认情况下，对 Float 类型数据运算的精度为六个小数位数。表 7-7 列出了部分常用的数学函数。

表 7-7　数学函数

函　　数	描　　述
ABS(n)	返回数值表达式 n 的绝对值
EXP(n)	返回以 e 为底、n 为指数的表达式的值
CEILING(n)	返回大于或等于数值表达式 n 的最小整数
FLOOR(n)	返回小于或等于数值表达式 n 的最大整数
PI()	返回 π 的值 3.141 592 653 589 793 1
LOG(n)	返回数值表达式 n 的自然对数值
POWER(n,m)	返回对数值表达式 n 进行幂 m 运算的结果
ROUND(n,m)	返回数值表达式 n 舍入到指定长度或精度 m 的数值
SIGN(n)	返回数值表达式 n 的符号，正号（＋）、负号（－）或零（0）
SQUARE(n)	返回数值表达式 n 的平方
SQRT(n)	返回数值表达式 n 的平方根
RAND()	返回 0～1 之间的随机数值

【例 7-7】使用 CEILING()、FLOOR()、ROUND()、RAND()、SIGN()、PI()函数，显示返回值。对应的 SQL 语句如下：

```
SELECT CEILING(12.345) 最小整数, FLOOR(12.345) 最大整数,
        ROUND(12.345,2) 近似数, RAND() 随机数,
        SIGN(12.345) 符号, PI() 圆周率
GO
```

执行上述代码，结果如图 7.4 所示。

图7.4　函数运行结果

注意

数学函数（如 ABS、CEILING、DEGREES、FLOOR、POWER、RADIANS 和 SIGN）返回与输入值具有相同数据类型的值。三角函数和其他函数（包括 EXP、LOG、LOG10、SQUARE 和 SQRT）将输入值转换为 float 型并返回 float 型值。

7.5.4　系统函数

在对两种不同类型的数据进行运算时，需要将它们转换成同一类型。SQL Server 会自动处理某些数据类型的转换。例如，如果比较 Char 型和 Datetime 型表达式、Smallint 型和 Int 型表达式，或不同长度的 Char 型表达式，SQL Server 可以将它们自动转换，这种转换被称为隐式转

换。但是，无法由 SQL Server 自动转换或由 SQL Server 自动转换的结果不符合预期时，就需要使用转换函数进行强制转换。转换函数有两个：CAST 和 CONVERT。

1. CAST 函数

语法格式如下：

```
CAST(expression AS data_type[(length)])
```

2. CONVERT 函数

语法格式如下：

```
CONVERT (data_type[(length)],expression[,style])
```

函数的参数说明如下。

（1）expression：要转换的表达式，是任何有效的 SQL Server 表达式。

（2）data_type：转换后的数据类型。必须是 SQL Server 系统所提供的数据类型，包括 bigint 和 sql_variant。不能使用用户自定义的数据类型。

（3）length：数据的长度，Nchar、Nvarchar、Char、Varchar、Binary、Varbinary 数据类型的可选参数。

（4）Style：用于指定将 Datetime 或 Smalldatetime 数据转换为字符串数据（Nchar、Nvarchar、Char、Varchar）所返回的日期字符串的日期格式；也用于将 Float、Real、Money 或 Smallmoney 数据转换为字符串数据时的字符串数字格式和货币格式。表 7-8 列出了 Style 参数的典型取值。

表 7-8　Style 参数典型取值

Style 值	返回字符串的日期时间格式
102	yy.mm.dd　　返回年月日
108	hh:mm:ss　只返回时间
109	mon dd yyyy hh:mm:ss:ms AM（或者 PM）
111	yy/mm/dd
120	yyyy-mm-dd hh:mm:ss　返回年月日和时间
121	yyyy-mm-dd hh:mm:ss.ms(24h)
126	yyyy-mm-ddhh:mm:ss.ms（没有空格）
130	dd mon yyyy hh:mm:ss:msAM（或者 PM）
Style 值	返回字符串的数字格式
0	最大为 6 位数，根据需要使用科学计数法
1	始终为 8 位数，始终使用科学计数法
2	始终为 16 位数，始终使用科学计数法
Style 值	返回字符串的货币格式
0	小数点左侧每 3 位数字之间不以逗号分隔，小数点右侧取两位数，如 1234.56
1	小数点左侧每 3 位数字之间以逗号分隔，小数点右侧取两位数，如 1,234.56
2	小数点左侧每 3 位数字之间不以逗号分隔，小数点右侧取四位数，如 1234.5678

【例 7-8】转换函数 CAST 和 CONVERT 的使用演示。

在查询设计器中输入以下语句：

```
DECLARE @myval decimal(5,2)
SET @myval=368.58
SELECT CAST(CAST(@myval AS varbinary(20)) AS decimal(10,5)) 转换成十进制数,
CONVERT(decimal(10,5),CONVERT(varbinary(20),@myval)) 转换成十进制数
SELECT CONVERT(char,GETDATE()) 默认转换,
        CONVERT(char,GETDATE(),101) '101',
        CONVERT(char,GETDATE(),102) '102',
        CONVERT(char, GETDATE(),103) '103',
        CONVERT(char, GETDATE(),104) '104',
        CONVERT(char, GETDATE(),105) '105',
        CONVERT(char, GETDATE(),106) '106'
SELECT CONVERT(char, GETDATE(),7) '7',
        CONVERT(char, GETDATE(),8) '108',
        CONVERT(char, GETDATE(),109) '109',
        CONVERT(char, GETDATE(),100) '100',
        CONVERT(char, GETDATE(),101) '101'
SELECT CONVERT(char, GETDATE(),109) '109'
```

运行结果如图 7.5 所示。

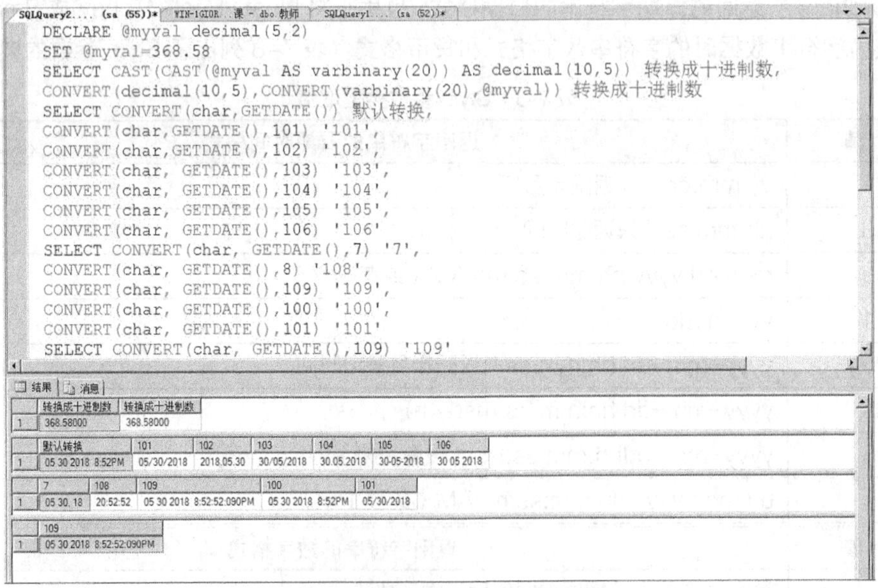

图7.5　转换函数CAST和CONVERT的使用

其他常用的系统函数如表 7-9 所示。

表 7-9　系统函数

函数	描述
OBJECT_ID(name)	根据对象名返回对象的 ID
OBJECT_NAME(id)	根据对象的 ID 返回对象的名字
CURRENT_USER()	返回当前用户的名称

（续表）

函数	描述
ISNull(exp1,exp2)	判断 exp1 的值是否为 NULL，如果为 NULL，则返回 exp2 的值；否则，则返回 exp1 的值
NewID()	创建 uniqueidentifier 类型的唯一值
ISDATE(exp)	判断表达式 exp 是否为有效日期
DB_NAME(id)	根据给定数据库标识号返回数据库名
DB_ID(name)	根据给定的数据库名返回数据库的标识号

7.6 流程控制语句

在程序设计语言中，需要使用一些语句组织形式来控制程序的运行。这些程序设计语言的基本结构分为顺序结构、条件分支结构和循环结构。顺序结构是一种自然结构，条件分支结构和循环结构都需要根据程序的执行状况对程序的执行顺序进行调整和控制。在 Transact-SQL 语言中，流程控制语句就是用来控制程序执行流程的语句，也称流控制语句或控制流语句。下面将对主要的流程控制语句进行介绍。

7.6.1 BEGIN…END 语句块

BEGIN…END 可以定义 Transact-SQL 语句块，这些语句块作为一组语句执行，且允许语句块嵌套；关键字 BEGIN 定义 Transact-SQL 语句块的起始位置，END 标识同一块 Transact-SQL 语句的结尾。BEGIN…END 语法格式如下：

```
BEGIN
{
sql_statement | statement_block
}
END
```

参数说明如下。

（1）sql_statement：任何有效的 Transact-SQL 语句。

（2）statement_block：任何有效的 Transact-SQL 语句块。

7.6.2 IF-ELSE 语句

IF-ELSE 语句即条件分支语句，是对 IF 后给定的条件进行判断，如果条件为真，则执行条件表达式后面的 Transact-SQL 语句。当条件为假时，则执行 ELSE 关键字后面的 Transact-SQL 语句。

IF-ELSE 的语法格式如下：

```
IF Boolean_expression
{sql_statement|statement_block}
ELSE
{sql_statement|statement_block}
```

参数说明如下。

（1）Boolean_expression：返回值为 true 或 false 的布尔表达式。如果布尔表达式中含有 SELECT 语句，必须用圆括号将 SELECT 语句括起来。

（2）sql_statement：任何有效的 Transact-SQL 语句。

（3）statement_block：使用语句块定义的任何有效的 Transact-SQL 语句块。

【例 7-9】查询"学生"表，若其中存在学号为"11101004"的学生，就显示"已经存在学号为 11101004 的学生"，并输出该学生的所有信息，否则插入此学生信息。

对应的 SQL 语句如下：

```
USE 学生选课
GO
IF EXISTS (SELECT * FROM 学生 WHERE 学号='11101004')
  BEGIN
    PRINT '已经存在学号为 11101004 的学生'
    SELECT * FROM 学生 WHERE 学号='11101004'
  END
ELSE
    INSERT 学生（学号，姓名，性别，出生日期，班级）
    VALUES ('11101004','张三',0,'1993-8-23','电子商务')
GO
```

执行上述语句，结果如图 7.6 所示。

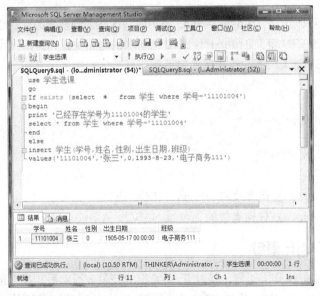

图7.6 使用IF-ELSE语句

7.6.3 CASE 表达式

CASE 表达式可根据其中布尔表达式的真假来确定返回某个值，可在允许使用表达式的任何位置使用这一表达式。使用 CASE 语句可以进行多个分支的选择。

CASE 具有以下两种格式。

（1）简单格式：将某个表达式与一组简单表达式进行比较以确定返回结果。

（2）搜索格式：计算一组布尔表达式以确定返回结果。

1. 简单 CASE 表达式

简单 CASE 表达式的语法格式如下：

```
CASE 测试表达式
    WHEN 测试值1 THEN 结果表达式1
    WHEN 测试值2 THEN 结果表达式2
    …
    WHEN 测试值n THEN 结果表达式n
    [ELSE 结果表达式m]
END
```

参数说明如下。

（1）测试表达式：使用简单 CASE 时所计算的表达式，可以是任何有效的表达式。

（2）测试值 n：用来和测试表达式值做比较的值，测试表达式的值和每个测试值的数据类型必须相同，或者能够进行隐性转换。

（3）结果表达式 n：当测试值 n 和测试表达式的值相等时要返回的表达式。

（4）结果表达式 m：当所有的测试值和测试表达式的值都不相等时要返回的表达式。

执行 CASE 表达式时，它按顺序逐个将测试表达式的值和测试值进行比较，只要发现一个相等，则返回相应结果表达式的值，CASE 表达式执行结束，否则，如果有 ELSE 子句则返回相应结果表达式的值；如果没有 ELSE 子句，则返回一个 NULL，CASE 表达式执行结束。

在 CASE 表达式中，若同时有多个测试值与测试表达式的值相同，则只有第一个与测试表达式值相同的 WHEN 子句后的结果表达式的值返回。

【例 7-10】判断"选课"表中课程号的值，如果为"1"返回"文学欣赏"，如果为"2"返回"中国历史文化"，如果为"3"返回"视频编辑"，如果为"4"返回"音乐欣赏"，否则返回未知课程。

对应的 SQL 语句如下：

```
USE 学生选课
GO
SELECT 学号, 课程名=CASE 课程号
                    WHEN  1  THEN '文学欣赏'
                    WHEN  2  THEN '中国历史文化'
                    WHEN  3  THEN '视频编辑'
                    WHEN  4  THEN '音乐欣赏'
                    ELSE '未知课程'
                END, 成绩
FROM 选课
GO
```

【例 7-11】输出"学生"表中学生的姓名和性别，为 1 则输出"男"，为 0 则输出"女"。

对应的 SQL 语句如下：

```
USE 学生选课
GO
SELECT 姓名, 学生性别=CASE 性别
```

```
                    WHEN  1   THEN '男'
                    WHEN  0   THEN '女'
                END
FROM 学生
GO
```

运行结果如图 7.7 所示。

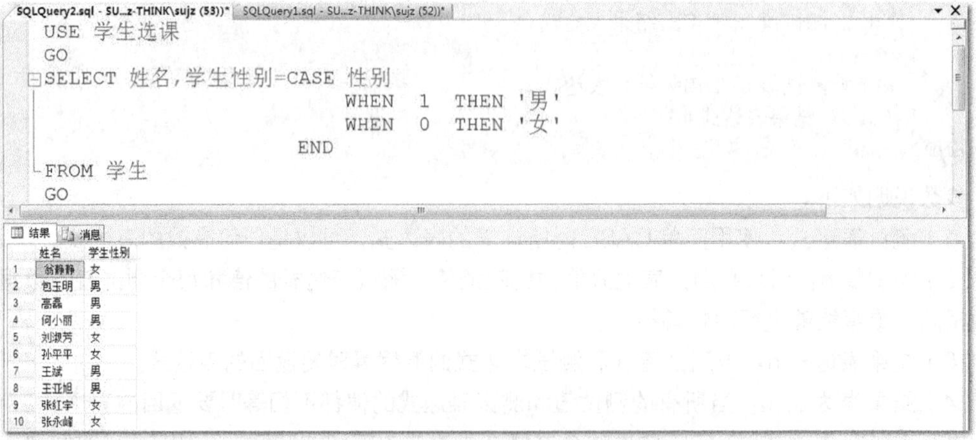

图7.7 使用简单CASE输出学生性别

2. 搜索 CASE 表达式

搜索 CASE 表达式的语法如下：

```
CASE
    WHEN 条件表达式1 THEN 结果表达式1
    WHEN 条件表达式2 THEN 结果表达式2
    …
    WHEN 条件表达式n THEN 结果表达式n
    [ELSE 结果表达式m]
END
```

执行搜索 CASE 表达式时，它按顺序逐个测试每个 WHEN 子句后面的条件表达式，只要发现一个为 TRUE，则返回相应的结果表达式的值，CASE 表达式执行结束。否则，如果有 ELSE 子句则返回其后面相应结果表达式的值；如果没有 ELSE 子句，则返回一个 NULL 值，CASE 表达式执行结束。

【例 7-12】除实现【例 7-10】的功能外，根据选课表中的成绩输出对应的分数等级。

对应的 SQL 语句如下：

```
USE 学生选课
GO
SELECT 学号，课程名=CASE 课程号
                        WHEN 1 THEN '文学欣赏'
                        WHEN 2 THEN '中国历史文化'
                        WHEN 3 THEN '视频编辑'
                        WHEN 4 THEN '音乐欣赏'
                        ELSE '未知课程'
```

```
                    END
, 成绩=CASE
            WHEN 成绩>=90 and 成绩<=100 THEN '优秀'
            WHEN 成绩>=80 and 成绩<90 THEN '良好'
            WHEN 成绩>=70 and 成绩<80 THEN '中等'
            WHEN 成绩>=60 and 成绩<70 THEN '及格'
            ELSE '不及格'
        END
FROM 选课
GO
```

运行效果如图 7.8 所示。

图7.8　搜索CASE表达式执行结果

7.6.4　WAITFOR 语句

WAITFOR 语句可以将它之后的语句在一个指定的间隔之后执行，或在将来的某一指定时间执行。WAITFOR 语句可以悬挂起批处理、存储过程或事务的执行，直到发生以下情况为止：已超过指定的时间间隔、到达指定的时间。该语句是通过暂停语句的执行而改变语句的执行过程。其语法格式如下：

WAITFOR {DELAY time | TIME time}

参数说明如下。

（1）DELAY：可以继续执行批处理、存储过程或事务之前必须经过的指定时段，最长可以 24h。

（2）time：要等待的时间。可以使用 datetime 数据可接受的格式之一指定 time，也可以将其指定为值为时间的局部变量。由于其值是时间，因此，不允许指定 datetime 值的日期部分。

（3）TIME：指示 SQL Server 等待到指定时间。

【例 7-13】等待 10s，再查询输出学生的信息。

对应的 SQL 语句如下：

```
WAITFOR DELAY '00:00:10'
SELECT * FROM 学生
```

【例 7-14】在下午 8:00，查询输出学生的信息。

对应的 SQL 语句如下：

```
WAITFOR TIME '20:00:00'
SELECT * FROM 学生
```

7.6.5 WHILE 语句

WHILE 语句即循环结构控制语句，由循环控制条件和循环体组成。当循环控制条件为真时，重复执行循环体中的语句。当循环控制条件为假时，跳出循环，执行循环后面的语句。可以在循环体内设置 BREAK 和 CONTINUE 关键字，以便控制循环语句的执行过程。语法格式如下：

```
WHILE Boolean_expression
{sql_statement | statement_block}
[BREAK]
{sql_statement |statement_block}
[CONTINUE]
{sql_statement | statement_block}
```

参数说明如下。

（1）Boolean_expression：布尔表达式，可以返回 true 或 false。如果布尔表达式中含有 SELECT 语句，必须用圆括号将 SELECT 语句括起来。

（2）sql_statement：任何有效的 Transact-SQL 语句。

（3）statement_block：任何有效的 Transact-SQL 语句块。

（4）BREAK：中断循环，从 WHILE 循环中退出。

（5）CONTINUE：中断本次循环，开始下一次循环。

【例 7-15】利用 BREAK 和 CONTINUE 语句求范围在 1～100 的小于 50 的奇数之和。

对应的 SQL 语句如下：

```
DECLARE @sum int
DECLARE @i int
SET @i=0
SET @sum=0
WHILE @i<=100
 BEGIN
   SET @i=@i+1
   /*判断是否为偶数，如果是， 使用 CONTINUE
   结束本次循环*/
   IF((@i%2)=0)
       CONTINUE
   SET @sum=@sum+@i
   /*判断@i 是否已经超过 50，如果是，使用 BREAK
   结束本循环*/
```

```
      IF(@i>50)
          BREAK
    END
PRINT '1～50 中奇数和为'+CONVERT(CHAR(6),@sum)
```

7.7　用户自定义函数

7.7.1　用户自定义函数的创建

SQL Server 2008 可以创建用户自定义函数，它同时具备了视图和存储过程的优点，但是却牺牲了可移植性。

创建用户自定义函数的语法格式如下：

```
CREATE FUNCTION 函数名称
   (@形式参数名称 AS 数据类型)
RETURNS 返回值数据类型
[AS]
BEGIN
   函数内容
   RETURN 表达式
END
```

调用用户自定义函数的基本语法格式如下：

```
SET  @变量 = 用户名.函数名称（实际参数列表）
```

注：在调用用户自定义函数时，一定要在函数名称的前面加上函数所有者的名字。

1. 用户自定义标量函数

标量函数是返回单个值的函数，这类函数可以接收多个参数，但是返回的值只有一个。在定义函数时使用 Returns 定义返回值的类型，而在函数体中将使用 return 结束函数并指定该函数返回的值。因此在用户定义的函数中，return 命令应当是最后一条执行的命令。

其语法格式如下：

```
CREATE  FUNCTION [ owner_name .] function_name
([ { @parameter_name [as] scalar_parameter_data_type[ = default ]} [ ,n ] ])
RETURNS  scalar_return_data_type
[ WITH <function_option> [,n ] ]
[ AS ]
BEGIN
  function_body
  RETURN  [ scalar_expression ]
END
```

参数说明如下。

（1）function_option 有两个可选值：ENCRYPTION、SCHEMABINDING。ENCRYPTION 是加密选项，SQL Server 对 CREATE FUNCTION 的声明文本加密，以防止用户自定义函数作为 SQL Server 复制的一部分被发布。SCHEMABINDING 是计划绑定选项，将用户自定义函数绑定到它所引用的数据库对象，则函数所涉及的数据库对象从此将不能被删除或修改，除非函数被删除或去掉此选项。应注意的是要绑定的数据库对象必须与函数在同一数据库中。

（2）owner_name：指定用户自定义函数的所有者。

（3）function_name：指定用户自定义函数的名称。

（4）@parameter_name：定义一个或多个参数的名称，一个函数最多可以定义 1024 个参数，每个参数前用@符号标明，参数的作用范围是整个函数，参数只能替代常量，不能替代表名、列名或其他数据库对象名称，用户自定义函数不支持输出参数。

（5）scalar_parameter_data_type：指定标量参数的数据类型，除了 Text、Ntext、Image、Cursor、Timestampt 和 Table 类型外的其他数据类型。

（6）scalar_return_data_type：指定标量返回值的数据类型，除了 Text、Ntext、Image、Cursor、Timestampt 和 Table 类型外的其他数据类型。

（7）scalar_expression：指定用户自定义函数返回的标量值表达式。

（8）function_body：包括一个 Transact-SQL 语句块，是函数的主体。

2. 自定义函数的执行方法

用户定义函数的执行方法有以下两种。

第一种：通过 SET 执行函数，并获取返回值。

语法格式如下：

```
SET  @变量 = owner.用户自定义函数（输入参数）
```

第二种：通过 Select 语句执行函数，并获取返回值。

语法格式如下：

```
SELECT @变量 = owner.用户自定义函数（输入参数）
```

【例 7-16】建立自定义标量函数，输入课程号，返回该课程的平均成绩。

对应的 SQL 语句如下：

```
USE 学生选课
GO
CREATE FUNCTION averc(@cno varchar(12))
RETURNS float
AS
  BEGIN
    DECLARE @aver float
    SELECT @aver =(SELECT AVG(成绩) FROM 选课 WHERE 课程号=@cno)
    RETURN @aver
  END
GO
DECLARE @jg float
SELECT @jg = dbo.averc(1)
PRINT @jg
```

3. 用户自定义内嵌表值函数

用户定义的内嵌表值函数没有由 BEGIN...END 标识的程序体，取而代之的是将 SELECT 语句查询结果作为 TABLE 数据类型加以返回，其基本的语法格式如下：

```
CREATE FUNCTION [用户名.]函数名
  ([ { @变量名 [AS]数据类型 } [ , ...n ] ] )
```

```
RETURNS  TABLE
[AS]
RETURN  select _statement
```

【例 7-17】建立自定义表值函数，输入一个学生的学号，返回对应的姓名、选修课程名以及该门课程的成绩。

对应的 SQL 语句如下：

```
USE 学生选课
GO
CREATE FUNCTION stu_cj_table
 (@sno varchar(10))
 RETURNS TABLE
 AS
   RETURN(SELECT 学生学号=学生.学号，姓名，课程名，成绩
   FROM 学生，课程，选课
   WHERE 学生.学号 = 选课.学号 AND 课程.课程号 = 选课.课程号
        AND 学生.学号 = @sno)
GO
DECLARE @xh varchar (20)
SET @xh ='11101003'
SELECT * FROM dbo.stu_cj_table(@xh)
```

运行结果如图 7.9 所示。

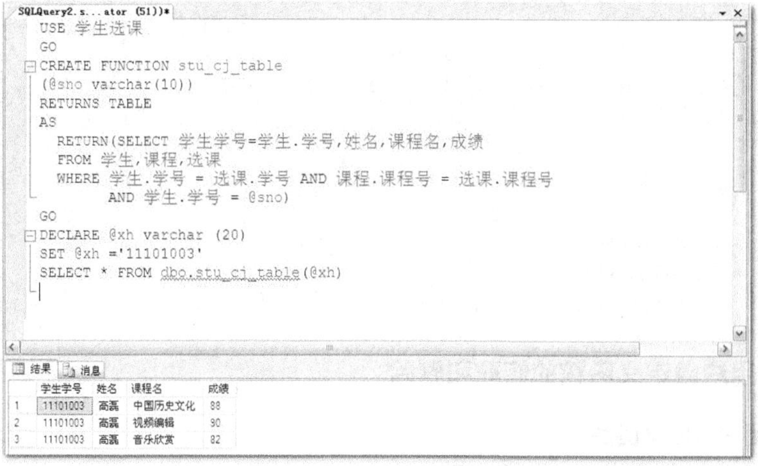

图7.9　自定义内嵌表值函数

4. 用户自定义多语句表值型函数

多语句表值型函数可以看作是标量型和内嵌表值型函数的结合体，它的返回值是一个表，但它和标量型函数一样有一个用 BEGIN...END 语句括起来的函数体。返回值表中的数据是由函数体决定的。语法格式如下：

```
CREATE  FUNCTION [ owner_name .] function_name
([{@parameter_name [as]scalar_parameter_data_type [ = default]} [ ,n ]])
RETURNS @return_variable table < table_type_definition >
[ with <function_option> [,n ] ]
```

```
[ AS ]
BEGIN
  function_body
  RETURN
END
```

【例 7-18】建立多语句表值函数，输入一个学生的学号，返回该学生的学号、姓名及平均成绩。

对应的 SQL 语句如下：

```
USE 学生选课
GO
CREATE FUNCTION avg_table
(@sno varchar(10))
RETURNS @tab1 TABLE(学号 char(8) PRIMARY KEY,
                    姓名 char(8),
                    平均成绩 float)
AS
BEGIN
    DECLARE @cj TABLE(学号 char(8),
                      平均成绩 float)              --定义一个中间表

    INSERT @cj                                   --数据插入中间表
      SELECT 学号,平均成绩=AVG(成绩)  FROM 选课
      WHERE 学号 = @sno GROUP BY 学号
    INSERT @tab1                                 --数据插入返回表
      SELECT a.学号,a.姓名,b.平均成绩
    FROM 学生 a INNER JOIN @cj b ON a.学号=b.学号
    WHERE a.学号=@sno
    RETURN
END
GO
DECLARE @xh varchar (20)
SET @xh ='11101003'
SELECT * FROM dbo.avg_table(@xh)
```

7.7.2 用户自定义函数的修改和删除

1. 修改用户自定义函数

修改用户自定义函数的语法格式如下：

```
ALTER FUNCTION 函数名称
(形式参数名称 AS 数据类型)
RETURNS 返回数据类型
BEGIN
函数内容
RETURN 表达式
END
```

2. 删除用户自定义函数

删除用户自定义函数的语法格式如下：

```
DROP FUNCTION { [ owner_name ] function_name }  [, n ]
```

本章小结

（1）T-SQL 中的数据有常量和变量两种基本形式。根据作用范围不同，变量分为用户定义的局部变量和系统提供的全局变量。局部变量在使用之前要先定义。

（2）SQL Server 2008 提供了七类运算符。通过运算符将常量、变量、函数连接起来，构成表达式。

（3）SQL Server 2008 提供了分支（IF-ELSE）、循环（WHILE）等流程控制语句以及 CASE表达式。可以通过这些语句，编写复杂的 T-SQL 程序。

（4）SQL Server 2008 提供了大量的系统函数，可供用户直接调用。用户也可以自定义函数。根据返回值的不同，用户自定义函数可以分为标量函数和表值函数。

实训项目

项目 1：在 SQL 编辑器中编辑与执行 SQL 语句

目的：掌握变量、常量的使用，掌握流程控制语句的使用。

内容：

（1）用 WHILE 循环控制语句编写求 20! =1×2×3×⋯×20 的程序，并由 print 语句输出结果；

（2）编程查询会员"何仙姑"是否订购图书，如果订购，则显示订购图书数量。

项目 2：创建与执行用户自定义函数

目的：掌握自定义函数的创建、修改和使用。

内容：

（1）创建一个函数，用于输入图书编号时，显示该图书的类别；

（2）创建一个函数，用于输入会员编号时，显示会员姓名、订货量和订货金额。

 课后习题

一、选择题

1. 要将一组语句执行 10 次，下列（　　）结构可以用来完成此项任务。

A. IF-ELSE　　　B. WHILE　　　C. CASE　　　D. 以上都不是

2. 下列（　　）语句可以用来从 WHILE 语句块中退出。

A. CLOSE　　　B. BREAK　　　C. CONTINUE　　D. 以上都不是

3. 字符串常量使用（　　）作为定界符。

A. 单引号　　　B. 双引号　　　C. 方括号　　　D. 花括号

4. 下列说法中正确的是（　　　）。

A. SQL 中局部变量可以不声明就使用

B. SQL 中全局变量必须先声明再使用

C. SQL 中所有变量都必须先声明后使用

D. SQL 中只有局部变量先声明后使用；全局变量是由系统提供的用户不能自己建立

5. 以下（　　　）标识符符合常规标识符规则。

A. Order　　　　　　B. 2T　　　　　　C. _Table　　　　　D. User Name

二、执行以下代码，将在屏幕上输出的值是多少？

1.

```
DECLARE @i INT,@sum INT
SET @i=1
SET @sum=0
IF @i>5
   SET @i=@i+1
SET @sum=@sum+@i
PRINT @sum
```

2.

```
DECLARE @i INT,@sum INT
SET @i=1
SET @sum=0
IF @i>5
   BEGIN
     SET @i=@i+1
     SET @sum=@sum+@i
   END
   PRINT @sum
```

3.

```
DECLARE @i INT,@sum INT
SET @i=0
SET @sum=0
WHILE @i<5
   BEGIN
     SET @i=@i+1
     SET @sum=@sum+@i
   END
PRINT @sum
```

4.

```
DECLARE @i INT,@sum INT
SET @i=0
SET @sum=0
WHILE @i<5
   BEGIN
     SET @i=@i+1
     IF @i=3
```

```
      BREAK
      SET @sum=@sum+@i
  END
PRINT @sum
```

5.

```
DECLARE @i INT,@sum INT
SET @i=0
SET @sum=0
WHILE @i<5
  BEGIN
    SET @i=@i+1
    IF @i=3
        CONTINUE
    SET @sum=@sum+@i
  END
PRINT @sum
```

SQL Server 2008

8

Chapter

第 8 章
存储过程

本章目标：

- 理解存储过程的作用
- 了解系统存储过程和扩展存储过程
- 了解存储过程的基本类型
- 掌握创建、删除、修改和加密存储过程
- 掌握执行存储过程

存储过程是 SQL Server 服务器上一组预先编译好的 Transact-SQL 语句。它以一个名称存储在数据库中，可以作为一个独立的数据库对象，也可以作为一个单元供用户在应用程序中调用。它可以接收参数、返回状态值和参数值，并可以嵌套调用。

8.1 存储过程概述

存储过程是一组 Transact-SQL 语句，用于完成某项任务，在一次编译后可以执行多次。使用存储过程有如下优点。

（1）执行速度快。存储过程创建时就已经通过语法检查和性能优化且已经过编译，因此在执行时无须再次编译，加快了语句的执行速度。

（2）减少网络通信量。存储过程中可以包含大量的 Transact-SQL 语句，但存储过程作为一独立的单元来使用。在进行调用时，只需要使用一个语句就可以实现，所以减少了网络上数据的传输。

（3）规范程序设计。存储过程独立于调用它的应用程序，用户可以根据功能模块的不同，对存储过程进行必要的修改，而不必修改应用程序本身。

（4）提高系统安全性。可以将存储过程作为用户存取数据的管道。为提高数据的安全性，可以限制用户对表的存取权限，然后建立特定的存储过程供用户使用，完成对表数据的访问。另外，存储过程的定义文本还可以被加密，使用户不能查看存储过程的内容。

8.1.1 存储过程基本概念

数据库开发人员在进行数据库开发时，为了实现一定的功能，经常会将负责不同功能的语句集中起来而且按照用途分别独立放置，以便能够反复调用，而这些独立放置且拥有不同功能的语句块，可以被称为"过程"（Procedure）。存储过程（Stored Procedure）是一组完成特定功能的 Transact-SQL 语句集，经编译后存储在数据库中，用户通过过程名和给出参数值来调用它们。

SQL Server 2008 的存储过程与其他程序设计语言的过程类似，具有以下特点。

（1）它能够包含执行各种数据库操作的语句，并且可以调用其他的存储过程。

（2）能够接受输入参数，并以输出参数的形式将多个数据值返回给调用程序（Calling Procedure）或批处理（Batch）。

（3）向调用程序或批处理返回一个状态值，以表明成功或失败（以及失败的原因）。

8.1.2 存储过程的类型

1. 系统存储过程

SQL Server 2008 中许多管理活动都是通过一种特殊的存储过程执行的，这种存储过程被称为系统存储过程。

系统存储过程在 master 数据库中创建，由系统管理。所有系统存储过程的名字均以"sp_"开始。

如果过程以"sp_"开始，在当前数据库中又找不到，SQL Server 2008 就会在 master 数据库中寻找。以"sp_"前缀命名的过程中引用的表如果不能在当前数据库中找到，将在 master 数据库查找。

当系统存储过程的参数是保留字或对象名，且对象名
有数据库或拥有者名字限定时，整个名字必须包含在单引
号中。一个用户要执行存储过程，必须拥有在所有数据库
中执行一个系统存储过程的许可权，否则在任何数据库中
都不能执行该系统存储过程。

在物理意义上，系统存储过程主要放在系统数据库
Resource 中，但在逻辑意义上，它们出现在每个数据库
的 sys 架构中。在 SQL Server Management Studio 中可
以查看系统存储过程。打开"学生选课"数据库查看系统
存储过程，如图 8.1 所示。

图8.1　系统存储过程

2. 本地存储过程

本地存储过程（Local Stored Procedures）也就是用
户自行创建并存储在用户数据库中的存储过程，是由用户
创建的、能完成某一特定功能的可重用代码的模块或例程。用户自定义存储过程有两种类型：
Transact-SQL 或 CLR。Transact-SQL 存储过程是指保存的 Transact-SQL 语句集合。CLR 存
储过程指对 Microsoft.NET Framework 公共语言运行时（CLR）方法的引用，可以接收和返回用
户提供的参数。

3. 临时存储过程

临时存储过程可分为两种：局部临时存储过程和全局临时存储过程。局部临时存储过程只能
由创建该过程的连接使用。全局临时存储过程则可由所有连接使用。局部临时存储过程在当前会
话结束时自动除去。全局临时存储过程在使用该过程的最后一个会话结束时除去。

局部临时存储过程的命名以"#"号开头，全局临时存储过程的命名以"##"开头。创建临
时存储过程后，局部临时存储过程的所有者是唯一可以使用该过程的用户，执行局部临时存储过
程的权限不能授予其他用户。如果创建了全局临时存储过程，则所有用户均可以访问该过程，权
限不能显式废除。只有在 tempdb 数据库中具有显式 CREATE PROCEDURE 权限的用户，才可
以在该数据库中显式创建临时存储过程。

4. 远程存储过程

在 SQL Server 2008 中，远程存储过程（Remote Stored Procedure）是位于远程服务器上
的存储过程，通常可以使用分布式查询和 EXECUTE 命令执行一个远程存储过程。

5. 扩展存储过程

扩展存储过程是指使用编程语言（如 C 语言）创建的外部例程，是指 Microsoft SQL Server
的实例可以动态加载和运行的 DLL。扩展存储过程直接在 SQL Server 实例的地址空间中运行，
可以使用 SQL Server 扩展存储过程 API 完成编程。为了区别，扩展存储过程的名称通常以"xp_"
开头。扩展存储过程一定要存储在系统数据库 master 中。

8.1.3　存储过程的作用

（1）通过本地存储、代码预编译和缓存技术实现高性能的数据操作。

（2）通过通用编程结构和过程实现编程框架。如果业务规则发生变化，可以通过修改存储过
程来适应新的业务规则，而不必修改客户端的应用程序。这样所有调用该存储过程的应用程序就

会遵循新的业务规则。

（3）通过隔离和加密的方法提高数据库的安全性。数据库用户可以通过得到权限来执行存储过程，而不必给予用户直接访问数据库对象的权限，这些对象将由存储过程来执行操作。另外，存储过程可以加密，这样用户就无法阅读存储过程中的 Transact-SQL 语句。这些安全特性将数据库结构和数据库用户隔离开来，这也进一步保证了数据的完整性和可靠性。

8.2　创建和执行存储过程

8.2.1　创建和执行不带参数的存储过程

创建存储过程的语法格式如下：

```
CREATE PROC[EDURE] procedure_name [; number]
[ { @parameter data_type }[VARYING ][=default][OUTPUT]][,...n]
[ WITH { RECOMPILE | ENCRYPTION | RECOMPILE , ENCRYPTION } ]
[ FOR REPLICATION ]
AS sql_statement [ ...n ]
```

参数说明如下。

（1）procedure_name：存储过程的名称。过程名必须符合标识符命名规则，且对于数据库及其所有者必须唯一。要创建局部临时存储过程，在过程名前面加一个编号符（#），要创建全局临时存储过程，在过程名前面加两个编号符（##）。完整的过程名称（包括#或##）不能超过 128 个字符。指定过程所有者的名字是可选的。

（2）number：可选的整数，用来对同名的过程分组，以便用一条 DROP PROCEDURE 语句即可将同组的过程一起删除。例如，名为 orders 的应用程序使用的存储过程可以命名为 orderproc;1、orderproc;2 等。DROP PROCEDURE orderproc 语句将删去整个过程组中所有的过程。如果过程名称中包含定界标识符，则数字不应包含在标识符中，只应在过程名前后使用适当的定界符。

（3）@parameter：过程中的参数。在 CREATE PROCEDURE 语句中可以声明一个或多个参数。用户必须在执行过程时提供每个所声明参数的值（除非定义了该参数的默认值）。存储过程最多可以有 2 100 个参数。使用@符号作为第一个字符来指定参数名称。参数名称必须符合标识符的规则。每个过程的参数仅用于该过程本身；相同的参数名称可以用在其他过程中。默认情况下，参数只能代替常量，而不能用于代替表名、列名或其他数据库对象的名称。

（4）data_type：参数的数据类型。所有数据类型（包括 text、ntext 和 image）均可以用作存储过程的参数。不过，cursor 数据类型只能用于 OUTPUT 参数。如果指定的数据类型为 cursor，必须同时指定 VARYING 和 OUTPUT 关键字。

（5）VARYING：指定作为输出参数支持的结果集（由存储过程动态构造，内容可以变化）。仅适用于游标参数。

（6）default：参数的默认值。如果定义了默认值，不必指定该参数的值即可执行过程。默认值必须是常量或 NULL。如果过程将对该参数使用 LIKE 关键字，那么默认值中可以包含通配符（ %、_、[]和[^]）。

（7）OUTPUT：表明参数是返回参数。使用 OUTPUT 参数可将信息返回给调用过程。text、

ntext 和 image 数据类型的参数也可用作 OUTPUT 参数。使用 OUTPUT 关键字的输出参数可以是游标占位符。

（8）n：表示最多可以指定 2 100 个参数的占位符。

（9）{RECOMPILE | ENCRYPTION | RECOMPILE, ENCRYPTION}：RECOMPILE 表明 SQL Server 不会缓存该过程的计划，该过程将在运行时重新编译。在使用非典型值或临时值而不希望覆盖缓存在内存中的执行计划时，可使用 RECOMPILE 选项。ENCRYPTION 用于指定存储过程文本加密，使用 ENCRYPTION 可防止将过程作为 SQL Server 复制的一部分发布。

（10）FOR REPLICATION：指定不能在订阅服务器上执行为复制创建的存储过程。使用 FOR REPLICATION 选项创建的存储过程可用作存储过程筛选，且只能在复制过程中执行。本选项不能和 WITH RECOMPILE 选项一起使用。

（11）AS：指定过程要执行的操作。

（12）sql_statement：过程中包含的任意数目和类型的 Transact-SQL 语句。

创建不带参数的存储过程，语法格式如下：

```
CREATE PROC[EDURE] procedure_name
AS
sql_statement
```

【例 8-1】使用 Transact-SQL 语句在"学生选课"数据库中创建一个名为 p_jiaoshi1 的存储过程。该存储过程返回"教师"表中所有学历为"硕士研究生"的记录。

对应的 SQL 语句如下：

```
USE 学生选课
GO
CREATE PROCEDURE p_jiaoshi1
AS
SELECT * FROM 教师 WHERE 学历='硕士研究生'
GO
```

创建过程如图 8.2 所示。

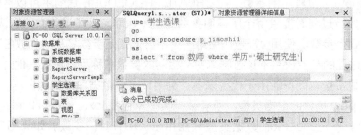

图8.2　创建p_jiaoshi1存储过程

在存储过程创建成功后，用户就可以执行存储过程了。执行不带参数存储过程的基本语法格式如下：

```
[EXEC[UTE]] procedure_name
```

【例 8-2】使用 Transact-SQL 语句执行【例 8-1】中创建的存储过程。

对应的 SQL 语句如下：

```
USE 学生选课
```

```
GO
EXEC p_jiaoshi1
```

执行结果如图 8.3 所示。

图8.3 执行p_jiaoshi1存储过程

在存储过程创建成功后，用户可以在 SQL Server Management Studio 查询分析器窗口中查看存储过程的属性。

【例 8-3】在 SQL Server Management Studio 查询分析器窗口中查看存储过程 p_jiaoshi1 的属性。

操作步骤如下。

（1）在"对象资源管理器"中展开"学生选课"数据库节点。

（2）展开"可编程性"，在列表中可以看见名为 p_jiaoshi1 的存储过程。

（3）鼠标右键单击 dbo.p_jiaoshi1，在弹出的快捷菜单中，选择"属性"项，弹出"存储过程属性 – p_jiaoshi1"对话框，如图 8.4 所示。

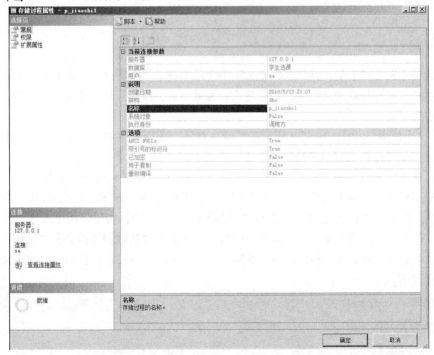

图8.4 存储过程属性

（4）鼠标右键单击 p_jiaoshi1，在弹出的快捷菜单中选择"修改"命令，如图 8.5 所示，可以在这里对存储过程的定义进行修改。

图8.5 存储过程的修改

8.2.2 创建和执行带输入参数的存储过程

1. 创建带输入参数的存储过程

输入参数是指由调用程序向存储过程传递的参数，在创建存储过程语句中定义输入参数，而在执行该存储过程中给出参数相应的值。

创建带输入参数的存储过程的语法格式如下：

```
CREATE PROCEDURE procedure_name
  @parameter_name datatype[=default]
    [WITH ENCRYPTION]
    [WITH RECOMPILE]
  AS
    Sql_statement
```

在之前的【例 8-1】中，存储过程 p_jiaoshi1 只能对"硕士研究生"这个给定的学历进行查询。要使用户能够按任意给定的学历进行查询，也就是说，每次查询的学历是可变的，这时就要用到输入参数了。

【例 8-4】使用 Transact-SQL 语句在"学生选课"数据库中创建一个名为 p_jiaoshi2 的存储过程。该存储过程能根据用户给定的学历值查询返回"教师"表中对应的记录。

分析：在【例 8-1】中 AS 后的语句 SELECT * FROM 教师 WHERE 学历='硕士研究生'，将学历"硕士研究生"用变量代替为 SELECT * FROM 教师 WHERE 学历=@输入学历，其中变量"@输入学历"取代了原本的固定值"硕士研究生"。同时，由于使用了变量，所以需要定义该变量，而且，由于该变量存储"学历"的值，所以该变量的数据类型应和"学历"字段数据类型兼容，我们把"@输入学历"的长度设定为 10 位字符串，因此，在 AS 之前定义输入变量的语法格式如下：

```
@输入学历 varchar(10)
```

对应的 SQL 语句如下：

```
CREATE PROCEDURE p_jiaoshi2
@输入学历 varchar(10)
```

```
AS
    SELECT  *  FROM 教师表  WHERE 学历=@输入学历
GO
```

创建存储过程如图 8.6 所示。

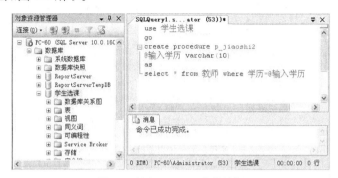

图8.6　创建p_jiaoshi2存储过程

2. 执行带输入参数的存储过程

执行带输入参数的存储过程，有两种方法：一种是使用参数名传递参数值，另一种是按位置传递参数值。

（1）使用参数名传递参数值

在执行存储过程的语句中，通过语句@parameter_name=value 给参数的传递值。当存储过程含有多个输入参数时，参数值可以按任意顺序给定，对于允许空值和具有默认值的输入参数可以不给出参数的传递值。

其语法格式如下：

```
[EXEC[UTE] procedure_name [@parameter_name=value] [,…n]
```

 说 明

在执行存储过程时，如果该语句是批处理里的第一条语句，EXE[CUTE]可以省略。

【例 8-5】用参数名传递参数值的方法执行存储过程 p_jiaoshi2，分别查询学历为"本科"和"博士研究生"的记录。

对应的 SQL 语句如下：

```
EXEC p_jiaoshi2 @输入学历='本科'
GO
EXEC p_jiaoshi2 @输入学历='博士研究生'
GO
```

运行结果如图 8.7 所示。

（2）按位置传递参数

在执行存储过程的语句中，不通过参数名传递参数值而直接给出参数的值。当存储过程含有多个输入参数时，采用这种方式传递值，给定参数值的顺序必须与存储过程中定义的输入变量的顺序一致。按位置传递参数时，也可以忽略允许空值和具有默认值的参数，但不能因此破坏输入参数的设定顺序。例如，在一个含 4 个参数的参数过程中，用户可以忽略第 3 个和第 4 个参数，但无法忽略第 3 个参数而指定第 4 个参数的输入值。

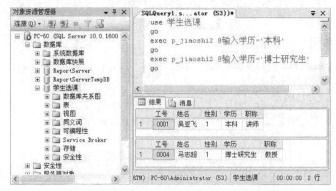

图8.7　使用参数名传递参数值的运行结果

其语法格式如下：

```
[EXEC[UTE] procedure_name [value1,value2,…]
```

【例 8-6】用按位置传递参数值的方法执行存储过程 p_jiaoshi2，分别查找学历为“本科”和“博士研究生”的记录。

对应的 SQL 语句如下：

```
EXEC p_jiaoshi2 '本科'
GO
EXEC p_jiaoshi2 '博士研究生'
GO
```

运行结果如图 8.8 所示。

可以看出，按位置传递参数值比按参数名传递参数值更简捷。比较适合参数值较少的情况，而按参数名传递参数值的方法使程序的可读性增强。

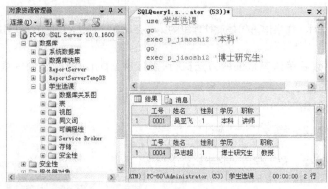

图8.8　按位置传递参数值的运行结果

8.2.3　创建和执行带输出参数的存储过程

如果需要从存储过程中返回一个或多个值，可以通过在创建存储过程的语句中定义输出参数来实现。定义输出参数，需要在 CREATE PROCEDURE 语句中定义参数时在参数名后面指定 OUTPUT 关键字。

语法格式如下：

```
@parameter_name datatype[=default] OUTPUT
```

【例 8-7】创建存储过程 p_jiaoshi3，要求能根据用户给定的学历值，统计出"教师"表的所有教师中，学历为该值的教师人数，并将结果以输出变量的形式返回给调用者。

对应的 SQL 语句如下：

```
CREATE PROCEDURE p_jiaoshi3
    @输入学历 varchar(10),@teachnum smallint OUTPUT
AS
    SELECT @teachnum=COUNT(*) FROM 教师 WHERE 学历=@输入学历
GO
```

创建存储过程如图 8.9 所示。

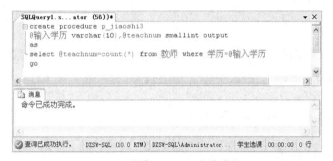

图8.9 创建p_jiaoshi3存储过程

【例 8-8】执行存储过程 p_jiaoshi3，统计教师表中学历为"硕士研究生"的教师人数。

由于在存储过程 p_jiaoshi3 中使用了输出参数@teachnum，所以在调用该存储过程之前，要先声明一个局部变量用来接收存储过程执行后的返回参数@teachnum 的值。

对应的 SQL 语句如下：

```
DECLARE @abc smallint
EXEC p_jiaoshi3 '硕士研究生',@abc output
SELECT @abc
```

运行结果如图 8.10 所示。

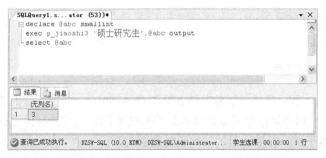

图8.10 带输出参数的存储过程p_jiaoshi3的运行结果

【例 8-9】在"学生选课"数据库中创建存储过程 p_jiaoshi4，要求能根据用户给定的性别，统计"教师"表性别为该值的教师人数，并将结果以输出变量的形式返回给用户。

对应的 SQL 语句如下：

```
USE 学生选课
GO
CREATE PROCEDURE p_jiaoshi4
(@in_sex char(2),@out_num int OUTPUT)
WITH RECOMPILE
AS
  BEGIN
    IF @in_sex='男'
      SELECT @out_num=COUNT(性别) FROM 教师
      WHERE 性别=1
    ELSE
      SELECT @out_num=COUNT(性别) FROM 教师
      WHERE 性别=0
  END
  GO
```

【例 8-10】执行存储过程 p_jiaoshi4，统计教师表中性别为"男"的教师人数。

对应的 SQL 语句如下：

```
DECLARE @abc INT
EXEC p_jiaoshi4 '男',@abc OUTPUT
SELECT @abc
```

运行结果如图 8.11 所示。

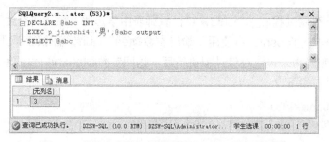

图8.11 带输出参数的存储过程p_jiaoshi4的运行结果

8.3 管理存储过程

8.3.1 查看存储过程

存储过程被创建之后，它的名字被存储在系统表 sysobjects 中，它的源代码被存放在系统表 syscomments 中。用户可以使用系统存储过程来查看用户创建的存储过程的相关信息。

（1）sp_help 用于显示存储过程的参数及其数据类型。

sp_help 语法格式如下：

```
sp_help [[@objname=]name]
```

参数[@objname =]name 是 sysobjects 中的任意对象的名称（包括存储过程），或者是在

systypes 表中任何用户自定义数据类型的名称。name 的数据类型为 nvarchar（776），默认值为 NULL。

【例 8-11】查看存储过程 p_jiaoshi3 的信息。

对应的 SQL 语句如下：

```
USE 学生选课
GO
sp_help p_jiaoshi3
GO
```

（2）sp_helptext 用于显示存储过程的定义语句。

sp_helptext 语法格式如下：

```
sp_helptext [@objname=]'name'
```

参数[@objname=]name 是要查看定义的任意对象的名称（包括存储过程）。

【例 8-12】查看存储过程 p_jiaoshi3 的定义语句。

对应的 SQL 语句如下：

```
USE 学生选课
GO
sp_helptext p_jiaoshi3
GO
```

8.3.2 修改存储过程

修改存储过程是由 ALTER PROCEDURE 语句来完成的，其语法格式如下：

```
ALTER PROCEDURE procedure_name
  @parameter_name datatype[=default][OUTPUT]
    [WITH ENCRYPTION]
    [WITH RECOMPILE]
  AS
    Sql_statement
```

【例 8-13】使用 Transact-SQL 语句修改存储过程 p_jiaoshi1，根据用户提供的学历进行模糊查询，并要求加密（加密后，存储过程的定义语句将无法用 sp_helptext 查看）。

对应的 SQL 语句如下：

```
ALTER PROCEDURE p_jiaoshi1
  @模糊学历 varchar(10)
  WITH ENCRYPTION
AS
  SELECT * FROM 教师 WHERE 学历 LIKE '%'+@模糊学历+'%'
GO
```

【例 8-14】执行修改后的存储过程 p_jiaoshi1，查询学历里有"研究生"的教师信息。

对应的 SQL 语句如下：

```
EXEC p_jiaoshi1 @模糊学历='研究生'
```

运行结果如图 8.12 所示。

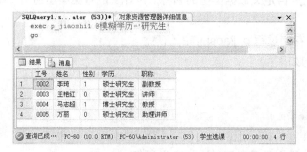

图8.12 修改后的存储过程p_jiaoshi1的运行结果

8.3.3 删除存储过程

存储过程的删除是通过 DROP PROCEDURE 语句来实现的。其语法格式如下：

```
DROP PROCEDURE name
```

参数 name 为要删除的存储过程的名字。

【例 8-15】使用 Transact-SQL 语句删除存储过程 p_jiaoshi2。

对应的 SQL 语句如下：

```
USE 学生选课
GO
DROP PROCEDURE p_jiaoshi2
GO
```

同样，也可以在 SQL Server Management Studio 的"对象资源管理器"中直接选择"学生选课"数据库，展开"可编程性"中的"存储过程"节点，找到需要删除的存储过程，用鼠标右键单击相应的存储过程，在弹出的快捷菜单中选择"删除"选项，即可直接删除。

8.3.4 存储过程的重命名

可通过使用 SQL Server Management Studio 和 Transact-SQL 语句两种方法实现。

【例 8-16】使用 SQL Server Management Studio 将存储过程 p_jiaoshi1 重命名为 p_js1。

在 SQL Server Management Studio 的"对象资源管理器"中直接选择"学生选课"数据库，在展开的"可编程性"中，展开"存储过程"，找到需要修改的存储过程 p_jiaoshi1，用鼠标右键单击存储过程 p_jiaoshi1，在弹出的快捷菜单中选择"重命名"选项，输入存储过程的新名称 p_js1 即可。

也可以使用系统存储过程 sp_rename 来修改存储过程的名称。

【例 8-17】使用 Transact-SQL 语句将存储过程 p_jiaoshi3 改名为 p_js3。

对应的 SQL 语句如下：

```
SP_RENAME p_jiaoshi3 p_js3
GO
```

运行结果如图 8.13 所示。

图8.13 修改存储过程名

本章小结

（1）存储过程是一段 Transact-SQL 语句，用来完成一个功能。

（2）使用 CREATE PROCEDURE 创建存储过程。

（3）执行存储过程时，EXECUTE procedure_name 可以简写为 EXEC procedure。如果执行存储过程的语句是批处理中的第一条语句，EXEC[UTE]可以省略。

（4）创建带输入输出参数的存储过程，需要在 CREATE PROCEDURE 语句中声明一个或多个变量作为参数。

（5）在执行存储过程的语句中，通过语句@parameter_name=value 给出参数的传递值。当存储过程含有多个输入参数时，参数值可以以任意顺序给定，对于允许空值和具有默认值的输入参数可以不给出参数的传递值。

（6）在执行存储过程的语句中，不通过参数名传递参数值而直接给出参数的传递值时，当存储过程含有多个输入参数时，传递值的顺序必须与存储过程中定义的输入变量的顺序一致。按位置传递参数时，也可以忽略空值和具有默认值的参数，但不能因此破坏输入参数的设定顺序。

（7）如果需要从存储过程中返回一个或多个值，可以通过在创建存储过程的语句中定义输出参数来实现。为了使用输出参数，需要在参数后指定 OUTPUT 关键字。

（8）修改存储过程是由 ALTER PROCEDURE 语句来完成的。

实训项目

项目 1：在网上书店数据库中使用一般存储过程

目的：掌握存储过程的创建和执行。

内容：在网上书店数据库中创建一个名为 proc_1 的存储过程，实现查询所有会员信息的功能。

项目 2：在网上书店数据库中使用带输入/输出参数的存储过程

目的：掌握存储过程中输入、输出参数的使用。

内容：

（1）在"网上书店"数据库中创建一个为名 proc_2 的存储过程，要求实现如下功能：根据会员的昵称查询该会员的积分情况，调用存储过程，查询"平平人生"和"感动心灵"的积分。

（2）在网上书店数据库中创建一个名为 proc_3 的存储过程，要求实现如下功能：根据会员的昵称查询该会员的订购信息，如果该会员没有订购任何图书，则输出"某某会员没有订购图书"的信息，否则输出订购图书的相关信息。调用存储过程，显示会员"四十不惑"订购图书的情况。

项目 3：在网上书店数据库中删除存储过程

目的：掌握存储过程的删除方法。

内容：删除"网上书店"数据库中的存储过程 proc_1。

 课后习题

一、选择题

1. CREATE PROCEDURE 是用来创建（   ）的语句。

    A. 程序   B. 存储过程   C. 触发器   D. 函数

2. 要删除一个名为 AA 的存储过程，应该使用命令（   ）PROCEDURE AA。

    A. DELETE   B. ALTER   C. DROP   D. EXECUTE

3. 执行带参数的过程，正确的方法为（   ）。

    A. 过程名（参数）   B. 过程名 参数

    C. 过程名=参数   D. 以上答案都正确

4. 当要将一个过程执行的结果返回给一个整型变量时，不正确的方法为（   ）。

    A. 过程名（@整型变量）   B. 过程名 @整型变量 OUTPUT

    C. 过程名 =@整型变量   D. 整型变量=过程名

二、问答题

1. 简述什么是存储过程。

2. 写出删除一个存储过程的步骤。

SQL Server 2008

9

第 9 章
触发器

本章目标：

- 了解触发器的概念和分类
- 掌握创建、执行、修改和删除触发器
- 掌握 INSERTED 表和 DELETED 表的用法
- 掌握 DML 触发器的类型
- 掌握触发器的禁用和启动

触发器是一种特殊类型的存储过程，一般存储过程通过调用而执行，而触发器不需要使用 EXEC 命令调用，而在某个指定的事件发生时被激活。触发器通常可以指定一定的业务规则，用于 SQL Server 约束、默认值和规则的完整性检查，还可以完成难以用普通约束实现的复杂功能的限制。

9.1 触发器概述

9.1.1 触发器的概念

触发器是一种特殊类型的存储过程，当在指定表中使用 UPDATE、INSERT 或 DELETE 中的一种或多种数据修改命令对数据进行修改时，触发器就会执行。触发器可以查询其他表，而且可以包含复杂的 SQL 语句。它们主要用于强制复杂的业务规则或要求。触发器还有助于强制引用完整性，以便在添加、更新或删除表中的行时保留表之间已定义的关系。

9.1.2 触发器的类型与优点

1. 触发器的类型

触发器可以分为 AFTER 触发器和 INSTEAD OF 触发器。

（1）AFTER 触发器：这种类型的触发器将在数据变动（UPDATE、INSERT 或 DELETE 操作）完成后才被激发。这种触发器可以用来对变动的数据进行检查，如果发现错误，将拒绝或回滚变动的数据。

（2）INSTEAD OF 触发器：INSTEAD OF 触发器是自 SQL Server 2000 版本后增加的功能。这种类型的触发器将在数据变动之前被激发，并取代变动数据的操作（UPDATE、INSERT 或 DELETE 操作），转而去执行触发器定义的操作。

2. 使用触发器的优点

（1）强制比 CHECK 约束更复杂的数据完整性。在数据库中要实现数据的完整性约束，可以使用 CHECK 约束或触发器来实现。但是在 CHECK 约束中不允许引用其他表中的列，而触发器可以引用其他表中的列来完成数据的完整性约束。

（2）使用自定义的错误提示信息。用户有时需要在数据完整性遭到破坏或其他情况下，使用预先自定义好的错误提示信息或动态自定义的错误提示信息。通过使用触发器，用户可以捕获破坏数据完整性的操作，并返回自定义的错误提示信息。

（3）触发器可以通过数据库中的相关表进行级联更改。例如，可以在学生表的"学号"列上写入一个删除触发器，其他关联表中也有和学生表中"学号"相同的列，则可以实现当在学生表删除一个学生时，触发器自动在其他表中的匹配行采取删除操作，以实现相关联的表中数据保持参照完整性。

（4）比较数据库修改前后数据的状态。触发器提供了访问由 INSERT、UPDATE 或 DELETE 语句引起的数据前后状态变化的能力，用户可以在触发器中引用由于修改所影响的记录行。

（5）维护规范化数据。用户可以使用触发器来保证非规范数据库中的低级数据的完整性。维护非规范化数据与表的级联是不同的，表的级联指的是不同表之间的主外键关系，维护表的级联可以通过设置表的主键与外键的关系来实现。而非规范数据通常是指在表中派生的、冗余的数据值，维护非规范化数据应该通过使用触发器来实现。

9.2　创建和应用触发器

创建触发器用 CREATE TRIGGER 语句。触发器是在用户试图对指定的表执行指定的数据修改语句时自动执行。SQL Server 允许为任何给定表的 INSERT、UPDATE 或 DELETE 语句创建多个触发器。

CREATE TRIGGER 语句语法格式如下：

```
CREATE TRIGGER trigger_name
ON { table | view }
[ WITH ENCRYPTION ]
{
    { { FOR | AFTER | INSTEAD OF } { [DELETE] [,INSERT] [,UPDATE] }
    [ NOT FOR REPLICATION ]
    AS
    [ { IF UPDATE ( column )
        [ { AND | OR } UPDATE ( column ) ]
            [ ...n ]
    | IF ( COLUMNS_UPDATED ( ) { bitwise_operator } updated_bitmask )
    { comparison_operator } column_bitmask [ ...n ]
    } ]
    sql_statement [ ...n ]
    }
}
```

参数说明如下。

（1）trigger_name：是触发器的名称。触发器名称必须符合标识符的命名规则，并且在数据库中必须唯一。可以选择在触发器名称之前，决定是否指定触发器所有者名称。

（2）table | view 是在其上执行触发器的表或视图，有时称为触发器表或触发器视图。可以选择在表或视图名称前，决定是否指定所有者名称。

（3）WITH ENCRYPTION：用于加密 syscomments 表中包含 CREATE TRIGGER 语句文本的条目。使用 WITH ENCRYPTION 可防止将触发器作为 SQL Server 复制的一部分发布。

（4）AFTER：指定触发器只有在激发触发器的 SQL 语句中指定的所有操作都已成功执行后，所有的引用级联操作和约束检查也成功完成后，才去执行此触发器。如果指定 FOR 关键字，则默认为 AFTER 触发器。不能在视图上定义 AFTER 触发器。一个表上可以定义多个 AFTER 触发器。

（5）INSTEAD OF：指定执行触发器而不是执行触发它的 SQL 语句，从而以触发器替代触发语句的操作。在表或视图上，每个 INSERT、UPDATE 或 DELETE 语句最多可以定义一个 INSTEAD OF 触发器。INSTEAD OF 触发器不能在 WITH CHECK OPTION 的可更新视图上定义。如果向指定了 WITH CHECK OPTION 选项的可更新视图添加 INSTEAD OF 触发器，SQL Server 将产生一个错误。用户必须用 ALTER VIEW 删除该选项后才能定义 INSTEAD OF 触发器。

（6）{ [DELETE] [,INSERT] [,UPDATE] }：是指定在表或视图上执行哪些数据修改语句时将激活触发器，必须至少指定一个选项。在触发器定义中允许使用以任意顺序组合的这些关键字。

如果指定的选项多于一个，需用逗号分隔这些选项。对于 INSTEAD OF 触发器，不允许在具有 ON DELETE 级联操作引用关系的表上使用 DELETE 选项。同样，也不允许在具有 ON UPDATE 级联操作引用关系的表上使用 UPDATE 选项。

（7）NOT FOR REPLICATION：表示当复制进程更改触发器所涉及的表时，不执行该触发器。

（8）AS ：是触发器要执行的操作。

（9）sql_statement：是触发器的条件和操作。触发器条件指定其他准则，以确定 DELETE、INSERT 或 UPDATE 语句是否导致执行触发器操作。

（10）IF UPDATE（column）：测试在指定的列上进行的 INSERT 或 UPDATE 操作，不能用于 DELETE 操作。其功能等同于 IF、IF...ELSE 或 WHILE 语句，并且可以使用 BEGIN...END 语句块。

（11）Column：是要测试 INSERT 或 UPDATE 操作的列名。该列可以是 SQL Server 支持的任何数据类型。

（12）IF（COLUMNS_UPDATED()）：测试是否插入或更新了提及的列，仅用于 INSERT 或 UPDATE 触发器中。

（13）bitwise_operator：是用于比较运算的位运算符。

（14）updated_bitmask：是整型位掩码，表示实际更新或插入的列。

（15）comparison_operator：是比较运算符。使用等号（=）检查 updated_bitmask 中指定的所有列是否都实际进行了更新。使用大于号（>）检查 updated_bitmask 中指定的任一列或某些列是否已更新。

（16）column_bitmask：是要检查的列的整型位掩码，用来检查是否已更新或插入了这些列。

9.2.1　INSERT 触发器

INSERT 触发器通常被用来验证被触发器监控的字段中的数据是否满足要求的标准，以确保数据完整性。这种触发器是在向指定的表中插入记录时被自动执行的。创建的 INSERT 触发器可以分为 AFTER 和 INSTEAD OF 两种不同类型的触发器，AFTER 类型触发器是在系统执行到 INSERT 语句时被触发，在 INSERT 语句执行完毕后再去执行触发器的相关操作；而 INSTEAD OF 类型触发器是在系统执行到 INSERT 语句时被触发，但在 INSERT 语句执行前即执行触发器相关操作，而该 INSERT 语句则不再执行。

【例 9-1】在"学生选课"数据库中的"学生"表上创建一个名为 xuesheng_tri1 的 AFTER 类型触发器，当用户向"学生"表中添加一条记录时，提示"已成功向学生表中添加一条记录！"。

对应的 SQL 语句如下：

```
USE 学生选课
GO
CREATE TRIGGER xuesheng_tri1
ON 学生
AFTER INSERT
AS
    PRINT '已成功向学生表中添加一条记录！'
GO
```

执行结果如图 9.1 所示。

由图 9.1 的执行结果可以看出，创建触发器 xuesheng_tri1 的命令已成功执行。用户可以在 SQL Server Management Studio 对象资源管理器面板中，展开"学生选课"数据库→展开"表"→展开 dbo.学生→展开"触发器"，在"触发器"节点下面就可以看到触发器 xuesheng_tri1，说明这个触发器已成功创建。

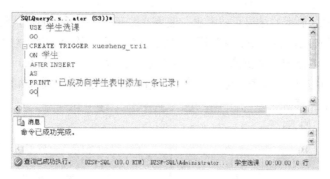

图9.1　创建AFTER类型的INSERT触发器

触发器创建后，用户向学生表中插入数据时，该触发器将被执行，而且是数据先被插入到表中，然后再执行触发器。向表中插入测试数据：

```
INSERT INTO 学生
VALUES ('12121001', '李占功', 1, '19960721', '电子商务121')
```

运行结果如图 9.2 所示。

图9.2　"学生"表INSERT语句执行结果

在"消息"窗格中，除了插入记录时常见的提示信息"（1 行受影响）"以外，还显示了"已成功向学生表中添加一条记录！"的文本，说明触发器在插入数据时已经被成功执行。

查看一下"学生"表中的记录：

```
SELECT * FROM 学生
```

执行结果如图 9.3 所示。

图9.3　"学生"表中的记录

由图 9.2 和图 9.3 显示的结果可以看出，使用 INSERT 语句插入的记录已经被成功地插入了"学生"表中，而且在执行 INSERT 语句后，"学生"表上定义的 INSERT 触发器也被执行了。

【例 9-2】在"学生选课"数据库中的"学生"表上创建一个名为 xuesheng_tri2 的 INSTEAD OF 类型触发器，当用户向学生表中添加一条记录时，提示"您未被授权执行插入操作"，同时阻止用户向"学生"表中添加记录。

对应的 SQL 语句如下：

```
USE 学生选课                                    INSTEAD OF INSERT
GO                                             AS
CREATE TRIGGER xuesheng_tri2                       PRINT '您未被授权执行插入操作！'
ON 学生                                         GO
```

触发器创建成功后，用户向学生表中插入数据时，该触发器将被执行，其结果是用户看到相应提示，但 INSERT 语句则没有执行。

向表中插入测试数据：

```
INSERT INTO 学生
VALUES ('12121002', '郭新敏', 0, '19961022', '电子商务121')
```

运行结果如图 9.4 所示。

执行结果显示"您未被授权执行插入操作！"，说明触发器已经成功被触发。

查看一下"学生"表中的记录：

```
SELECT * FROM 学生
```

运行结果如图 9.5 所示。

可以看到，表中依然是 11 条记录，使用该 INSERT 语句插入的记录未被添加到表中。说明该条 INSERT 语句并没有执行。

图9.4 【例9-2】创建的触发器触发

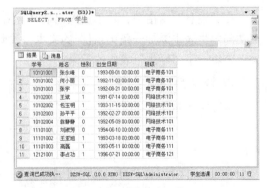

图9.5 "学生"表记录

通过上述实例，我们发现 AFTER 类型触发器和 INSTEAD OF 触发器虽然都是在触发操作被执行时触发，但两者被触发后的执行流程是不同的。AFTER 类型触发器是在相应触发操作进行后才被执行，其执行并不直接影响原 SQL 语句的正常执行；而 INSTEAD OF 类型触发器是在相应触发操作进行前执行，从而替代掉原 SQL 操作语句，原 SQL 操作语句将不再执行。这两种类型均可以使用在 INSERT、UPDATE 和 DELETE 操作上，请读者在实际使用中注意两者的区别。

9.2.2　UPDATE 触发器

在定义有 UPDATE 触发器的表上执行 UPDATE 语句时，将触发 UPDATE 触发器。用户可以通过使用该触发器来提示或者限制用户进行更新操作，用户也可以在 UPDATE 触发器中通过定义 IF UPDATE（column name）语句来实现当用户对表中特定的列更新时操作被阻止，从而来保护特定列的信息。如果用户需要实现多个特定列中的任意一列被更新时操作被阻止，可以在触发器定义中通过使用多个 IF UPDATE（column name）语句在多个特定列上来分别实现。

【例 9-3】在"学生选课"数据库中的"学生"表上创建一个名为 xuesheng_tri3 的触发器，该触发器将被 UPDATE 操作激活，该触发器将不允许用户修改"学生"表的"班级"列。

对应的 SQL 语句如下：

```
USE 学生选课
GO
CREATE TRIGGER xuesheng_tri3
ON 学生
AFTER UPDATE
AS
  IF UPDATE(班级)
  BEGIN
    PRINT '禁止修改学生所在班级'
    ROLLBACK
  END
GO
```

在触发器被成功创建后，我们尝试修改"学生"表中某一学生的所在班级，比如把【例 9-1】中添加的学号为"12121001"的学生所在班级修改为"网络 121"。

在 SQL Server Management Studio 查询命令窗口中运行如下语句：

```
USE 学生选课
GO
UPDATE 学生
SET 班级='网络'
WHERE 学号='12121001'
GO
```

运行结果如图 9.6 所示，可以发现，对学生表执行 UPDATE 语句时，会触发触发器，使上述更新操作被取消，因为在触发器中设定了对"班级"列的保护。但是 UPDATE 操作可以对没有建立保护的学生表中其他列进行更新，在这种情况下，该触发器依然被触发，触发器不执行取消用户更新的操作。在查询命令窗口中运行如下语句：

```
USE 学生选课
GO
UPDATE 学生
SET 姓名='李战功'
WHERE 姓名='李占功'
GO
```

执行结果如图 9.7 所示。

图9.6　触发器阻止用户更新保护列　　　　图9.7　触发器未阻止用户更新非保护列

查看一下"学生"表中的记录：

```
SELECT * FROM 学生
```

结果如图 9.8 所示，"学生"表中学生"李占功"的姓名已经被成功更新为"李战功"。

图9.8 "学生"表记录

INSTEAD OF 类型一样适用于 UPDATE 触发器，用来阻止用户对表进行更新操作。

【例 9-4】在"学生选课"数据库中的"学生"表上创建一个名为 xuesheng_tri4 的触发器，该触发器将被 UPDATE 操作激活，该触发器将不允许用户对"学生"表进行任何更新。

对应的 SQL 语句如下：

```
USE 学生选课                                    INSTEAD OF UPDATE
GO                                             AS
CREATE TRIGGER xuesheng_tri4 ON 学生            PRINT '您未被授权对表进行更新！'
                                               GO
```

在该触发器被成功创建后，我们尝试修改"学生"表中某一学生的学号，如把【例 9-1】中添加的学号为"12121001"的学生的学号修改为"88888888"。

在 SQL Server Management Studio 查询命令窗口中运行如下语句：

```
USE 学生选课                                    WHERE 学号='12121001'
GO                                             GO
UPDATE 学生
SET 学号='88888888'
```

运行结果如图 9.9 所示，可以发现，UPDATE 触发器已经执行。

查看一下学生表中的记录：

```
SELECT * FROM 学生
```

运行结果如图 9.10 所示，可以看到数据并未被更新。

图9.9 【例9-4】创建的触发器触发

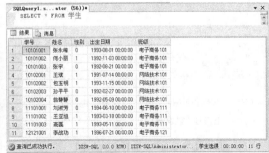

图9.10 "学生"表记录

9.2.3　DELETE 触发器

在定义有 DELETE 触发器的表上执行 DELETE 语句时，将触发 DELETE 触发器。

【例 9-5】在"学生选课"数据库中的"学生"表上创建一个名为 xuesheng_tri5 的触发器，该触发器将对"学生"表中删除记录操作给出不允许执行删除操作的信息提示，并取消当前的删除操作。

对应的 SQL 语句如下：

```
USE 学生选课
GO
CREATE TRIGGER xuesheng_tri5
ON 学生
AFTER DELETE
AS
  BEGIN
                          RAISERROR('对不起，您不能执行
                      删除操作',10,1)
                            ROLLBACK TRANSACTION
                        END
                      GO
```

创建建好触发器后，尝试在"学生"表上执行 DELETE 操作：

```
USE 学生选课
GO
DELETE FROM 学生
WHERE 姓名='李战功'
GO
```

运行结果如图 9.11 所示，删除操作被撤销，并给出错误提示。

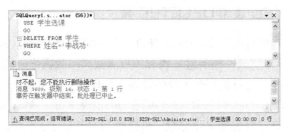

图9.11　【例9-5】创建的触发器触发

INSTEAD OF 类型一样适用于 DELETE 触发器，用来取消用户对表要进行删除操作而转去执行触发器所规定的操作。

【例 9-6】在"学生选课"数据库中的"学生"表上创建一个名为 xuesheng_tri6 的触发器，该触发器将被 DELETE 操作激活，该触发器将不允许用户对"学生"表进行任何删除。

对应的 SQL 语句如下：

```
USE 学生选课
GO
CREATE TRIGGER xuesheng_tri6 ON 学生
INSTEAD OF DELETE
AS
  PRINT '您未被授权对表删除操作！'
GO
```

建好触发器后，在"学生"表上执行 DELETE 操作：

```
USE 学生选课
GO
DELETE FROM 学生
WHERE 姓名='李战功'
GO
```

运行结果如图 9.12 所示。

执行结果显示"您未被授权对表删除操作！"，说明触发器已经成功被触发。然后查看一下"学生"表中的记录：

```
SELECT * FROM 学生
```

运行结果如图 9.13 所示，可以看到数据并未被用户删除。

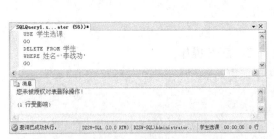

图9.12 【例9-6】创建的触发器触发

图9.13 "学生"表记录

9.2.4 INSERTED 表和 DELETED 表

触发器中可以使用两种特殊的表：DELETED 表和 INSERTED 表。SQL Server 自动创建和管理这些表。用户可以使用这两个临时驻留内存的表测试某些数据修改的效果及设置触发器操作的条件；然而，用户不能直接对这两个表中的数据进行更改。

DELETED 表用于存储 DELETE 和 UPDATE 语句所影响的行的副本。在执行 DELETE 或 UPDATE 语句时，相关行从触发器表中删除，并传输到 DELETED 表中。DELETED 表和触发器表通常没有相同的行。

INSERTED 表用于存储 INSERT 和 UPDATE 语句所影响的行的副本。在一个插入或更新操作中，新建行被同时添加到 INSERTED 表和触发器表中。INSERTED 表中的行是触发器表中新行的副本。

更新操作执行过程是先删除旧数据行之后再插入新数据行。在对表执行更新操作时，删除的旧行被复制到 DELETED 表中，表中插入的新数据行被复制到 INSERTED 表中。

在定义触发器时，可以为引发触发器的操作恰当使用 INSERTED 和 DELETED 表。虽然在测试 INSERT 时引用 DELETED 表或在测试 DELETE 时引用 INSERTED 表不会引起任何错误，但是在这种情形下这些触发器测试表中不会包含任何行。这两张表存在于高速缓存中，它们的结构与创建触发器的表的结构相同。触发器操作类型不同，创建的两张临时表的情况和记录都不同，如表 9-1 所示。

从表 9-1 中可以看出，对具有触发器的表进行 INSERT、DELETE 和 UPDATE 操作时，过程分别如下。

表 9-1　INSERTED 表和 DELETED 表

操作类型	INSERTED 表	DELETED 表
INSERT	插入的记录	不创建
DELETE	不创建	删除的记录
UPDATE	修改后的记录	修改前的记录

（1）INSERT 操作：插入到表中的新行被复制到 INSERTED 表中。

（2）DELETE 操作：从表中删除的行转移到了 DELETED 表中。

（3）UPDATE 操作：先从表中删除旧行，然后向表中插入新行。其中，删除后的旧行转移到 DELETED 表中，插入表中的新行被复制到 INSERTED 表中。

 注 意

　　为了消除前文所创建的触发器可能对此后的触发器产生干扰，在开始后文例题练习前，请将前文所创建的"xuesheng_tri1"至"xuesheng_tri6"触发器全部禁用，禁用触发器的方法参看后文 9.3.2 节中第 4 小节。

　　【例 9-7】在系统中添加"学生_籍贯"表，用来记录"学生"表所有学生的籍贯，该表的数据如图 9.14 所示。

```
SQLQuery1.s...ator (55))*
select * from 学生_籍贯
```

	学号	姓名	籍贯
1	10101001	张永峰	郑州
2	10101002	何小丽	开封
3	10101003	张宇	洛阳
4	10102001	王斌	郑州
5	10102002	包玉明	开封
6	10102003	孙平平	洛阳
7	10102004	翁静静	洛阳
8	11101001	刘淑芳	焦作
9	11101002	王亚旭	商丘
10	11101003	高磊	信阳
11	12121001	李战功	郑州

查询已成功执行。　　DZSW-SQL (10.0 RTM)　DZSW-SQL\Administrator...　学生选课　00:00:00　11 行

图9.14　"学生_籍贯"表中的数据

　　在"学生"表上创建 xuesheng_tri7 触发器，该触发器在"学生"表执行 INSERT 操作时被触发，其作用是，将被新添加到"学生"表中学生的"学号"和"姓名"自动添加到"学生_籍贯"表中。

　　对应的 SQL 语句如下：

```
USE 学生选课
GO
CREATE TRIGGER xhesheng_tri7 ON 学生
FOR INSERT
AS
BEGIN
  DECLARE @n1 char(8),@n2 char(10)
  SELECT @n1=INSERTED.学号,@n2=INSERTED.姓名 FROM INSERTED
  INSERT INTO 学生_籍贯(学号,姓名)
  VALUES(@n1,@n2)
```

```
     PRINT ('学生信息已相应添加至学生_籍贯表')
END
GO
```

触发器创建完成后，向"学生"表中添加一条测试记录：

```
INSERT INTO 学生
VALUES ('12121002', '郭新敏', 0, '19961022', '电子商务 121')
```

执行结果如图 9.15 所示。

图9.15　【例9-7】创建的触发器触发

从结果中可以看到，触发器被成功触发，同时提示了两条"（1 行受影响）"的信息，说明在向"学生"表添加记录的同时，触发器自动完成了向"学生_籍贯"表中添加相应数据的操作。

查看一下两个表中的记录：

```
SELECT * FROM 学生
GO
SELECT * FROM 学生_籍贯
GO
```

执行结果如图 9.16 所示，可以看到，数据已经被自动添加到了"学生_籍贯"表中。

	学号	姓名	性别	出生日期	班级
1	10101001	张永峰	0	1993-08-01 00:00:00	电子商务-101
2	10101002	何小丽	1	1992-11-03 00:00:00	电子商务-101
3	10101003	张宇	0	1992-08-21 00:00:00	电子商务-101
4	10102001	王斌	1	1991-07-14 00:00:00	网络技术-101
5	10102002	包玉明	1	1993-11-15 00:00:00	网络技术-101
6	10102003	孙平平	0	1992-02-27 00:00:00	网络技术-101
7	10102004	翁静静	0	1992-05-09 00:00:00	网络技术-101
8	11101001	刘淑芳	0	1994-06-10 00:00:00	电子商务-111
9	11101002	王亚旭	1	1993-03-18 00:00:00	电子商务-111
10	11101003	高磊	1	1993-05-11 00:00:00	电子商务-111
11	12121001	李战功	1	1996-07-21 00:00:00	电子商务-121
12	12121002	郭新敏	0	1996-10-22 00:00:00	电子商务-121

	学号	姓名	籍贯
1	10101001	张永峰	郑州
2	10101002	何小丽	开封
3	10101003	张宇	洛阳
4	10102001	王斌	郑州
5	10102002	包玉明	开封
6	10102003	孙平平	洛阳
7	10102004	翁静静	洛阳
8	11101001	刘淑芳	焦作
9	11101002	王亚旭	商丘
10	11101003	高磊	信阳
11	12121001	李战功	郑州
12	12121002	郭新敏	NULL

图9.16　"学生"表和"学生_籍贯"表中的记录

【例 9-8】在"学生"表上创建 xuesheng_tri8 触发器，该触发器被 DELETE 操作所触发，实现当用户删除"学生"表中某一位学生记录的同时，系统自动在"学生_籍贯"表中找到相应学生，并将其删除。

对应的 SQL 语句如下：

```
USE 学生选课
GO
CREATE TRIGGER xuesheng_tri8 ON 学生
FOR DELETE
AS
BEGIN
  DECLARE @n1 char(8)
  SELECT @n1=DELETED.学号 FROM DELETED
  DELETE FROM 学生_籍贯
  WHERE 学号=@n1
  PRINT('已删除学生_籍贯表中的相应学生')
END
```

触发器创建好后，在"学生"表中删除一条记录：

```
USE 学生选课
GO
DELETE FROM 学生
WHERE 姓名='李战功'
```

执行结果如图 9.17 所示。

图9.17　【例9-8】创建的触发器触发

从结果可以看到，触发器被成功触发，同时提示了两条"（1 行受影响）"的信息，说明在删除"学生"表中记录的同时，触发器自动完成了删除"学生_籍贯"表中相应数据的操作。查看一下两个表中的记录：

```
SELECT * FROM 学生
GO
SELECT * FROM 学生_籍贯
GO
```

可以看到，对应数据已经从"学生_籍贯"表中删除，执行结果如图 9.18 所示。

【例 9-9】在"学生"表上创建 xuesheng_tri9 触发器，该触发器被 UPDATE 操作所触发，实现当用户更新"学生"表中某一位学生的姓名时，系统自动在"学生_籍贯"表中找到相应学生，并将其姓名也做同样的修改。

图9.18 "学生"表和"学生_籍贯"表中的记录

对应的 SQL 语句如下：

```
USE 学生选课
GO
CREATE TRIGGER xuesheng_tri9 ON 学生
FOR UPDATE
AS
BEGIN
  DECLARE @n1 char(8),@n2 char(10)
  SELECT @n1=DELETED.学号 FROM DELETED
  SELECT @n2=INSERTED.姓名 FROM INSERTED
  UPDATE FROM 学生_籍贯
  SET 姓名=@n2
  WHERE 学号=@n1
  PRINT('已修改学生_籍贯表中的相应学生的姓名')
END
```

在触发器创建完后，在"学生"表中修改一名学生的姓名：

```
USE 学生选课
GO
UPDATE 学生
SET 姓名='郭欣敏'
WHERE 姓名='郭新敏'
```

执行结果如图 9.19 所示。

从结果中可以看到，触发器被成功触发，同时提示了两条"（1 行受影响）"的信息，说明在更新"学生"表中学生姓名的同时，触发器自动完成了更新"学生_籍贯"表中相应数据的操作。

图9.19 【例9-9】创建的触发器触发

查看一下两个表中的记录：

```
SELECT * FROM 学生
GO
SELECT * FROM 学生_籍贯
```

执行结果如图 9.20 所示。可以看到，"学生"表中原来姓名为"郭新敏"的记录，姓名已经改为"郭欣敏"，而在"学生_籍贯"表中相应记录的学生姓名自动地改为了"郭欣敏"。

图9.20 "学生"表和"学生_籍贯"表中的记录

9.3 管理触发器

9.3.1 查看触发器的定义

1. 使用系统存储过程

系统存储过程 sp_help、sp_helptext 和 sp_depends 分别提供有关触发器的不同信息。

（1）通过 sp_help 系统存储过程，可以了解触发器的一般信息（名字、属性、类型、创建时间）。

（2）通过 sp_helptext 能够查看触发器的定义信息。

（3）通过 sp_depends 能够查看指定触发器所引用的表或指定的表所涉及的所有触发器。

【例 9-10】使用系统存储过程查看触发器信息。

对应的 SQL 语句如下：

```
USE 学生选课                                    GO
GO                                              sp_helptext 'xuesheng_tri2'
sp_help 'xuesheng_tri1'                         GO
```

2. 使用系统表

用户还可以通过查询系统表 sysobjects 得到触发器的相关信息。

【例 9-11】使用系统表 sysobjects 查看"学生选课"数据库上存在的所有触发器相关信息。

对应的 SQL 语句如下：

```
USE 学生选课                                    WHERE type='TR'
GO                                              GO
SELECT name FROM sysobjects
```

3. 在"对象资源管理器"中查看触发器

使用 SQL Server Management Studio 的"对象资源管理器"面板可以方便地查看数据库中某个表上的触发器的相关信息。展开"学生选课"数据库选项，再展开"表"选项，选中"学生"表选项并展开，最后展开"触发器"选项，选中要查看的触发器名并用鼠标右键单击，在弹出的菜单中选择"修改"选项，即可查看并可以修改触发器的定义信息。

9.3.2　修改触发器

通过使用 SQL Server Management Studio 查询分析器窗口或系统存储过程或 T-SQL 命令，可以修改触发器的名字和定义文本。

1. 使用 sp_rename 命令修改触发器的名字

其语法格式如下：

```
sp_rename oldname,newname
```

其中，oldname 指触发器原来的名字，newname 指触发器的新名字。

【例 9-12】将"学生"表上的 xuesheng_tri1 触发器更名为 xs_tri1。

对应的 SQL 语句如下：

```
USE 学生选课
GO
sp_rename xuesheng_tri1,xs_tri1
GO
```

2. 使用 SQL Server Management Studio 查询分析器窗口修改触发器定义

同上面在"对象资源管理器"中查看触发器方法一样。

3. 通过 ALTER TRIGGER 命令修改触发器的定义文本

如果需要改变一个已经存在的触发器定义文本，可以通过 ALTER TRIGGER 语句来实现。修改触发器的语法格式如下：

```
ALTER TRIGGER trigger_name
ON ( table | view )
[ WITH ENCRYPTION ]
  { ( FOR | AFTER | INSTEAD OF ) { [ DELETE ] [ , ] [ INSERT ] [ , ] [ UPDATE ] }
      [ NOT FOR REPLICATION ]
      AS
      sql_statement [ ...n ]
  }
```

上述参数与创建触发器时的参数类似，其用法也类似。

【例 9-13】修改"学生选课"数据库中"学生"表上建立的触发器 xuesheng_tri3，使得在用户执行删除、添加、修改操作时，系统均自动给出错误提示，并撤销用户的操作。

对应的 SQL 语句如下：

```
USE 学生选课
GO
ALTER TRIGGER xuesheng_tri3
ON 学生
FOR DELETE,INSERT,UPDATE
AS
  BEGIN
    RAISERROR('对不起，您不能执行操作',10,1)
    ROLLBACK TRANSACTION
  END
GO
```

4. 禁止和启用触发器

当某个触发器暂时不需要使用的时候，不必将其删除，可暂时将其禁用，禁用触发器后，触发器仍存在于该表上，但是，当执行相关操作时，触发器不再被激活。

禁用触发器的语法格式如下：

```
ALTER TABLE 表名称
DISABLE TRIGGER 触发器名称
```

如果要再次恢复使用某触发器，启用触发器的语法格式如下：

```
ALTER TABLE 表名称
ENABLE TRIGGER 触发器名称
```

如果要禁用或启用某个表上的所有触发器，则语法格式如下：

```
ALTER TABLE 表名称 DISABLE TRIGGER ALL
ALTER TABLE 表名称 ENABLE TRIGGER ALL
```

9.3.3 删除触发器

删除已创建的触发器有以下三种方法。

（1）使用 DROP TRIGGER 删除指定的触发器，具体语法格式如下：

```
DROP TRIGGER {trigger} [ ,...n ]
```

参数 trigger 是要删除的触发器名称。n 表示可以指定多个触发器的占位符。若同时删除多个触发器，触发器名字之间则要用逗号分隔符。

【例 9-14】删除前文所创建的 xuesheng_tri2 触发器。

对应的 SQL 语句如下：

```
USE 学生选课
GO
DROP TRIGGER xuesheng_tri2
GO
```

（2）删除触发器所在的表时，该表上所有的触发器将被一并删除。

（3）在 SQL Server Management Studio 中进入"对象资源管理器"面板，找到相应的触发器并用鼠标右键单击，在弹出的菜单中，选择"删除"命令即可直接删除触发器。

本章小结

（1）触发器是一种特殊类型的存储过程，是在某个指定的事件发生时被激活。

（2）触发器的两种类型：AFTER 触发器和 INSTEAD OF 触发器。AFTER 触发器是在触发它的语句执行完后执行。INSTEAD OF 触发器是在执行触发它的语句时执行，对应的触发语句则不再执行。

（3）INSERT 触发器是在对触发器表执行插入记录操作时被触发。UPDATE 触发器是在对触发器表执行更新记录操作时被触发。DELETE 触发器是在对触发器表执行删除记录操作时被触发。

（4）INSERTED 表和 DELETED 是两个由系统创建的临时表，表中记录由系统自动填入，用户可以使用表中的记录，但是不能修改表中的记录。在触发器执行完后，表中的记录自动清空。INSERTED 表用于存储 INSERT 和 UPDATE 语句所影响的行的副本。DELETED 表用于存储 UPDATE 语句和 DELETE 语句所删除的行。

（5）创建触发器使用 CREATE TRIGGER 命令，修改触发器使用 ALTER TRIGGER 命令，删除触发器使用 DROP TRIGGER 命令。

实训项目

项目 1：在网上书店数据库中创建 INSERT 触发器

目的：掌握触发器的创建和执行。

内容：在网上书店数据库中创建一个名为 tri_1 的触发器，实现当用户添加记录时给出提示信息。

项目 2：在网上书店数据库中使用触发器

目的：掌握触发器的使用。

内容：

（1）在网上书店数据库中创建一个为名 tri_2 的触发器，要求实现如下功能：禁止用户修改会员编号。

（2）在网上书店数据库中创建一个名为 tri_3 的触发器，要求实现如下功能：当删除某个会员的时候，自动删除该会员的订购信息。

项目 3：在网上书店数据库中删除触发器

目的：掌握触发器的删除。

内容：删除网上书店数据库中的触发器 tri_1。

 课后习题

一、选择题

1. 以下（　　）用来创建一个触发器。

   A. CREATE PROCEDURE   B. CREATE TRIGGER

   C. DROP PROCEDURE   D. DROP TRIGGER

2. 触发器创建在（　　）中。

   A. 表   B. 视图   C. 数据库   D. 查询

3. 当删除（　　）时，与它关联的触发器也同时删除。

   A. 视图   B. 临时表   C. 过程   D. 表

二、问答题

1. 什么是触发器？它与存储过程有什么区别与联系？

2. 简述使用触发器的优点。

SQL Server

10 Chapter

第 10 章
Transact-SQL 高级应用

本章目标：
- 理解游标、事务的概念及作用
- 掌握事务的开始、提交和回滚
- 掌握并灵活运用游标和事务

Transact-SQL（又称 T-SQL）提供了多种对数据进行深入处理的高级技术，包括事务和游标。事务是数据库中实现数据一致性的重要技术，游标是对查询结果集进行逐行处理的数据处理技术。

10.1　事务

事务（Database Transaction），是并发控制的基本逻辑单元，也是一个操作序列，它包含了一组数据库操作命令，所有的命令作为一个整体一起向系统提交，这些操作要么都执行，要么都不执行，它是一个不可分割的工作单位。

设想有这样一次网上购物的交易，其交易过程至少包括以下几个数据库操作步骤。

（1）更新客户所购商品的库存信息。

（2）保存客户付款信息——可能包括与银行系统的交互。

（3）生成订单并且保存到数据库中。

（4）更新用户相关信息，例如购物数量等。

正常的情况下，这些操作都将顺利进行，最终交易成功，与交易相关的所有数据库信息也成功地更新。但是，如果在这一系列交易过程中任何一个环节出了差错，例如在更新商品库存信息时发生异常、该顾客银行账户存款不足等，这些都将导致交易失败。一旦交易失败，数据库中所有信息都必须保持交易前的状态不变，比如最后一步更新用户信息时失败而导致交易失败，那么必须保证这笔失败的交易不影响数据库的状态——库存信息没有被更新，用户也没有付款，订单也没有生成。否则，数据库的信息将会一片混乱而不可预测。数据库中的事务正是用来保证这种情况下交易的平稳性和可预测性的技术。

10.1.1　事务的特性

如果某一事务执行成功，则在该事务中进行的所有数据修改均会提交，永久保存在数据库中。如果事务遇到错误且必须取消或回滚，则事务中的所有操作将会被撤销，所有数据修改均被恢复原状。因此针对上面的描述可以看出，事务具有 4 个基本特征——ACID（每种属性英文名称的首字母缩写）属性。

1. 原子性（Atomicity）

原子性是指事务是一个不可分割的逻辑工作单元，事务处理的操作要么全部执行，要么全部不执行。

2. 一致性（Consistency）

一致性是指事务必须在执行前后都要处于一致性状态。事务操作全部正确执行，数据库的变化将生效，从而处于有效状态；如果事务处理失败，系统将会回滚，从而将数据库恢复到事务执行前的有效状态。

3. 隔离性（Isolation）

隔离性是当多个事务并发执行时，各个事务之间不能相互干扰。

4. 持久性（Durability）

持久性是指事务完成后，事务对数据库中数据的修改将永久保存。

在通过银行网络系统从张三的账户 A 转移 10 000 元资金到李四的账户 B 的交易过程中，可以清楚地体现事务的 ACID 属性。

原子性：从账户 A 转出 10 000 元，同时账户 B 应该转入了 10 000 元。不能出现账户 A 转出了，但账户 B 没有转入的情况。转出和转入的操作是一体完成的。

一致性：转账操作完成后，账户 A 减少的金额应该和账户 B 增加的金额是一致的。

隔离性：在账户 A 完成转出操作的瞬间，往账户 A 中存入资金等操作是不允许的，必须将账户 A 转出资金的操作和往账户 A 中存入资金的操作分开来做。

持久性：账户 A 转出资金的操作和账户 B 转入资金的操作一旦作为一个整体完成了，则会对账户 A 和账户 B 的资金余额产生永久的影响。

当然有些故障会造成事务非正常性中断，影响数据库中数据的完整性。甚至破坏数据库，使数据库的数据全部或部分丢失。这些故障有：事务内部故障、系统故障、介质故障、计算机病毒等。

10.1.2　事务的分类

在 SQL Server 2008 中的事务类型有以下几种。

（1）自动处理事务。每个单独的 T-SQL 语句就是一个自动处理事务，它不需要 BEGIN TRANSCATION 语句来标识事务开始，也不需要 COMMIT 或 ROLLBACK 语句来标识事务的结束，由系统自动开始并自动提交。例如，"DELETE　FROM 学生"这样一条语句，它的作用是删除"学生选课"数据库中"学生"表的所有记录，这一条语句就可以构成一个事务。删除 "学生选课"数据库中"学生"表的所有记录，要么删除成功，所有记录全部不再存在，要么删除失败，所有记录仍然保留。

（2）显式事务。是指使用 T-SQL 事务语句显式定义的事务，即每个事务必须以 BEGIN TRANSACTION 语句标识事务的开始，即启动事务，以 COMMIT 或 ROLLBACK 语句标识事务的结束。以 COMMIT 结束，事务内涉及对数据库的所有修改都将永久保存，而以 ROLLBACK 结束，则事务内涉及的对数据库的所有修改都将被回滚到事务开始前状态。因此，显式事务由用户来控制事务的开始和结束。显式事务执行时间只限于当前事务的执行过程，当事务结束时，将自动返回到启动该显式事务前的事务模式下。

（3）隐式事务。隐式事务模式下，当前事务提交或回滚后，SQL Server 自动开始下一个事务。执行 SET IMPLICIT_TRANSACTIONS ON 语句，可以使 SQL Server 进入隐式事务模式，需要关闭隐式事务时，执行 SET　IMPLICIT_TRANSACTIONS OFF 则使 SQL Server 返回到自动处理事务模式。

当 SQL Server 连接以隐式事务模式进行操作时，数据库引擎首次执行以下语句时，都会自动启动一个隐式事务。在执行 COMMIT 或 ROLLBACK 语句之前，该隐式事务将一直保持有效。

① DDL 语句：CREATE、DROP、ALTER TABLE。

② DML 语句：INSERT、UPDATE、DELETE、SELECT、OPEN、FETCH。

③ DCL 语句：GRANT、REVOKE。

（4）批处理级事务。只能应用于多个活动结果集（MARS），在 MARS 会话中启动的 T-SQL 显式或隐式事务变为批处理级事务。当批处理完成时没有提交或回滚的批处理级事务自动由 SQL Server 进行回滚。

10.1.3 事务的处理

1. 自动提交事务

自动提交模式是 SQL Server 的默认事务管理模式。每个 T-SQL 语句在完成时，都被提交或回滚。如果一个语句成功地完成，则提交该语句；如果遇到错误，则回滚该语句。

在自动提交模式下，有时看起来 SQL Server 好像回滚了整个批处理，而不是仅仅一个 SQL 语句，这种情况只有在遇到的错误是编译错误而不是运行时错误时才会发生。编译错误将阻止 SQL Server 建立执行计划，这样批处理中的任何语句都不会执行。尽管看起来好像是产生错误之前的所有语句都被回滚了，但实际情况是该错误使批处理中的任何语句都没有执行。

在下面的例子中，由于编译错误，第三个批处理中的任何 INSERT 语句都没有执行。但看上去好像是前两个 INSERT 语句没有执行便进行了回滚。

【例 10-1】打开"新建查询"，写入如下代码，针对数据库"学生选课管理系统"的"学生"表，做插入操作。产生编译错误的过程如下。

```
USE 学生选课管理
GO
INSERT INTO 学生 VALUES('10101004','张三',0, '1992-2-2','电子商务101')
INSERT INTO 学生 VALUES('10101005','李四',0, '1992-2-2','电子商务101')
INSERT INTO 学生 VALUSE('10101006','王五',0, '1992-2-2','电子商务101')
--语法错误
GO
SELECT * FROM 学生      --不会显示上面插入的三条记录
GO
```

该批处理在执行的时候，前两个 INSERT 语句没有语法错误，但是由于第三个 INSERT 语句关键词拼写错误，没有执行，导致执行时发生编译错误，因此该批处理中的三条 INSERT 语句都没有执行，因而在第二个批处理语句中没有查询到新插入的任何记录。运行结果如图 10.1 所示。

图10.1 【例10-1】的运行结果

【例 10-2】打开"新建查询"，写入如下代码，产生运行错误的具体过程如下。

```
USE 学生选课
GO
INSERT INTO 学生 VALUES('10101004','张三',0, '1992-2-2','电子商务101')
INSERT INTO 学生 VALUES('10101005','李四',0, '1992-2-2','电子商务101')
INSERT INTO 学生 VALUES('10101001','王五',0, '1992-2-2','电子商务101')
--键值重复错误
```

```
GO
SELECT * FROM 学生--返回带有前两个记录的结果
GO
```

该批处理执行时，前两个 INSERT 语句被提交，第三个 INSERT 语句运行时产生重复键错误，由于前两个 INSERT 语句成功地执行并且提交，因此它们在运行错误之后被保留下来，因而在执行第二个批处理做查询操作时可以查询到前两条记录以及第三条 INSERT 语句的错误提示。

运行结果如图 10.2 和图 10.3 所示。

	学号	姓名	性别	出生日期	班级
1	10101001	张永峰	1	1993-08-01 00:00:00	电子商务101
2	10101002	何小丽	1	1992-11-03 00:00:00	电子商务101
3	10101003	张红宇	0	1992-08-21 00:00:00	电子商务101
4	10101004	张三	0	1992-02-02 00:00:00	电子商务101
5	10101005	李四	0	1992-02-02 00:00:00	电子商务101
6	10102001	王斌	1	1991-07-14 00:00:00	网络技术101
7	10102002	包玉明	1	1993-11-15 00:00:00	网络技术101
8	10102003	孙平平	0	1992-02-27 00:00:00	网络技术101
9	10102004	翁静静	0	1992-05-09 00:00:00	网络技术101
10	10103001	王倩	0	1905-06-10 00:00:00	电子商务101
11	10103002	欧阳雨	0	1905-06-12 00:00:00	电子商务112
12	11101001	刘淑芳	0	1994-06-10 00:00:00	电子商务111
13	11101002	王亚旭	1	1993-03-18 00:00:00	电子商务111

图10.2 【例10-2】的运行结果

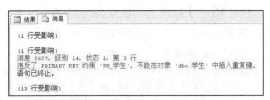

图10.3 【例10-2】的消息提示

由图 10.3 的结果可以看到，批处理的前两个插入语句执行成功。

在消息提示框我们看到了第三条 INSERT 语句不能执行的错误提示。

2. 显式事务

SQL Server 中显式事务也被称为"用户定义的事务"或"用户指定的事务"。可以使用 BEGIN TRANSACTION、COMMIT TRANSACTION、ROLLBACK TRANSACTION 语句来进行显式事务的定义、提交和回滚处理。

（1）定义和提交事务

在程序中我们用 BEGIN TRANSACTION 命令语句来标识一个事务的正式开始，用 COMMIT TRANSACTION 命令来标识一个事务的结束。在两个命令之间的所有 T-SQL 语句被视为一个执行整体，也就是一个事务。当只有执行到命令 COMMIT TRANSACTION 的时候，该事务中对数据库的所有操作才正式生效。显示事务定义和提交的基本语句格式如下：

```
BEGIN TRANSACTION [事务名 | @事务变量名]
…
COMMIT TRANSACTION [事务名 | @事务变量名]
```

其中，BEGIN TRANSACTION 可以缩写为 BEGIN TRAN，COMMIT TRANSACTION 可以缩写为 COMMIT TRAN 或 COMMIT。

【例 10-3】在数据库"学生选课"中，删除学号为"10101001"的所有记录信息，因为在"学生"表中保存了该学生的个人信息记录，"选课"表中保存了该生所修课程以及成绩等信息，出于数据库整体一致特性考虑，要求对"学生"表和"选课"表中所有涉及学号为"10101001"的学生相关信息，要么都删除，要么都不删除。

为了验证事务处理的实际效果，我们需要将表中的原始结果提取出来，以下代码查看"学生"表和"选课"表中的原有记录情况，因此单击"新建查询"，写入以下代码：

```
SELECT 学号,姓名,性别,出生年月,班级
FROM 学生
SELECT 学号,课程号,成绩
FROM 选课
```

单击“执行”，运行结果如图 10.4 和图 10.5 所示。

	学号	姓名	性别	出生日期	班级
▸	10101001	张永峰	True	1993-08-01 00:00:00	电子商务101
	10101002	何小丽	True	1992-11-03 00:00:00	电子商务101
	10101003	张红宇	False	1992-08-21 00:00:00	电子商务101
	10101004	张三	False	1992-02-02 00:00:00	电子商务101
	10101005	李四	False	1992-02-02 00:00:00	电子商务101
	10102001	王斌	True	1991-07-14 00:00:00	网络技术101
	10102002	包玉明	True	1993-11-15 00:00:00	网络技术101
	10102003	孙平平	False	1992-02-27 00:00:00	网络技术101
	10102004	翁静静	False	1992-05-09 00:00:00	网络技术101
	10103001	王传	False	1905-06-10 00:00:00	电子商务111
	10103002	欧阳雨	False	1905-06-12 00:00:00	电子商务112
	11101001	刘淑芳	False	1994-06-10 00:00:00	电子商务111
	11101002	王亚旭	True	1993-03-18 00:00:00	电子商务111
*	NULL	NULL	NULL	NULL	NULL

图10.4　事务执行前“学生”表记录

	学号	课程号	成绩
1	10101002	1	78
2	10101003	3	69
3	10102001	1	50
4	10102002	3	95
5	10102002	4	75
6	10102002	2	68
7	10101001	1	73
8	10101001	3	84
9	10101001	4	50

图10.5　事务执行前“选课”表记录

接下来，单击新建查询，写入如下代码，定义并提交一个事务：

```
BEGIN TRANSACTION
DELETE 学生
WHERE 学号='10101001'
DELETE 选课
WHERE 学号='10101001'
COMMIT TRANSACTION
```

在事务代码成功执行后，我们再查询这两个表的数据发现学号为“10101001”的学生记录和选课记录都已经被删除，运行结果如图 10.6 和图 10.7 所示。

	学号	姓名	性别	出生日期	班级
▸	10101002	何小丽	True	1992-11-03 00:00:00	电子商务101
	10101003	张红宇	False	1992-08-21 00:00:00	电子商务101
	10101004	张三	False	1992-02-02 00:00:00	电子商务101
	10101005	李四	False	1992-02-02 00:00:00	电子商务101
	10102001	王斌	True	1991-07-14 00:00:00	网络技术101
	10102002	包玉明	True	1993-11-15 00:00:00	网络技术101
	10102003	孙平平	False	1992-02-27 00:00:00	网络技术101
	10102004	翁静静	False	1992-05-09 00:00:00	网络技术101
	10103001	王传	False	1905-06-10 00:00:00	电子商务111
	10103002	欧阳雨	False	1905-06-12 00:00:00	电子商务112
	11101001	刘淑芳	False	1994-06-10 00:00:00	电子商务111
	11101002	王亚旭	True	1993-03-18 00:00:00	电子商务111
*	NULL	NULL	NULL	NULL	NULL

图10.6　事务执行后“学生”表记录

	学号	课程号	成绩
▸	10101002	1	78
	10101003	3	69
	10102001	1	50
	10102002	3	95
	10102002	4	75
	10102002	2	68
*	NULL	NULL	NULL

图10.7　事务执行后“选课”表记录

由上面的执行结果可以看出，两个 DELETE 语句作为一个整体事务被提交执行了，执行结果维护了数据库中数据的整体完整性。

数据库中，事务与批处理有明显的不同，事务是具有完整性的，要么全部执行，要么全部不执行。批处理只是多条语句一起处理，有可能当中某一条执行失败了，但是其他的都成功了。例如，本例删除数据库中学号“10101001”的学生记录，如果用批处理，可能批处理中删除“学生”表中学生基本信息记录成功，但删除“选课”表中该学生的学习记录的操作失败（突然断电或表自身

的约束等原因），从而会造成数据库中数据信息的不一致，没有这个学生，但是却存在该学生的选课记录。但是使用事务方式进行删除操作，这种情况就完全可以避免，删除"学生"表中的记录和删除"选课"表中的记录，要么全部删除成功，要么都不删除，从而保证了数据的一致性。

（2）回滚事务

事务回滚是指将该事务已经完成的对数据库的更新操作撤销，使数据库恢复到事务执行前或某个指定位置的状态。事务回滚使用 ROLLBACK TRANSACTION 命令，其基本语句格式如下：

```
ROLLBACK  TRANSACTION [事务名|@事务变量名|保存点名|@保存点变量名]
```

如果要让事务回滚到某个指定位置，则需要在事务中设定事务保存点。所谓保存点，是指在事务中使用 T-SQL 语句在某一个位置定义一个点，点之前的事务语句不能回滚，即此点之前的语句执行被视为有效。定义保存点的基本语句格式如下：

```
SAVE TRANSACTION [保存点名 | @保存点变量名]
```

【例 10-4】在数据库"学生选课"中，查询"选课"表中学号为"10101001"的所有选课信息，并将此学生所有的课程成绩更改为 55 分。

单击"新建查询"按钮，写入如下代码：

```
USE 学生选课
GO
BEGIN TRANSACTION
SELECT 学号,课程号,成绩
FROM 选课
WHERE 学号='10101001'
SAVE TRANSACTION after_query
UPDATE 选课
SET 成绩=55
WHERE 学号='10101001'
IF @@ERROR!=0 OR @@ROWCOUNT=0
  BEGIN
    ROLLBACK TRANSACTION after_query  --回滚到保存点
    COMMIT TRANSACTION
    PRINT '更新选课学生成绩产生错误'
    RETURN
  END
SELECT 学号,课程号,成绩
FROM 选课
WHERE 学号='10101001'
COMMIT TRANSACTION
```

如果事务成功执行，则两条查询语句将都将会被成功执行，则两次查询结果应该不一样，如果事务执行的过程中发生了意外，则保存点（after_query）之前的所有操作执行有效，保存点之后的所有操作结果都将被撤销了，即"选课"表中的数据将保持不变，这样在事务保存点之后的查询不会执行。上述代码运行结果如图 10.8 所示。

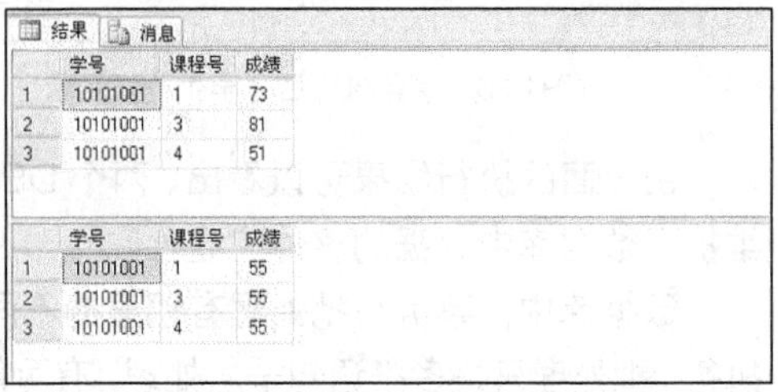

如果代码调整如下：

	学号	课程号	成绩
1	10101001	1	73
2	10101001	3	81
3	10101001	4	51

	学号	课程号	成绩
1	10101001	1	55
2	10101001	3	55
3	10101001	4	55

图10.8　更改事务执行前后"选课"表记录

```
USE 学生选课
GO
BEGIN TRANSACTION
SELECT 学号,课程号,成绩
FROM 选课
WHERE 学号='10101001'
SAVE TRANSACTION after_query
UPDATE 选课
SET 成绩=105
WHERE 学号='10101001'
IF @@ERROR!=0 OR @@ROWCOUNT=0
  BEGIN
    ROLLBACK TRANSACTION after_query  --回滚到保存点
    COMMIT TRANSACTION
    PRINT '更新选课表学生成绩产生错误'
    RETURN
END
SELECT 学号,课程号,成绩
FROM 选课
WHERE 学号='10101001'
COMMIT TRANSACTION
```

输入成绩值调整为 105 后，因为本教材数据库"学生选课"中"选课"表的属性"成绩"值被约束为 0～100 之间，显然输入 105 不会被库接受，会产生更新错误，则回滚将被执行，第二个查询没有执行，结果将只会有一个记录，并会有错误提示。执行结果如图 10.9 和图 10.10 所示。

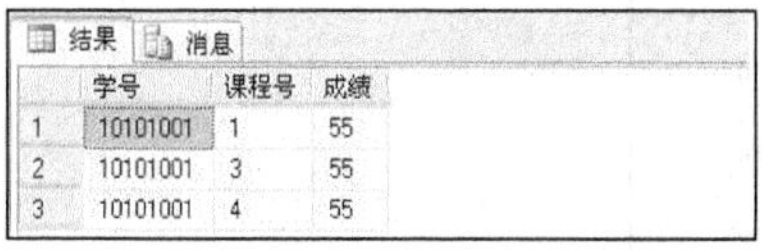

图10.9 事务回滚后代码执行结果

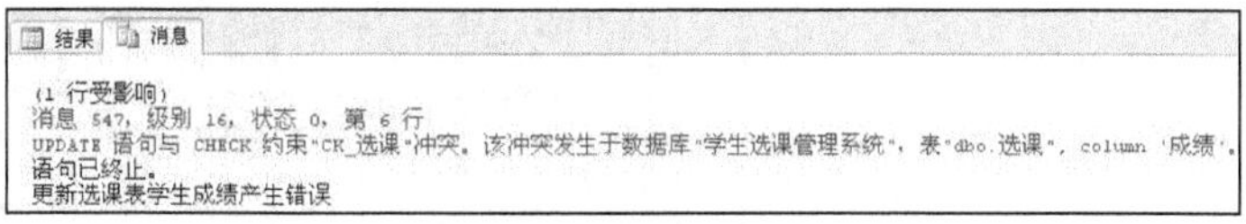

图10.10 事务回滚后消息提示

3. 隐式事务

当连接以隐性事务模式进行操作时，SQL Server 将在提交或回滚当前事务后自动启动新事务。不需要描述事务的开始，只需要提交或回滚某个事务，隐性事务模式将生成连续的事务链。

在隐式事务模式中，SQL Server 在没有事务存在的情况下会开始一个事务，但不会像在自动模式中那样自动执行 COMMIT 或 ROLLBACK 语句。隐式事务无须像显式事务那样必须以BEGIN TRANSACTION 语句标示事务的开始，但是隐式事务必须显式结束（即 COMMIT 或者ROLLBACK）。

将隐性事务模式设置为打开之后，当首次执行 ALTER TABLE、CREATE、DELETE，所有的DROP、FETCH、GRANT、INSERT、OPEN、REVOKE、SELECT、TRUNCATE TABLE、UPDATE这些语句时会自动打开一个事务。在发出 COMMIT 语句或 ROLLBACK 语句之前，该事务将一直保持有效。在第一个事务被提交或回滚之后，下次当连接执行以上任务语句时，数据库引擎实例都将自动启动一个新事务。该实例将不断地生成隐式事务链，直到隐式事务模式关闭为止。

【例 10-5】在数据库"学生选课"中，启动并执行两个隐式事务，两个隐式事务完成向"学生"表中插入四条记录。

```
USE 学生选课管理系统
GO
SET IMPLICIT_TRANSACTIONS ON --设置连接为隐式事务模式
GO
INSERT INTO 学生 VALUES('10103001','王传',0,'1991-3-2','电子商务')
GO
INSERT INTO 学生 VALUES('10103002','欧阳雨',0,'1992-2-2','电子商务')
GO
COMMIT TRANSACTION --提交第一个隐式事务
GO
--  启动第二个隐式事务
INSERT INTO 学生 VALUES('10103003', '齐飞',1, '1990-6-1', '电子商务')
GO
INSERT INTO 学生 VALUES('10103004', '蓝波',0, '1992-7-4', '电子商务')
GO
ROLLBACK TRANSACTION  --回滚第二个隐式事务
GO
SET IMPLICIT_TRANSACTIONS OFF  --关闭隐式事务模式
GO
--返回自动事务模式，查询语句构成一个自动事务
SELECT * FROM 学生
GO
```

代码运行结果如图 10.11 所示。

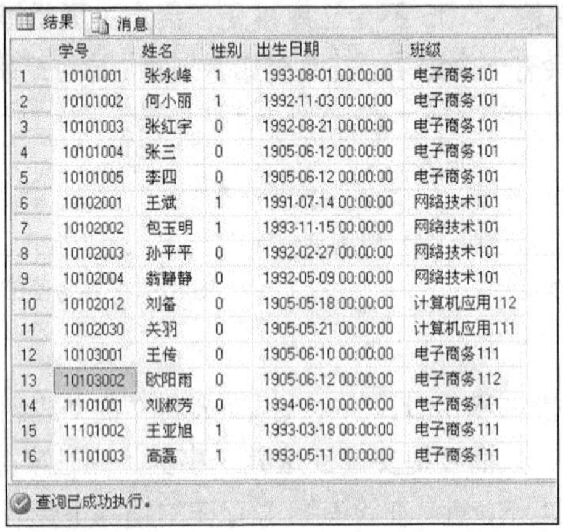
结果 消息

	学号	姓名	性别	出生日期	班级
1	10101001	张永峰	1	1993-08-01 00:00:00	电子商务101
2	10101002	何小丽	1	1992-11-03 00:00:00	电子商务101
3	10101003	张紅宇	0	1992-08-21 00:00:00	电子商务101
4	10101004	张三	0	1905-06-12 00:00:00	电子商务101
5	10101005	李四	0	1905-06-12 00:00:00	电子商务101
6	10102001	王斌	1	1991-07-14 00:00:00	网络技术101
7	10102002	包玉明	1	1993-11-15 00:00:00	网络技术101
8	10102003	孙平平	0	1992-02-27 00:00:00	网络技术101
9	10102004	翁静静	0	1992-05-09 00:00:00	网络技术101
10	10102012	刘备	0	1905-05-18 00:00:00	计算机应用112
11	10102030	关羽	0	1905-05-21 00:00:00	计算机应用111
12	10103001	王传	0	1905-06-10 00:00:00	电子商务111
13	10103002	欧阳雨	0	1905-06-12 00:00:00	电子商务112
14	11101001	刘淑芳	0	1994-06-10 00:00:00	电子商务111
15	11101002	王亚旭	1	1993-03-18 00:00:00	电子商务111
16	11101003	高磊	1	1993-05-11 00:00:00	电子商务111

查询已成功执行。

图10.11 【例10-5】执行结果

结果分析：【例 10-5】定义了三个事务，第一个和第二个事务是在隐式模式下启动的。其中第一个事务提交，第二个事务回滚。隐式事务模式关闭后，返回自动事务模式，自动并提交了第三个事务，完成查询。

10.2 游标

10.2.1 游标的概念

在数据库操作中，游标的使用十分重要。关系数据库管理系统实质是面向集合的，由

SELECT 语句返回的结果包括所有满足该语句 WHERE 子句中条件的记录，返回的所有记录行被称为结果集，在 SQL Server 中并没有一种描述表中单一记录的表达形式，除非使用 WHERE 子句来限制只有一条记录被选中，但是在前台应用程序的开发过程中，并非总是要将整个结果集作为一个单元来有效地处理，很多情况下我们需要一种机制以便每次处理一行或部分行，因此我们必须借助于游标来进行面向单条记录的数据处理。

一般的前台语言是面向记录的，一组变量一次只能存放一条记录。仅使用变量并不能完全满足 SQL 语句向应用程序输出数据的要求。游标是系统为用户开设的一个数据缓冲区，用来存放 SQL 语句的执行结果，就本质而言，游标实际上是一种能从包括多条数据记录的结果集中每次提取一条记录的机制。游标总是与一条 SQL 选择语句相关联，因为游标由结果集（可以是零条、一条或由相关的选择语句检索出的多条记录）和结果集中指向特定记录的游标指针组成。当决定对结果集进行处理时，必须声明一个指向该结果集的游标。游标把作为面向集合的数据库管理系统和面向行的前台程序两者联系起来，使两个数据处理方式能够进行沟通。

游标通过以下方式扩展结果集的处理。

（1）允许定位在结果集的特定行。

（2）从结果集的当前位置检索一行或多行。

（3）支持对结果集中当前位置的行进行数据修改。

（4）为由其他用户对显示在结果集中的数据所做的更改提供不同级别的可见性支持。

（5）提供脚本、存储过程和触发器中用于访问结果集中数据的 T-SQL 语句。

在 SQL Server 2008 中使用游标的一般步骤如下。

（1）声明游标：使用 DECLARE CURSOR 语句声明游标。语法格式如下：

```
DECLARE  游标名 CURSOR FOR SELECT 语句
```

（2）打开游标：使用 OPEN CURSOR 语句打开游标。

（3）提取游标：使用 FETCH CURSOR 语句，从结果集中检索特定的一行。

在打开一个游标后，游标位置首先被放到查询结果集第一行之前，可以用 FETCH NEXT 语句访问第一行。

```
FETCH NEXT FROM 游标名 INTO  @变量名
```

（4）关闭游标：使用 CLOSE CURSOR 语句关闭游标。

（5）删除游标：使用 DEALLOCATE CURSOR 语句删除游标使用。

10.2.2　声明游标

像变量一样，游标使用前必须声明，声明游标就是定义游标的类型和属性，以及用于生成游标结果集的 SELECT 查询。游标类型有只读游标和可写游标两种，其中可写游标又分为部分可写和全部可写，部分可写只能修改数据行的部分列，全部可写是指可以修改数据行的全部列。

T-SQL 语句使用 DECLARE CURSOR 声明游标，声明游标时定义 T-SQL 服务器游标的属性，例如，游标的滚动行为和用于生成游标所操作的结果集的查询。其基本语句格式如下：

```
DECLARE cursor_name [INSENSITIVE] [SCROLL] CURSOR
FOR select_statement
[FOR {READ ONLY | UPDATE [OF column_name [,...n]]}]
```

参数含义如下。

（1）cursor_name：所定义的 T-SQL 服务器游标名称。

（2）select_statement：定义游标结果集的标准 SELECT 语句。

（3）INSENSITIVE：表明 SQL SERVER 会将游标定义所选取出来的数据记录存放在一个临时表内（建立在 tempdb 数据库下）。对该游标的读取操作皆由临时表来应答。因此，对基本表的修改并不影响游标提取的数据，即游标不会随着基本表内容的改变而改变，同时也无法通过游标来更新基本表。如果不使用该保留字，那么对基本表的更新、删除都会反映到游标中。另外应该指出，当以下情况发生时，游标将自动设定 INSENSITIVE 选项：在 SELECT 语句中使用 DISTINCT、GROUP BY、HAVING UNION 语句，使用 OUTER JOIN，所选取的表没有索引，将实数值当作选取的列。

（4）SCROLL：表明所有的提取操作（如 FIRST、LAST、PRIOR、NEXT、RELATIVE、ABSOLUTE）都可用。如果不使用该保留字，那么只能进行 NEXT 提取操作。由此可见，SCROLL 极大地增加了提取数据的灵活性，可以随意读取结果集中的任一行数据记录，而不必关闭再重开游标。

（5）READ ONLY：表明不允许游标内的数据被更新。在默认状态下游标是允许更新的。而且在 UPDATE 或 DELETE 语句的 WHERE CURRENT OF 子句中，不允许对该游标进行引用。

（6）UPDATE [OF column_name[,...n]]：定义在游标中可被修改的列，如果不指出要更新的列，那么所有的列都将被更新。当游标被成功创建后，游标名成为该游标的唯一标识，如果在以后的存储过程、触发器或 Transact-SQL 脚本中使用游标，必须指定该游标的名字。

【例 10-6】声明一个游标，返回"学生"表中学号为"10101001"的学生信息。

在 SQL Sever 管理平台上单击"新建查询"按钮，输入以下代码：

```
USE 学生选课
DECLARE class_cursor CURSOR
FOR
SELECT * FROM 学生
WHERE 学号='10101001'
FOR READ ONLY
```

单击"执行"按钮，执行上述代码，游标声明即可完成。

10.2.3　打开游标

声明游标之后，要想使用必须打开游标，打开游标后才能获取使用游标定义的 SELECT 语句返回的结果集，并将游标位置指向结果集的第一行前面。在游标被成功打开之后，@@CURSOR_ROWS 全局变量将用来记录游标内数据行数，如果所打开的游标在声明时带有 SCROLL 或 INSENSITIVE 保留字，那么@@CURSOR_ROWS 的值为正数且为该游标的所有数据行。如果未加上这两个保留字中的一个，则@@CURSOR_ROWS 的值为-1，说明该游标内只有一条数据记录。

T-SQL 使用 OPEN 命令打开游标，其语法格式如下：

```
OPEN { { [GLOBAL] cursor_name } | cursor_variable_name}
```

参数含义如下。

（1）GLOBAL：定义游标为一全局游标。

（2）cursor_name：为声明的游标名字。如果一个全局游标和一个局部游标都使用同一个游标名，则如果使用 GLOBAL 便表明其为全局游标，否则表明其为局部游标。

（3）cursor_variable_name：为游标变量。当打开一个游标后时，MS SQL SERVER 首先检查声明游标的语法是否正确，如果游标声明中有变量，则将变量值带入。

10.2.4　使用游标

打开游标后，就可以从结果集中提取数据，但是用 OPEN 语句打开查询的结果集后，并不能立即利用结果集中的数据，而必须用 FETCH CURSOR 语句来提取数据。一条 FETCH 语句一次只能提取一条记录，每一次 FETCH 的执行状态，都存储在系统变量@@fetch_status 中。如果 FETCH 执行成功,则系统变量@@fetch_status 被设置成 0。@@fetch_status 返回为−1 表示 FETCH 执行失败或此行不在结果集中。如果提取的行不存在，则@@fetch_status 的返回值为−2。

从 T-SQL 服务器游标中检索特定的一行，其基本语句格式如下：

```
FETCH
   [ [NEXT | PRIOR | FIRST | LAST
      | ABSOLUTE   n
      | RELATIVE   n |
   ]
   FROM
   ]
 cursor_name
[INTO @variable_name[,…n] ]
```

参数含义如下。

（1）NEXT：返回紧跟当前行之后的结果行。如果 FETCH NEXT 为对游标的第一次提取操作，则返回结果集中的第一行而不是第二行。

（2）PRIOR：返回紧临当前行前面的结果行。如果 FETCH PRIOR 为对游标的第一次提取操作，则没有行返回任何记录，并且游标位置设在第一行之前。

（3）FIRST：返回游标中的第一行并将其作为当前行。

（4）LAST：返回游标中的最后一行并将其作为当前行。

（5）ABSOLUTE n：如果 n 为正数，返回从游标头开始的第 n 行并将返回的行变成新的当前行。如果 n 为负数，返回游标尾之前的第 n 行并将返回的行变成新的当前行。如果 n 为 0，则没有行返回。

（6）RELATIVE n：返回当前行之前或之后的第 n 行并将返回的行变成新的当前行。

（7）cursor_name：要从中进行提取的游标的名称。

（8）INTO @variable_name[,…n]：允许将提取操作的列数据放到局部变量中。列表中的各个变量从左到右与游标结果集中的相应列相关联。各变量的数据类型必须与相应的结果列的数据类型匹配。变量的数目必须与游标选择列表中的列的数目一致。

【例 10-7】创建一个游标，来一个一个显示"学生"表中所有学生的姓名。

```
--定义变量
DECLARE @name varchar(10)
--定义游标
DECLARE class_cursor CURSOR
FOR SELECT 姓名 FROM 学生
--打开游标
```

```
OPEN class_cursor
--提取游标数据
FETCH NEXT FROM class_cursor INTO @name
PRINT '学生姓名为'+@name
WHILE(@@FETCH_STATUS=0)
  BEGIN
    FETCH NEXT FROM class_cursor INTO @name
    PRINT '学生姓名为'+@name
END
```

单击"执行"按钮后，上述代码将会被执行，数据将会被逐行从结果集中提取（注意示例代码仅仅是分段代码，还要含有游标的关闭以及释放操作）。

10.2.5 关闭和释放游标

游标打开以后，SQL Sever 服务器会为游标开辟一定的内存空间，用来存放游标要操作的结果集，同时游标在使用时，也会根据具体情况对某些数据进行封锁。所以在不使用游标后，一定要通知 SQL Sever 服务器将其关闭，使服务器释放结果集占用的系统资源。关闭游标使用 CLOSE CURSOR 释放当前结果集并且解除定位游标的行上的游标锁定。其基本语句格式如下：

```
CLOSE  cursor_name
```

游标本身也会占用部分系统资源，所以在使用完游标后，为了回收游标占用的资源，应该将游标释放或者说删除。删除游标引用使用 DEALLOCATE CURSOR 语句。其基本语句格式如下：

```
DEALLOCATE  cursor_name
```

关闭游标和释放游标是有根本区别的，当游标引用被释放或者叫删除后，如要使用必须重新进行游标声明，但是关闭游标则不然，如果后面想要使用，只需打开游标，就可以从结果集中提取需要的数据行。

 注意

游标必须先关闭然后才可以释放。

【例 10-8】使用游标实现报表形式显示数据库"学生选课"中所有性别为 0 的学生的学号、姓名信息。

在 SQL Sever 管理平台上单击"新建查询"按钮，输入以下代码：

```
DECLARE @no char(8) ,@name char(8)
DECLARE cur CURSOR FOR
SELECT 学号,姓名 FROM 学生 WHERE 性别=0      --声明游标
OPEN cur  --打开游标
FETCH NEXT FROM cur INTO @no,@name  --第一次提取
PRINT SPACE(4)+'-------学生表--------'
WHILE  (@@FETCH_STATUS=0)    --检查游标中是否有尚未提取的数据
  BEGIN
    PRINT '学号：'+@no+'  姓名：'+@name
    FETCH NEXT FROM cur INTO @no,@name
  END
CLOSE cur    --关闭游标
```

```
DEALLOCATE cur      --删除游标
GO
```

运行结果如图 10.12 所示。

【例 10-9】通过游标将数据库"学生选课"中"课程"表的课程名和学分的对应关系以报表形式显示出来。

```
USE 学生选课
DECLARE @KechengName char(8),@Member char(8)
DECLARE MyCursor CURSOR
FOR SELECT 课程名,学分 FROM 课程 ORDER BY 学分--新建游标
OPEN MyCursor      --打开游标
FETCH NEXT FROM MyCursor INTO @KechengName,@Member  --操作游标
PRINT SPACE(4)+'-------课程对应学分表--------'
WHILE(@@Fetch_Status = 0)
    BEGIN
        PRINT '课程名:'+@KechengName + ' 学分:' + @Member
        FETCH NEXT FROM MyCursor INTO @KechengName,@Member
    END
CLOSE MyCursor                  --关闭游标
DEALLOCATE MyCursor             --释放游标
```

代码运行结果如图 10.13 所示。

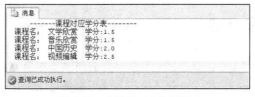

图 10.12　【例 10-8】执行结果　　　　　　　　　图 10.13　【例 10-9】执行结果

【例 10-10】通过游标将数据库"学生选课"中"选课"表中每位学生及格的科目课程成绩减 10 分。

在 SQL Sever 管理平台上单击"新建查询"按钮，输入以下代码：

```
USE 学生选课
SELECT * FROM 选课
--显示更新前学生每门课程成绩
DECLARE @member char(8),@ID int,@score int
DECLARE score_cursor CURSOR
FOR SELECT 学号,课程号,成绩 FROM 选课
FOR UPDATE OF 成绩    --声明游标
OPEN score_cursor     --打开游标
--从游标中读取数据
FETCH NEXT FROM score_cursor  INTO @member,@ID,@score
WHILE(@@FETCH_STATUS=0)
    BEGIN
```

```
            IF(@score>=60)
               UPDATE 选课 SET 成绩=成绩-10 WHERE CURRENT OF score_cursor
            FETCH NEXT FROM score_cursor INTO @member,@ID,@score
       END
    CLOSE score_cursor  --关闭游标
    DEALLOCATE score_cursor --删除游标
    SELECT * FROM 选课 --显示更新后每个学生每门课成绩
```

运行结果如图 10.14 所示。

结果 | 消息

	学号	课程号	成绩
1	10101001	1	55
2	10101001	3	55
3	10101002	1	78
4	10101003	3	69
5	10102001	1	50
6	10102002	3	95
7	10102002	4	75
8	10102002	2	68
9	10101001	4	55

	学号	课程号	成绩
1	10101001	1	55
2	10101001	3	55
3	10101002	1	68
4	10101003	3	59
5	10102001	1	50
6	10102002	3	85
7	10102002	4	65
8	10102002	2	58
9	10101001	4	55

查询已成功执行。

图10.14 【例10-10】执行结果

本章小结

（1）事务是包括一系列操作的逻辑工作单元，事务具有 ACID 特性。一个事务中的语句要么全部执行，要么全部不执行。使用事务可以保证数据库中数据的一致性。

（2）事务分为自动提交事务、显式事务、隐式事务，自动提交事务是 SQL Server 默认的工作模式，显式事务需要用户定义事务的开始和结束，隐式事务由 SQL Server 自动开始，但需要由用户定义事务的结束。

（3）游标是一种对 SELECT 结果集进行逐行操作的数据处理技术，一个游标包括查询结果集和游标位置两个组成部分。

（4）声明游标 DECLARE CURSER、使用 OPEN 打开游标、FETCH 获取游标、CLOSE 关闭游标以及使用 DEALLOCATE 释放游标。

实训项目

项目 1：在网上书店数据库中进行一个事务处理

目的：掌握数据库中事务的基本处理原理。

内容：

（1）利用事务处理机制，删除"会员表数据"中会员编号为 1001 的记录信息和"订购表"中会员 1001 的相关记录，两个操作组合成一个事务进行处理；

（2）利用事务处理机制，完成会员订货的流程。先在订购表中插入订单记录，并根据订货量修改会员积分。

项目 2：在网上书店数据库中使用游标打印图书表

目的：掌握数据库中游标的使用方式。

内容：使用游标实现以报表形式显示"图书表"中价格在（20,30）的图书编号、图书名称、作者。

课后习题

一、选择题

1. 游标主要用于存储过程、（　　）和 SQL 脚本中。
   A. 触发器　　　　B. 视图　　　　　C. 索引　　　　　　D. 约束

2. @@FETCH_STATUS 语句返回的值如果为零说明（　　）。
   A. 成功　　　　　B. 失败　　　　　C. 被提取的行不存在　D. 发生冲突

3. 事务作为一个逻辑单元，其基本属性不包括（　　）。
   A. 原则性　　　　B. 一致性　　　　C. 隔离性　　　　　　D. 短暂性

4. 并发问题是指由多个用户同时访问同一个资源而产生的意外，其中应（　　）避免数据的丢失或覆盖更新。
   A. 任何用户不应该访问资源　　　B. 同一时刻应该由一个人访问该资源
   C. 不应该考虑那么多　　　　　　D. 无所谓

5. 使用游标时，读取游标中数据的命令是（　　）。
   A. DECLARE　　B. OPEN　　　　C. FETCH　　　　　D. CLOSE

二、填空题

1. 一个事务单元必须有的四个属性分别是＿＿＿＿＿、＿＿＿＿＿、＿＿＿＿＿、＿＿＿＿＿。

2. 执行＿＿＿＿＿之前的事务是为提交事务，该事务可以用＿＿＿＿＿命令回滚。

3. 与局部变量一样，游标也必须先＿＿＿＿＿后＿＿＿＿＿。

三、问答题

1. 简述如何避免事务的并发问题。

2. 简述游标的定义及组成。

SQL Server 2008

11 Chapter

第 11 章
安全管理

本章目标：

- 了解数据库的安全机制和 SQL Sever
  数据库安全的管理内容
- 理解数据库安全的概念，角色的概念
- 掌握 SQL Sever 的两种身份验证模式
  的基本操作

SQL Server 2008 提供了功能强大的安全管理机制，采用为主体分配对象的合法访问权限的方法进行数据保护，以防止未经授权的访问造成数据的泄露和篡改。

11.1　安全管理结构

随着数据库技术的不断普及，数据库安全管理成为各行各业信息管理的最重要工作之一。如果系统安全性被破坏，有人未经授权非法侵入数据库，查看并修改了数据，大量的组织生产信息以及各种机密信息都有可能丢失甚至崩溃，那将对组织的经营管理造成极大的破坏。因此，对数据库系统实施各种权限范围内的操作限制，拒绝非授权用户的非法操作以防止数据库资源遭到破坏是十分必要的。

SQL Sever 2008 提供了强大的数据库安全管理机制，它采用分层的安全管理结构，将安全机制分为两层：服务器安全性和数据库安全性。

服务器安全管理是建立在对服务器登录用户进行身份验证的基础上。身份验证就是检验登录用户是否具有连接 SQL Sever 服务器的访问权限。SQL Sever 2008 采用 Windows 身份验证和 SQL Sever 身份验证两种方式，登录用户必须提供服务器身份验证方式以及登录账号和对应密码，经服务器验证通过后方能访问 SQL Sever 服务器。

数据库安全管理是建立在对数据库用户进行权限认证的基础上的。权限认证是指检验数据库用户是否具有访问数据库及其对象的合法权限。登录用户经过服务器身份验证后，仅仅表示用户能够连接 SQL Sever 服务器，但是要访问具体的数据库及其对象，这个登录名必须映射成一个数据库用户。如果登录用户没有映射成数据库用户，即使登录用户连接到数据库服务器上面，也无法访问具体的数据库及其对象。

对于数据库管理者来说，保护数据不受内部和外部侵害是一项重要工作，作为 SQL Sever 的数据库系统管理员和开发者，需要深入理解 SQL Sever 的安全控制策略，以实现信息系统安全的目标。图 11.1 给出了数据库引擎权限层次结构之间的关系。由图可知，SQL Sever 的安全控制策略是一个层次结构系统的集合，不同层次的主体对不同层次的安全对象进行访问，只有经过上一层系统的安全性检验后，才可以获准进入下一层，并由该层进行权限检验，确认该用户是否具有对该层对象进行访问的权利。各层安全策略从不同角度对系统实施安全保护，从而构成一个相对完善的、安全的权限层次系统结构。

Windows 级安全性是指在 Windows 操作系统层次提供的安全控制，包括 Windows 组管理、域控制结构安全策略以及 Windows 本地用户管理等。

服务器安全管理是 SQL Sever 2008 安全管理结构的第一级安全机制，该层次通过验证来实现。验证过程在用户登录 SQL Sever 服务器的时候开始。用户必须通过输入一个登录账户名以及相应密码，经过检验才能登录到 SQL Sever 服务器。用户登录到 SQL Sever 服务器后，系统为登录用户分配固定服务器角色，接下来用户才能使用、管理 SQL Sever 服务器。

数据库安全管理是指 SQL Sever 2008 安全管理结构在数据库层次提供的安全控制，该层次通过授权来实现。授权过程是指登录用户试图访问数据库的时候出现，登录用户进行身份转换，转换成所创建的数据库用户。数据库用户如果需要访问服务器上的对象（基本表、数据库、视图、存储过程等），则必须经过该层次结构的安全管理结构授权，这样就可以使得不同的登录用户，对不同的数据库对象有不同的权限，一个数据库用户必须与一个登录用户关联，当然 guest 用户除外。

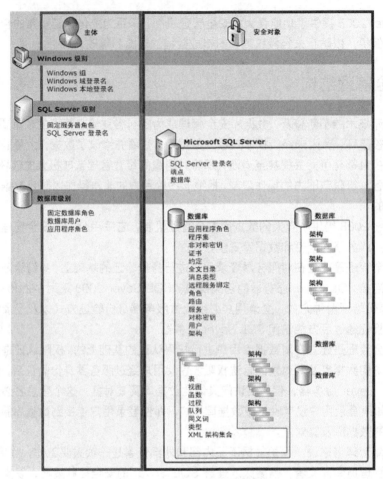

图11.1　SQL Sever安全层次结构

　　在 SQL Sever 2008 中通过登录管理、用户管理、角色管理、权限管理和架构管理实现完善的安全控制。

11.2　服务器安全管理

　　用户要想连接到数据库服务器实例的时候，必须提供有效的认证信息。数据库服务器引擎会分两步对登录用户进行有效性验证。首先，引擎会检查用户是否提供了有效的、具备连接 SQL Sever 2008 实例权限的登录名。接下来，数据库引擎会检查登录名是否被授予了访问数据库的许可。简而言之，用户登录服务器必须提供合法账户，并且账户具备访问数据库的权限。对于访问 SQL Sever，服务器提供了两种身份验证模式，一种是 Windows 身份验证模式，另一种是混合验证模式。为了便于管理登录用户，系统将为登录用户分配固定服务器角色。

11.2.1　身份验证模式

1．Windows 验证模式

Windows 身份验证模式是指使用 Windows 操作系统的安全机制验证登录用户的身份，它是

SQL Server 2008 默认的身份验证模式。在 Windows 身份验证模式下，SQL Server 2008 仅依赖用户的 Windows 身份验证，它充分利用操作系统的安全策略，授予 Windows 用户或组对 SQL Server 的访问权限。使用此模式与服务器建立的连接称为信任连接。当用户通过 Windows 2000/XP/2003/2008 用户账户进行连接时，SQL Sever 通过回叫 Windows 2000/XP/2003/2008 获得信息，重新验证账户名和密码。

Windows 身份验证模式相对于混合模式更加安全，使用本连接模式时，SQL Server 不判断 sa 密码，而仅根据用户的 Windows 权限来进行身份验证。当网络用户尝试连接时，SQL Sever 使用基于 Windows 的功能确定经过验证的网络用户名。

由于 Windows 2000 XP/2003/2008 的用户和组由 Windows 2000 XP/2003/2008 操作系统维护，因此当用户进行 SQL Sever 连接时，SQL Sever 将读取有关该用户在组中的成员资格信息。如果对已连接到 SQL Sever 的用户的可访问权限进行了更改，用户需要下次连接到 SQL Sever 实例或登录到 Windows 2000 XP/2003/2008 的时候，这些更改才会生效。

但是在实际应用中，应用程序访问数据库的时候，应用程序所在计算机和数据库所在计算机可能脱离了域控制模式的管理权限，所以 SQL Sever 身份验证常常在这时被用到。

2. 混合验证模式

混合验证模式允许登录用户可以使用 Windows 身份验证或 SQL Sever 身份验证与 SQL Sever 实例进行连接。当用户用指定的登录名称和密码从非信任链接进行连接时，系统区分该用户在 Windows 操作系统下是否可信，对于可信用户，SQL Sever 直接进行 Windows 身份验证；而对于不可信任的连接，这个连接不仅包括远程用户还包括本地用户，由 SQL Sever 2008 进行身份验证处理，根据账户的存在性和密码的匹配性来进行身份验证。如果 SQL Sever 未设置登录账户，则身份验证将失败，而且用户将收到错误的信息。

尽管建议使用 Windows 身份验证，但对于 Windows 2000 XP/2003/2008 客户端以外的其他客户端连接，可能需要使用 SQL Sever 身份验证。虽然 SQL Sever 提供了两种认证模式，但实际上混合认证模式不过是在 Windows 身份验证模式上增加了一层用户认证。

如果客户端应用程序安装的操作系统并非 Windows 操作系统，而且该系统与 Windows 安全体系不兼容的话，为该客户端应用程序创建一个 SQL Sever 登录用户，使其可以通过混合身份验证模式访问 SQL Sever 2008 数据库服务器。混合身份验证模式使用 SQL Sever 登录名来连接 SQL Sever 2008 服务器。

11.2.2 管理登录用户

登录用户是访问服务器安全对象的主体。根据身份验证模式的不同，系统允许创建两类登录：Windows 登录用户和 SQL Sever 登录用户。SQL Sever 2008 使用 SSMS（SQL Sever Management Studio）和 T-SQL 语句对登录用户进行管理。

SQL Sever 2008 具有两个默认的登录用户："计算机名\Administrators"和 sa。这两个登录名是默认的系统管理员，具有访问服务器范围安全对象的所有权限。

"计算机名\Administrators"是 SQL Sever 2008 提供给 Windows 管理员的一个默认的登录用户，凡是属于 Windows NT 的 Administrators 组的账户都允许登录 SQL Sever 2008 服务器。其中计算机名在具体应用中被实际计算机名代替。

sa 是混合身份验证模式下 SQL Sever 2008 的系统管理员。初始状态下，sa 没有指定密码，任何前台程序都可以用该账号以混合身份验证模式进行服务器登录。sa 的密码可以在 SQL Sever 2008 安装时或者安装后进行设置。

在 SQL Sever 2008 的安装过程中，可以设置登录认证模式，读者可以参阅第 2 章内容。在 SQL Sever 2008 安装以后，我们可以通过 SSMS 更改登录认证模式。

在 SQL Sever 2008 中，设置身份验证模式的操作可以通过下面的【例 11-1】进行。

【例 11-1】将当前数据库服务器的 SQL Sever 实例的验证模式设置为"SQL Sever 和 Windows 身份验证模式"。

（1）启动 SQL Sever Management Studio，连接到数据库实例，在"对象资源管理器"中右键单击 SQL Sever 服务器，在弹出的快捷菜单中选择"属性"项。

（2）在"服务器属性"对话框中，选择"安全性"选择页，界面如图 11.2 所示。

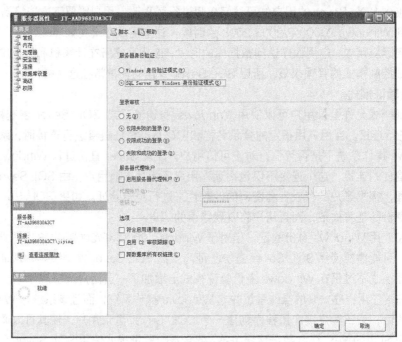

图11.2 服务器安全性设置

（3）在服务器身份验证模式中有两种，一种是"Windows 身份验证模式"，另一种是"SQL Sever 和 Windows 身份验证模式"（也就是混合验证模式），这一步我们根据需要选择其中的一种验证模式，也可以进行"登录审核"设置。设置完成后，单击"确定"按钮，完成验证模式的设置。

1. Windows 认证模式登录账号的建立和删除

登录名就是用户登录 SQL Server 2008 数据库服务器时需要提供的账户名，是 SQL Server 数据库服务器的一种安全控制手段。可以为 Windows 用户及组创建登录名以允许连接 SQL Server 2008 服务器，该用户必须是操作系统已经具有的。我们可以通过操作系统控制面板创建一个新的账号，然后在 SQL Server 2008 服务器创建该账号的登录授权。

（1）使用 SSMS 建立和删除 Windows 认证模式登录账户

如何授权一个 Windows 用户，使其能够通过信任连接访问 SQL Sever 服务器呢？下面通过一个实例演示 Windows 认证模式登录账户的创建与删除过程。

① 创建 Windows 的用户名 winlogin：以管理员身份登录 Windows 的控制面板，选择"用户账号"→创建新账户 winlogin，设置密码"123456"。

② 以管理员身份登录 SQL Server 2008 服务器，进入 SQL Sever Management Studio，打开"对象资源管理器"，展开"安全性"节点，右键单击"登录名"选择"新建登录名"。

③ 打开"登录名–新建"对话框，选择"Windows 身份验证"，如图 11.3 所示。

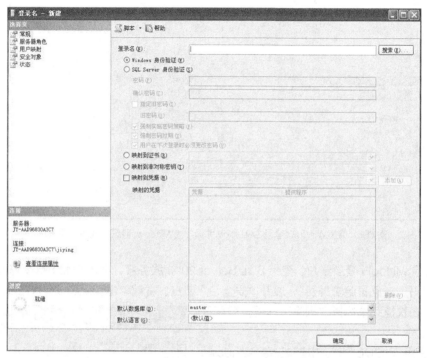

图11.3　登录名设置

④ 单击"登录名"后面的"搜索"按钮，打开"选择用户或组"对话框，单击"高级"按钮并单击"立即查找"按钮，选择 Windows 用户 winlogin 后单击"确定"按钮，如图 11.4 所示。

⑤ 单击"确定"按钮，回到如图 11.5 所示的界面。选择"默认数据库"下拉列表框，选择该用户组或用户默认访问的数据库；选择"默认语言"下拉列表框，选择该用户组或用户默认的工作语言。选择"服务器角色"选择页，可以查看或修改该登录账户所属的固定服务器角色；单击"用户映射"选择页，可以查看或修改该登录名到数据库用户的映射；单击"安全对象"选择页，可以查看或修改安全对象；单击"状态"选择页，可以查看或修改该登录名的状态信息，是否该用户连接到数据库引擎以及启用或禁用该用户登录。设置完后单击"确定"按钮。

⑥ 重启操作系统，以 winlogin 身份登录操作系统，启动 SQL Sever 2008，以 Windows 身份验证方式登录，如图 11.6 所示。

图11.4　搜索登录名winlogin并添加

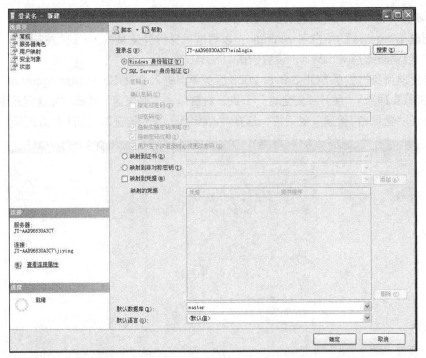

图11.5 搜索Windows登录名winlogin并添加为Windows验证方式的登录账户

⑦ 删除 winlogin 登录账户。登录 SQL Server 2008 服务器，进入 SQL Sever Management Studio，打开"对象资源管理器"，展开"安全性"节点，右键单击登录名 JY-AAD96830A3C7\ winlogin，在快捷菜单选择"删除"选项，即可将 该登录名删除。

（2）使用 T-SQL 语句创建和删除 Windows 验证模式登录账户

在 SQL Sever 2008 中提供了 CREATE LOGIN、 DROP LOGIN 语句进行登录名的创建和删除操 作。以前版本使用的管理登录名的系统存储过 程，在 SQL Sever 2008 中仍然支持，但不建议 使用。

① 使用 CREATE LOGIN 创建 Windows 验证 模式登录账号。

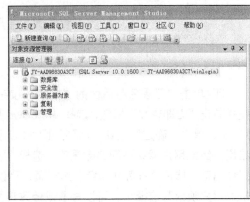

图11.6 以Windows登录名winlogin重新登录 数据库服务器

语法格式如下：

```
CREATE LOGIN [WINDOWS 用户名] FROM WINDOWS
```

【例 11-2】创建 Windows 验证模式登录账户，用户名 winlogin（对应的 Windows 用户名为 winlogin），注意 winlogin 必须为已有的 Windows 用户。

打开"新建查询"，输入以下 SQL 语句：

```
CREATE LOGIN [JY-AAD96830A3C7\winlogin] FROM WINDOWS
GO
```

其中，FROM WINDOWS 指定创建的登录名是基于 Windows 身份验证的用户登录名。

② 使用 DROP LOGIN 语句删除登录名，基本语句格式如下：

```
DROP LOGIN 登录名
```

注意

使用该命令删除登录账号时，该登录用户不可以是正在登录的用户账号，但是可以删除映射的数据库用户，而且必须具有对服务器的 ALTER ANY LOGIN 权限，否则无法使用该命令。

2. SQL Sever 认证模式登录账号的建立和删除

（1）使用 SSMS 建立和删除 SQL Sever 认证模式登录账号

建立 SQL Sever 认证模式的账号，使其能够通过信任链接访问 SQL Sever 数据库服务器，前面两步和建立 Windows 身份验证模式登录名一样，在步骤③，我们选择"SQL Server 身份验证"，接下来步骤如下。

① 在"登录名"文本框中，输入创建的登录名，在"密码"框中输入密码，在"确认密码"文本框中再次输入密码，根据实际需要选择是否选中或取消"用户在下次登录时必须更改密码"，如果操作系统不支持该功能，则必须取消，如图 11.7 所示。

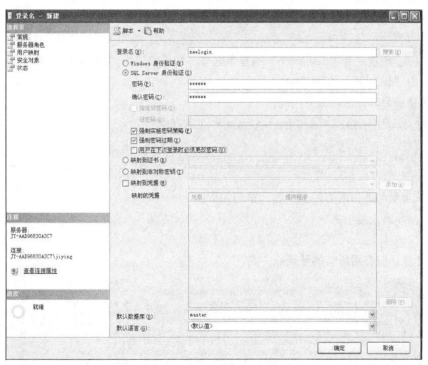

图11.7 新建"SQL Sever身份验证"登录名

② 单击"确定"按钮，在"对象资源管理器"中展开"安全性"→"登录名"节点，可以看到新建的登录名。

③ 右键单击新建的登录名，选择"属性"选项。

④ 打开"登录属性"对话框。选择"状态"选择页，选择"是否允许连接到数据库引擎"

中的"授予"，选择"登录"中的"启用"。单击"确定"按钮。单击"默认数据库"下拉列表框，选择该用户组或用户默认访问的数据库；单击"默认语言"下拉列表框，选择该用户组或用户默认的工作语言。单击"服务器角色"选择页，可以查看或修改登录名所属的固定服务器角色；单击"用户映射"选择页，可以查看或修改登录名到数据库用户的映射；单击"安全对象"选择页，可以查看或修改安全对象；单击"状态"选择页，可以查看或修改登录名的状态信息，是否该用户连接到数据库引擎以及启用或禁用该用户登录。选择完各项后，单击"确定"按钮即创建了使用 SQL Server 验证的登录账户。

⑤ 删除登录名。在"对象资源管理器"，展开"安全性"→"登录名"节点，右键单击要删除的登录名，在出现的快捷菜单中选择"删除"，打开"删除对象"对话框，单击"确定"按钮，完成指定登录名的删除。

（2）使用 T-SQL 语句建立和删除 SQL Sever 认证模式登录账号

① 创建 SQL Sever 认证模式的登录名。使用 CREATE LOGIN 语句可以创建登录名，语法格式如下：

```
CREATE LOGIN 登录名 WITH PASSWORD='password'
```

② 修改 SQL Sever 认证模式的登录名。使用 ALTER LOGIN 语句可以改变登录名的密码和用户名称，语法格式如下：

```
ALTER LOGIN 登录名
WITH <修改项> [,....n]
```

【例 11-3】创建名为"newlogin"的登录账号，初始密码为"123456"，并将"newlogin"的登录密码由"123456"改为"super"。

在新建查询窗口，输入如下代码：

```
CREATE LOGIN newlogin WITH PASSWORD='123456'
GO
ALTER LOGIN newlogin WITH PASSWORD='super'
GO
```

③ 查询当前服务器所有的登录名，语句如下：

```
EXEC sp_helplogins
GO
```

图 11.8 显示服务器所有的登录账户名。

	LoginName	SID	DefDBName	DefLangName	AUser	ARemote
1	##MS_AgentSigningCertificate##	0x010600000000000901000000060C988A3444FC2F52F604304...	master	us_english	yes	no
2	##MS_PolicyEventProcessingLogin##	0x0A6983CDF023464B9E86E4EEAB92C5DA	master	us_english	yes	no
3	##MS_PolicySigningCertificate##	0x010600000000000901000000067D60BBB80C50C8A6963875...	master	NULL	NO	no
4	##MS_PolicyTsqlExecutionLogin##	0x8F651FE8547A4644A0C06CA83723A876	master	us_english	yes	no
5	##MS_SQLAuthenticatorCertificate##	0x0106000000000009010000000884957422518 68D77D2588 9...	master	NULL	NO	no
6	##MS_SQLReplicationSigningCertificate##	0x010600000000000901000000060CB1FFC683DC2F630DAA1...	master	NULL	NO	no
7	##MS_SQLResourceSigningCertificate##	0x0106000000000009010000000068B4DC4C074F8B9EC20DC9A...	master	NULL	NO	no
8	JY-AAD96830A3C7\jjying	0x010500000000000515000000052AAC86811C35F7307E53B2...	master	简体中文	yes	no
9	JY-AAD96830A3C7\winlogin	0x010500000000000515000000052AAC86811C35F7307E53B2...	master	简体中文	NO	no
10	NT AUTHORITY\SYSTEM	0x010100000000000512000000	master	简体中文	yes	no
11	sa	0x01	master	简体中文	yes	no

图11.8　查询所有登录名

④ 删除登录名使用 DROP LOGIN。注意删除登录名时，该登录名不能是正在使用的账号，而且当前账号必须具有 ALTER ANY LOGIN 权限。语法格式如下：

```
DROP LOGIN 登录名
```

11.2.3 管理固定服务器角色

服务器角色是一种权限机制，SQL Sever 管理员可以将某些用户设置为某服务器角色，该用户就拥有了该服务器角色具有的权限。当一组登录账户对登录的服务器具有完全相同的访问权限时，如果管理员对每个账户做单独的设置，这将是一项非常麻烦的工作。而"角色"这个机制，就为管理员的管理工作提供了一种简化机制。因此，可以说，登录账户和服务器角色类似于 Windows 2000/XP/2003/2008 操作系统中的用户和组的概念。在 SQL Sever 2008 中设置角色这一机制的目的就是将具有相同访问权限的登录账户集中管理。在 SQL Sever 2008 中可以通过图形界面 SSMS 和 T-SQL 语句对角色进行管理。表 11-1 列出了 SQL Sever 2008 的 8 个固定服务器角色。注意，用户不能够自己再创建新的服务器角色，只能向服务器角色中添加登录用户。

表 11-1 服务器角色

固定服务器角色	成员权限说明
bulkadmin	可以执行 BULK INSERT（大容量插入）语句
dbcreator	可以创建、更改、删除和还原任何数据库
diskadmin	可以管理磁盘文件
processadmin	可以管理在 SQL Sever 中运行的进程
securityadmin	管理登录名和属性，可以用 GRANT、DENY 和 REVOKE 命令设置服务器、数据库权限，也可以重置登录名的密码
serveradmin	可以设置服务器范围的配置选项和关闭服务器
setupadmin	可以添加和删除连接服务器，也可以执行某些系统存储过程
sysadmin	可以在服务器中执行任何活动，默认情况下，Windows BUILTIN\Administrators 组（本地管理员组）所有成员都是 sysadmin 固定服务器角色的成员

1. 使用 SSMS 管理设置服务器角色

下面通过一个实例演示如何使用 SSMS 设置服务器角色。

【例 11-4】将 SQL Sever 身份认证模式下的登录名"newlogin"添加到"sysadmin"固定服务器角色中，使其具有 SQL Sever 2008 系统中所有可能的权限，然后删除该角色中的 newlogin 登录名。

操作步骤如下。

① 打开"对象资源管理器"，选择"安全性"中的"服务器角色"选项。

② 右键单击"sysadmin"角色选项，选择"属性"选项，打开"服务器角色属性–sysadmin"对话框。

③ 单击"添加"按钮→打开"选择登录名"对话框，单击"浏览"按钮，出现"查找对象"对话框，从中选择要添加到 sysadmin 服务器角色的登录名 newlogin，如图 11.9 所示。

④ 单击"确定"按钮，将选定的登录名加入服务器角色中，如图 11.10 所示。

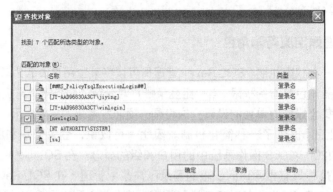

图11.9 "查找对象"对话框

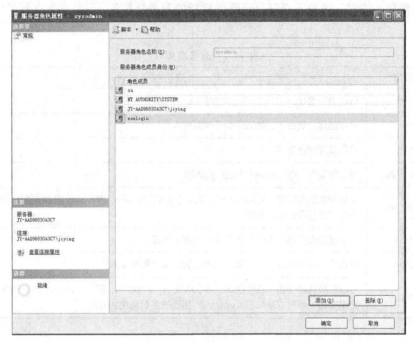

图11.10 查看sysadmin的属性

⑤ 回到"对象资源管理器"，右键单击"服务器"后选择"刷新"，展开"安全性"节点，右键单击登录名"newlogin"，选择"属性"后查看"服务器角色"，如图 11.11 所示，可以看到登录名"newlogin"已经拥有了服务器角色"sysadmin"。

⑥ 在"对象资源管理器"窗口中展开"安全性"→"服务器角色"节点，右键单击"sysadmin"，选择"属性"选项，打开"服务器角色属性"对话框，选择角色成员"newlogin"，单击"删除"按钮，将服务器角色 sysadmin 中登录名 newlogin 的删除。

 注意

　　服务器角色不可以自行增删。某登录名加入到一个服务器角色中后，将获得该角色具有的所有权限，另外不可以更改系统中 sa 登录名和 public 的角色成员身份。

图11.11 查看newlogin登录名属性

2. 使用 T-SQL 语句管理设置服务器角色

SQL Server 同样提供了 SQL 语句来实现登录账户服务器角色的添加、删除操作。

（1）使用存储过程 sp_addsrvrolemenmber，可以将某一个登录账户添加到数据库服务器角色的成员中，其基本语句格式如下：

```
sp_addsrvrolemember 登录名,服务器角色名
```

（2）使用存储过程 sp_dropsrvrolemember，可以将某一个登录账户从数据库服务器角色的成员中删除出去，其基本语句格式如下：

```
sp_dropsrvrolemember 登录名,服务器角色名
```

【例 11-5】使用 T-SQL 语句将一个已建立的 SQL Sever 身份验证模式下的登录名 "newlogin" 添加到固定服务器角色 "sysadmin" 中。然后用 T-SQL 语句将登录名 "newlogin" 从服务器角色 "sysadmin" 中删除。

单击 "新建查询" 按钮，写入如下代码，然后单击 "执行" 按钮。

```
EXEC sp_addsrvrolemember 'newlogin',' sysadmin '
GO
EXEC sp_dropsrvrolemember 'newlogin','sysadmin'
GO
```

11.3 数据库安全管理

用户登录服务器后，如果想对某一个数据库进行操作，还得成为这个数据库的用户。该用户具体能够对数据库及其对象进行怎么样的操作，将会由数据库安全管理这一层次进行权限设置。

数据库安全管理包括数据库用户账户的建立，与登录名的映射，数据库用户账户的修改、删除和权限授予、拒绝等操作，可以使用 SSMS 或者 T-SQL 语句实现对数据库用户账户的管理。为了便于管理数据库用户，系统可以为数据库用户分配数据库角色。

11.3.1 管理数据库用户

在 SQL Sever 2008 中用户使用登录名登录服务器后，需要进行身份的转换才能访问具体的某一个数据库，数据库用户就是转换后的身份。一个登录名必须与某个数据库中的一个数据库用户名相关联后，这个登录用户才能访问这个数据库。如果登录名没有与数据库中的任何数据库用户显式关联，将自动与 guest 用户相关联。如果该数据库没有 guest 用户账号，则使用该登录名登录的账户将不能访问该数据库。

数据库用户是定义在数据库层次的安全控制手段，在 SQL Server 2008 中，登录名和数据库用户是 SQL Server 进行权限管理时的两个不同层次的对象，数据库用户在定义时必须与一个登录名相关联，一个登录名可以与 SQL Sever 数据库服务器上的所建立的所有数据库进行关联。数据库用户是一个登录名在某个数据库用户中的映射。也就是说，一个登录名可以映射到不同的数据库，产生多个数据库用户，而一个数据库用户只能映射到一个登录名。

SQL Server 2008 中每建立一个数据库，都会有 4 个默认的数据库用户名产生，这 4 个数据库用户名是不能被删除的，它们是：dbo、guest、INFORMATION_SCHEMA 和 sys。

dbo 用户是该数据库的拥有者。在系统数据库中，它和默认的系统管理员登录名 sa 关联。在用户创建的数据库中，它对应于创建该数据库的登录用户。

guest 是不与任何登录用户关联的数据库用户，当一个登录用户没有映射到任何一个数据库用户，而它又想访问数据库的时候，系统会将该登录用户直接映射到该数据库 guest 用户。

INFORMATION_SCHEMA 和 sys 虽然作为数据库用户，但是他们不是访问数据库对象的主体。

在 SQL Server 2008 中可以通过图形界面 SSMS 和 T-SQL 两种方式对数据库用户进行管理。

1. 使用 SSMS 管理数据库用户

在 SQL Server 2008 中，可以通过 SSMS 对数据库用户进行创建、查看、修改和删除等基本操作。下面通过一个实例演示通过 SSMS 创建、查看、修改和删除数据库用户的步骤。

【例 11-6】在数据库"学生选课"中创建与"new_login"登录名关联的数据库用户"new_user"，创建完毕后，查看该数据库用户名的属性，然后删除该数据库用户。

操作步骤如下。

① 打开"对象资源管理器"，展开"数据库"→"学生选课"→"安全性"节点。

② 右键单击"用户"，选择"新建用户"选项。

③ 打开"数据库用户–新建"对话框，如图 11.12 所示。

④ 在"用户名"文本框中输入数据库用户名"new_user"。

⑤ 指定对应的登录名"new_login"：单击 [ ] 按钮，打开"选择登录名"对话框，单击"浏览"按钮，打开"查找对象"对话框，选择对应的登录名"new_login"，如图 11.13 所示。注意，该选项必须选择关联登录名，而且该登录名还没有关联该数据库用户，如图 11.14 所示。

⑥ 回到图 11.12 所示的窗口，选择默认架构为"dbo"。

⑦ 选择"数据库角色成员身份"后，单击"确定"按钮，完成数据库用户的创建。

图11.12 "数据库用户–新建"对话框

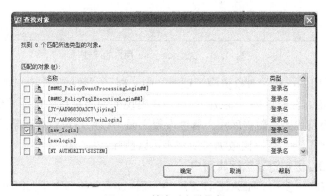

图11.13 搜索对应登录名

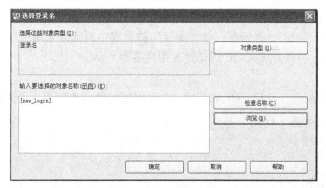

图11.14 确定对应登录名

⑧ 展开"数据库"→"学生选课"→"安全性"→"用户"节点，右键单击"new_user"，

选择"属性"。

⑨ 打开"数据库用户-new_user"对话框，在"此用户拥有的架构"处根据需要选择架构，在"数据库角色成员身份"处根据需要选择角色，如图 11.15 所示。

图11.15 设置new_user用户的属性

⑩ 删除数据库用户：在"对象资源管理器"中，展开"数据库"→"学生选课"→"安全性"→"用户"节点，右键单击"new_user"，在出现的快捷菜单中选择"删除"，即可删除指定的数据库用户。但是如果在数据库用户属性设置里面为该用户设置拥有某架构，则需要先将该架构从数据库用户中清除，否则该数据库用户不可以删除。

2. 使用 T-SQL 语句管理数据库用户

SQL Server 2008 中使用 CREATE USER、ALTER USER 和 DROP USER 语句实现对数据库用户的创建、修改和删除操作。以前版本使用的管理数据库用户的系统存储过程，在 SQL Server 2008 中仍然支持，但不建议使用。

【例 11-7】使用 T-SQL 语句在"学生选课"数据库中新建数据库用户 new_user，使其关联登录名 new_login，并使用 T-SQL 语句更改用户名为 new。

操作步骤如下。

（1）创建数据库用户。使用 CREATE USER 可以添加数据库用户，语法格式如下：

```
CREATE USER 数据库用户名 [{FOR | FROM }
{
LOGIN 登录名
}
| WITHOUT LOGIN
]
```

创建与登录名"new_login"关联的数据库用户 new_user，写入如下代码，然后执行。

```
USE 学生选课
GO
CREATE USER new_user
FOR LOGIN new_login
GO
```

（2）如果创建的数据库用户名与登录名同名，代码如下：

```
USE 学生选课
GO
CREATE USER new_login
GO
```

该段代码将创建与登录名"new_login"同名的数据库用户。

（3）将数据库用户"new_user"的用户名修改为"new"，代码如下：

```
USE 学生选课
GO
ALTER USER new_user WITH NAME=new
GO
```

（4）使用存储过程 sp_helpuser 可以查看当前数据库用户信息。结果如图 11.16 所示。

```
EXEC sp_helpuser
GO
```

	UserName	RoleName	LoginName	DefDBName	DefSchemaName	UserID	SID
1	dbo	db_owner	JY-AAD96830A3C7\jjying	master	dbo	1	0x01050000000000051500000052AAC86811C35F...
2	guest	public	NULL	NULL	guest	2	0x00
3	INFORMATION_SCHEMA	public	NULL	NULL	NULL	3	NULL
4	new	db_datareader	newlogin	master	dbo	5	0x1131CA8375CBA64680BBEC9E53C88B72
5	sys	public	NULL	NULL	NULL	4	NULL

图11.16　学生选课管理系统数据库用户属性

（5）删除数据库用户使用 DROP USER 命令，其语法格式如下：

```
DROP USER 数据库用户名
```

在"学生选课"数据库中删除所创建的数据库用户"new"，代码如下：

```
USE 学生选课
GO
DROP USER new
```

如果执行结果提示："消息 15138，级别 16，状态 1，第 1 行数据库主体在该数据库中拥有架构，无法删除"，则需要将用户从该架构清除，才可以删除。

11.3.2　管理数据库角色

在 SQL Sever 2008 的数据库中，存在数据库角色和应用程序角色两类。数据库用户如果想对数据库拥有权限，则需属于某一个数据库角色。用户可以通过图形界面 SSMS 和 SQL 语句两种方式对数据库角色进行管理。在 SQL Sever 2008 中，系统一共提供了 10 个数据库角色。在使用 SQL Sever 2008 的时候，当将一个有效的用户账户（Windows 用户或组，或 SQL Sever 用户）添加到数据库角色成员中时，这个用户账户将获得该角色定义的所有权限。数据库角色的每一个成员都有权利将其他用户添加到该角色中。对 10 种数据库角色的具体描述如下。

（1）db_owner：成员可以执行数据库的所有配置和维护活动，还可以删除数据库。

（2）db_securityadmin：成员可以修改角色成员身份和管理权限。向此角色中添加主体可能会导致意外的权限升级。

（3）db_accessadmin：成员可以为 Windows 登录名、Windows 组和 SQL Server 登录名添加或删除数据库访问权限。

（4）db_backupoperator：成员可以备份数据库。

（5）db_ddladmin：成员可以在数据库中运行任何数据定义语言（DDL）命令。

（6）db_datawriter：成员可以在所有用户表中添加、删除或更改数据。

（7）db_datareader：成员可以从所有用户表中读取所有数据。

（8）db_denydatawriter：成员不能添加、修改或删除数据库内用户表中的任何数据。

（9）db_denydatareader：成员不能读取数据库内用户表中的任何数据。

（10）public：最基本的数据库角色，数据库中的成员都自动成为该角色成员。public 角色也被包含在系统的每个数据库中，包括 master、msdb、tempdb、model 以及其他所有用户自己创建的数据库，该数据库角色不能够被用户随意删除。

数据库角色在数据库级别上被定义，存在数据库之内，在进行安全规划时，如果想让数据库中的每个用户都能具有某个特定的权限，则可以将该权限指派给 public 角色。同时，如果没有给用户专门授予某个对象的权限，他们就只能使用指派给 public 角色的权限。

1. 使用 SSMS 管理数据库角色

通过一个实例演示使用 SSMS 管理数据库角色的步骤。

【例 11-8】查看数据库角色"db_owner"的属性，将数据库用户"new"加入到数据库角色"db_datawriter"中。

操作步骤如下。

① 打开"对象资源管理器"，展开"数据库"→"学生选课"→"安全性"→"角色"→"数据库角色"节点，右键单击"db_owner"，选择"属性"选项。

② 打开"数据库角色属性 - db_owner"对话框。

③ 单击"添加"按钮，打开"选择数据库用户或角色"对话框，单击"浏览"按钮，选择指定的登录名"new"，如图 11.17 所示。

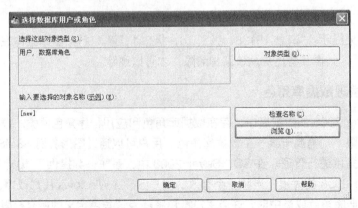

图11.17　选择数据库用户new

④ 单击"确定"按钮，将数据库用户"new"添加到"db_owner"数据库角色中，如图 11.18 所示。

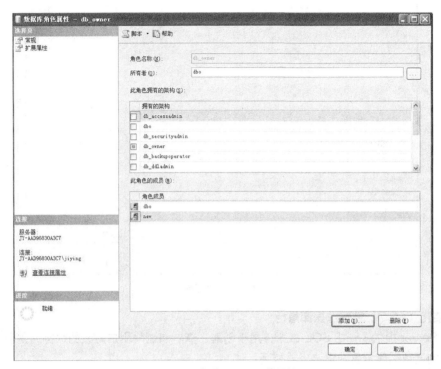

图11.18　查看db_owner的属性

⑤ 如果想从该角色中删除某数据库用户，单击用户名后单击"删除"按钮，可以从数据库角色中删除选定的数据库用户。注意系统的数据库角色不可以被修改、删除。

当一组数据库用户具有类似的权限，而这种权限在系统中没有合适的数据库角色相对应时，可以考虑自己定义一个数据库角色，并将这些用户添加到该角色中。

下面通过一个实例来演示使用 SSMS 创建用户自定义数据库角色的步骤。

【例 11-9】用户自定义一个数据库角色 db_roles，并将数据库用户 new 添加到该角色中。具体操作步骤如下。

① 打开"对象资源管理器"，展开"数据库"→"学生选课"→"安全性"→"角色"节点，右键单击"数据库角色"选项，单击"新建数据库角色"。

② 在"数据库角色-新建"窗口中，在"角色名称"文本框中输入角色名称为 db_roles；在"所有者"文本框中选择 dbo；指定该数据库角色拥有的架构，本例不选择任何架构；单击添加角色成员的"添加"按钮，选择数据库用户 new 后单击"确定"按钮，完成数据库角色的创建，如图 11.19 所示。

③ 用户想要查看用户自定义的角色属性或者想要删除自定义的数据库角色对象，只需右键单击该角色名称，在弹出的快捷菜单中单击"属性"或者"删除"选项即可。

④ 用户想要给用户自定义的角色指定权限，只需右键单击该角色名称，在弹出的快捷菜单中单击"属性"，打开"属性"窗口，在"安全对象"选择页给此角色设置权限。

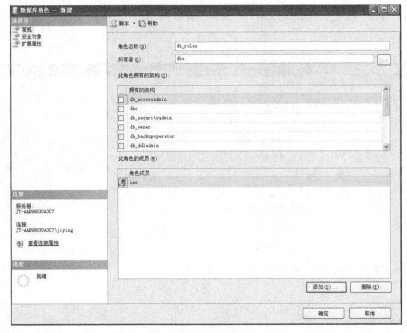

图11.19　新建数据库角色

2. 使用 T-SQL 管理数据库角色

SQL Server 提供了一组 SQL 命令，用于创建、查看和删除用户定义的数据库角色。

（1）创建数据库角色，语法格式如下：

```
CREATE ROLE 角色名 [AUTHORIZATION 所有者名]
```

（2）将数据库用户加入到创建的角色中，可以使用存储过程 sp_addrolemember 完成，语法格式如下：

```
sp_addrolemember 角色名,数据库用户名
```

（3）修改某数据库角色的名称，语法格式如下：

```
ALTER ROLE 角色名 WITH NAME=新名称
```

（4）删除该角色，语法格式如下：

```
DROP ROLE 角色名
```

【例 11-10】使用 T-SQL 在数据库"学生选课"中创建用户定义的数据库角色"db_roles"，并将数据库用户"new"添加到该角色中。

对应的 SQL 语句如下：

```
USE 学生选课
CREATE ROLE db_roles
GO
EXEC sp_addrolemember 'db_roles' ,'new'
GO
```

当前数据库中该角色是否创建成功呢？可以使用存储过程 sp_helprole 进行查看。结果如图 11.20 所示。

	RoleName	RoleId	IsAppRole
1	public	0	0
2	db_roles	6	0
3	db_owner	16384	0
4	db_accessadmin	16385	0
5	db_securityadmin	16386	0
6	db_ddladmin	16387	0
7	db_backupoperator	16389	0
8	db_datareader	16390	0
9	db_datawriter	16391	0
10	db_denydatareader	16392	0
11	db_denydatawriter	16393	0

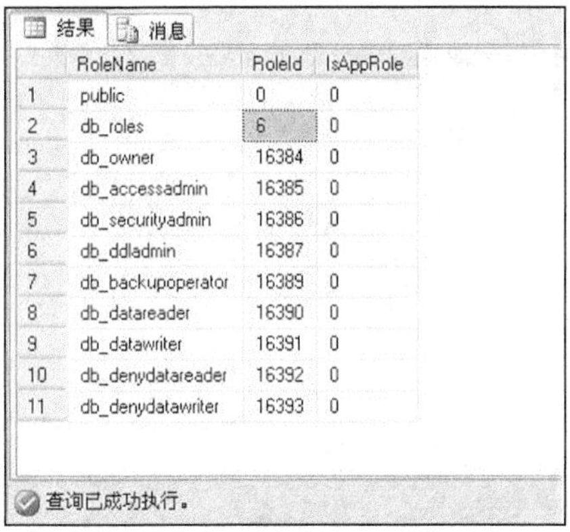

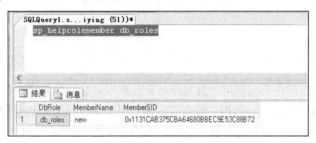

图11.20　当前服务器角色信息

想要查看服务器角色中包含有哪些成员信息，可使用存储过程 sp_helprolemember，语法格式如下：

```
sp_helprolemember 服务器角色名
```

查看【例 11-10】创建的服务器角色 db_roles 所包含成员的命令及结果如图 11-21 所示。

```
sp_helprolemember db_roles
```

	DbRole	MemberName	MemberSID
1	db_roles	new	0x1131CAB375CBA64680BBEC9E53C88B72

图11.21　查看服务器角色db_roles成员信息

3. 应用程序角色

应用程序角色可提供对应用程序（而不是数据库角色或用户）分配权限的方法。用户可以连接到数据库、激活应用程序角色以及采用授予应用程序的权限。授予应用程序角色的权限在连接期间有效。当客户端应用程序在连接字符串中提供应用程序角色名称和密码时，可激活应用程序角色。

应用程序角色的使用过程包括以下步骤。

（1）用户执行客户端应用程序。

（2）客户端应用程序以相应的登录名连接到 SQL Server 服务器。

（3）应用程序用一个只有它才知道的密码执行 sp_setapprole 存储过程，激活应用程序角色。

（4）连接将失去用户权限，而获得应用程序角色权限。

创建应用程序角色步骤如下。

（1）打开“对象资源管理器”，展开“数据库”→“学生选课”→“安全性”→“角色”节点，右键单击“应用程序角色”选项，单击“新建应用程序角色”，出现图 11.22 所示的界面。

（2）输入应用程序角色名称，选择默认架构，输入密码和确认密码。在“安全对象”选择页，可以设置此应用程序角色的权限。单击“确定”按钮。

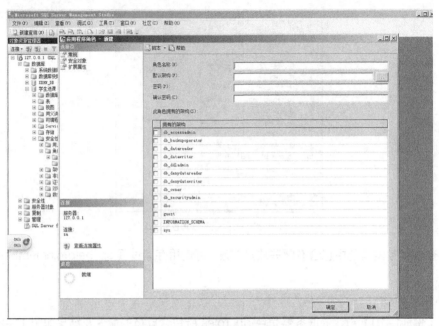

图11.22　新建应用程序角色界面

11.4　权限管理

权限用来指定授权用户可以使用的数据库对象及可以对这些数据库对象执行的操作。用户在登录到 SQL Server 服务器之后，其用户账号所归属的 Windows 组或角色所被赋予的权限决定了该用户能够对哪些数据库对象执行哪种（查询、修改、插入和删除）操作。在每一个数据库中，用户的权限独立于用户账号和用户所在的数据库角色，每一个数据库都有自己的权限系统。在 SQL Server 2008 中对数据库权限的管理同样有两种方式，即使用图形界面 SSMS 和 T-SQL 语句。

11.4.1　权限类型

在 SQL Server 2008 中权限的类型包括三种：默认权限、对象权限和语句权限。

1. 默认权限

默认权限是指 SQL Sever 安装以后服务器角色、数据库角色和数据库对象所有者具有的权限。服务器角色和数据库角色的所有成员将自动拥有所属角色的权限。在 SQL Server 2008 中任何一个数据库对象都由用户创建，创建该对象的用户拥有该对象的所有权限。即如果用户 A 创建一个数据库，则 A 拥有该数据库的所有权，默认情况下，用户 A 具有该数据库的所有操作权限，这就是数据库对象的默认权限。

2. 对象权限

对象权限是数据库层次上的访问和操作数据库对象的操作权限。数据库对象包括表、视图、列和存储过程等。对这些对象的操作权限包括插入（INSERT）、删除（DELETE）、修改（UPDATE）、查询（SELECT）以及执行（EXECUTE）等基本操作权限。其中，增、删、改、查 4 个权限适用于表和视图，而执行权限主要是指存储过程。表 11-2 列出了对象权限以及适用的对象。

表 11-2　对象权限及其适用对象

适用对象	权限
表、列和视图	SELECT（查询）
表、列和视图	UPDATE（修改）
标量函数和集合函数、表、列和视图	REFERENCES（引用）
表、列和视图	INSERT（插入）
表、列和视图	DELETE（删除）
过程、标量函数和集合函数	EXECUTE（执行）
Service Broker 队列	RECEIVE（接受）
过程、Service Broker 队列、标量函数和集合函数、表、视图	VIEW DEFINITION（查看定义）
过程、标量函数和集合函数、Service Broker 队列、表、视图	ALTER（修改）
过程、标量函数和集合函数、表、视图	TAKE OWNERSHIP（获取所有权）
过程、标量函数和集合函数、Service Broker 队列、表、视图	CONTROL（控制）

表中的部分权限解释如下。

（1）CONTROL：授予与所有者类似的权限。CONTROL SERVER 相当于授予 sysadmin 特权。

（2）ALTER：授予更改安全实体对象的任何属性的权限，但修改所有权除外。例如，为数据库授予 ALTER 权限就可以修改它的表。

（3）TAKE OWNERSHIP：授予权限以保证获得对安全实体的所有权，使用的是 ALTER AUTHORIZATION 语句。

3. 语句权限

语句权限指的是用户在操作数据库和数据库对象时，对某些语句具有权限，而非数据库对象。一旦用户获得了某个语句的权限，则该用户就具有了执行该语句的权力。需要进行权限设置的语句如表 11-3 所示。

表 11-3　需要进行权限设置的语句

语句	含义
create database	允许用户创建数据库
create table	允许用户创建表
create view	允许用户创建视图
create rule	允许用户创建规则
create default	允许用户创建默认
create procedure	允许用户创建存储过程
create function	允许用户创建用户定义函数
backup database	允许用户备份数据库
backup log	允许用户备份事务日志

11.4.2　使用 SSMS 管理权限

SQL Server 提供了使用 SSMS 管理权限的方法，下面通过实例进行演示。

【例11-11】使用 SSMS 对数据库"学生选课"中的"学生"表进行权限设置，使数据库用户 new 具有对该表的插入和更新权限，但是拒绝该数据库用户具有删除权限。同时对 public 角色进行权限设置，使该角色具有对"学生"表的插入和更新权。

操作步骤如下。

① 打开"对象资源管理器"，展开"数据库"→"学生选课"→"表"节点，右键单击"学生"表，选择"属性"，打开"表属性"窗口，选择"权限"选择页。

② 单击"搜索"按钮，打开"选择用户或角色"对话框，单击"浏览"按钮，选择权限设置的对象（用户、数据库角色），选择数据库用户 new 和数据库角色 public，单击"确定"按钮。

③ 单击选择 new 用户对象，在"new 的权限"设置框里，单击选择授予"插入"和"更新"选项，以及拒绝"删除"选项，如图 11.23 所示。

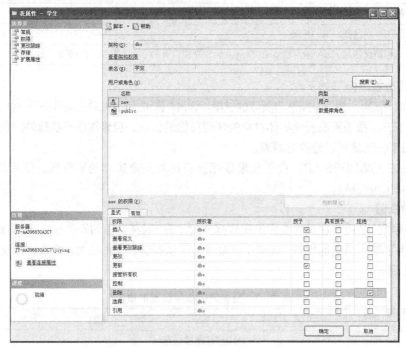

图11.23　设置数据库用户new权限

④ 单击选择 public 数据库角色，在"public 的权限"设置框里，单击选择授予"插入"和"更新"选项。

⑤ 单击"确定"按钮，关闭"表属性"窗口。

11.4.3　使用 T-SQL 语句管理权限

在 SQL Sever 2008 中，使用语句 GRANT、DENY 和 REVOKE 实现将安全对象的权限对相关主体进行授予、拒绝和取消等权限管理。

1. 授予权限

GRANT 语句可将安全对象的权限授予主体，授予权限的基本语法格式如下：

```
GRANT ALL | permission [ (column[,...n ])][,...n ]
[ON [ class ::] securable ] TO principal[ ,...n ]
```

参数含义如下。

（1）ALL：表示授予所有可用的权限。对于语句权限，只有 sysadmin 角色成员可以使用 ALL。对于对象权限，sysadmin 和 db_owner 角色成员和数据库对象所有者都可以使用 ALL。

（2）permission：是当前授予的对象权限的名称。

（3）column：是当前数据库中授予权限的列名。

（4）class：表示指定将授予其权限的安全对象的类，需要范围限定符 "::"。

（5）principal：表示主体的名称。

【例 11-12】在数据库 "学生选课" 中，授予数据库用户 "new" 对 "选课" 表的查询和删除权限。

对应的 SQL 语句如下：

```
USE 学生选课
GO
GRANT SELECT,DELETE
ON 选课
TO new
GO
```

2. 拒绝权限

DENY 用于拒绝授予主体权限，拒绝权限的基本语法格式如下：

```
DENY ALL | permission [ (column[,...n ])][,...n ]
[ON [ class ::] securable ] TO principal[ ,...n ]
```

参数含义同 GRANT 语句。

【例 11-13】在数据库 "学生选课" 中，禁止用户 "new" 对 "选课表" 的插入和修改权限。

对应的 SQL 语句如下：

```
USE 学生选课
GO
DENY INSERT,UPDATE
ON 选课
TO new
GO
```

3. 取消权限

REVOKE 语句用于取消以前授予的或拒绝的权限，取消权限的基本语法格式如下：

```
REVOKE ALL | permission [ (column[,...n ])][,...n ]
[ON [ class ::] securable ] TO principal[ ,...n ]
```

参数含义同 GRANT 语句。

【例 11-14】在数据库 "学生选课" 中，使用 T-SQL 语句取消用户 "new" 对 "选课表" 的删除权限。

单击 "新建查询" 按钮，写入如下代码，单击 "执行" 按钮。

```
USE 学生选课
GO
REVOKE DELETE
ON 选课
FROM new
GO
```

本章小结

（1）SQL Server 的安全模型采用为主体分配安全对象的访问权限机制。根据安全对象的级别不同，SQL Server 2008 将安全管理结构分为两个层次：服务器安全管理和数据库安全管理。

（2）在服务器安全管理阶段，SQL Server 2008 为登录账户提供两种身份验证模式：Windows 身份验证和混合模式身份验证。

（3）用户登录服务器后，可以通过将用户加入某个服务器角色中，使该用户对服务器具有该角色所具有的权限。要使登录用户对某个数据库具有权限，首先要使该登录账户成为数据库的用户，然后将该用户加入某个数据库角色中。权限是指用户对数据库中对象的使用及操作权利。通过对对象设置权限或对用户设定权限，都可以使用户具有对某个数据库对象的相应权限。

实训项目

项目 1：创建登录账户

目的：掌握使用 SSMS 和 T–SQL 两种方式进行登录名的创建和删除操作。

内容：

（1）使用 SSMS 创建"SQL Server 身份验证"登录名"test1"，并查看其属性；

（2）使用 SSMS 删除登录名"test1"；

（3）使用 T–SQL 语句创建"Windows 身份验证"登录名（对应的 Windows 用户为 test2）；

（4）使用 T–SQL 语句查看所创建的登录名"test2"的属性；

（5）使用 T–SQL 语句删除登录名"test2"。

项目 2：在网上书店数据库中创建数据库用户

目的：掌握使用 SSMS 和 T–SQL 两种方式进行数据库用户的创建和删除操作。

内容：

（1）使用 SSMS 创建与登录名"test1"对应的数据库用户"sql_user"，并查看其属性；

（2）使用 SSMS 删除数据库用户"sql_user"；

（3）使用 T–SQL 语句创建与登录名"test2"对应的数据库用户"win_user"；

（4）使用 T–SQL 语句将数据库用户名"winuser"修改为"win"；

（5）使用 T–SQL 语句查看网上书店数据库中的数据库用户信息；

（6）使用 T–SQL 语句删除数据库用户"win"。

课后习题

1. 简述 SQL Sever 2008 的安全模型。
2. 简述 SQL Sever 2008 的服务器安全管理机制和数据库安全管理机制。

SQL Server 2008

12 Chapter

第 12 章
数据库的备份和恢复

本章目标：
- 熟悉如何制定备份策略
- 掌握使用 SQL Server Management Studio 备份和恢复数据库的方法
- 掌握使用 T-SQL 语句备份和恢复数据库的方法

虽然 SQL Server 采取了多种措施来保证数据库的安全性和完整性，但各种软硬件故障、病毒、误操作或故意破坏均有可能发生，这些故障会影响数据正确性，甚至会破坏数据库，使数据库中的数据部分或全部丢失。数据库管理系统提供的数据库备份和恢复的功能可以将数据库从错误的状态恢复到某一种正确的状态。

12.1 备份与恢复的基本概念

对于计算机用户来说，对一些重要文件、资料定期进行备份是一种良好的习惯。如果出现突发情况，比如系统崩溃、系统遭受病毒攻击等，使得原先的文件遭到破坏甚至于全部丢失，可以启动备份文件进行数据恢复，以避免数据的损失。

12.1.1 备份策略的制定

数据库备份就是创建完整数据库的副本，并将所有的数据项都复制到备份集，以便在数据库遭到破坏时能够恢复数据库。为了保证数据的安全，数据库管理员应定期对数据进行备份。关于备份需要遵循两个简单规则：一是尽早并且经常备份；二是不要只备份到相同磁盘的一个文件中，应该在完全分离的位置还有一个副本，以确保备份安全。

在 SQL Server 系统中，只有获得许可的角色才可以备份数据，分别是以下几种。

（1）固定的服务器角色 sysadmin（系统管理员）。

（2）固定的数据库角色 db_owner（数据库所有者）。

（3）固定的数据库角色 db_backupoperator（允许进行数据库备份的用户）。

当然，管理员也可以授权某些用户来执行备份工作。

设计备份策略的指导思想是：以最小的代价恢复数据库。备份和恢复是相互联系的，因此备份的策略与恢复应结合起来考虑。

如何针对不同的需求设计出最佳的备份策略？首先要考虑的是数据库使用何种恢复模式。SQL Server 提供三种数据库恢复模式：简单恢复模式、完整恢复模式和大容量日志恢复模式。通常，数据库使用完整恢复模式或简单恢复模式。一般来说如果是测试或者是小型正式用数据库则会使用简单恢复模式，而完整恢复模式则应用于大中型正式数据库，当然也可以选择使用大容量日志恢复模式作为互补。制定最佳的数据库备份策略还要考虑到数据库的数据恢复目标要求，数据的使用方式，是否对事务日志进行管理等。

12.1.2 备份与恢复的方式

1. 备份类型

数据库备份常用的两类方法是完整备份和差异备份。完整备份每次都备份整个数据库和事务日志，差异备份则只备份自上次备份以来发生过变化的数据库的数据。差异备份也称为增量备份。

SQL Server 中有两种基本的备份：一是只备份数据库，二是备份数据库和事务日志，它们又都可以与完整或差异备份相结合。另外，当数据库很大时，也可以进行个别文件或文件组的备份，从而将数据库备份分割为多个较小的备份过程。这样就形成了以下 4 种备份方法。

（1）完整数据库备份。完整数据库备份就是备份整个数据库。它备份数据库文件、这些文件的地址以及事务日志的某些部分（从备份开始时所记录的日志顺序号到备份结束时的日志顺序号）。这是任何备份策略中都要求完成的第一种备份类型，因为其他所有备份类型都依赖于完整备份。换句话说，如果没有执行完整备份，就无法执行差异备份和事务日志备份。

完整数据库备份的主要优点是简单。备份是单一操作，可按一定的时间间隔预先设定，恢复时只需一个步骤就可以完成。若数据库不大，或者数据库中的数据变化很少甚至是只读的，使用完整数据库备份是最佳选择。

虽然用单独一个完整数据库备份就可以恢复数据库，但是完整数据库备份与差异备份和日志备份相比，在备份的过程中需要花费更多的空间和时间，所以完整数据库备份不能频繁地进行。如果只使用完整数据库备份，那么进行数据恢复时只能恢复到最后一次完整数据库备份时的状态，该时间点之后的所有改变都将丢失。

（2）差异备份。差异备份并不对整个数据库执行完整的备份，它只是对上次数据库备份后发生更改的部分进行备份，它是用来扩充完整数据库备份或数据库事务日志备份的方法。因为只备份改变内容，所以这种类型的备份速度比较快。对于一个经常修改的数据库，采用差异备份策略可以减少备份和恢复时间。差异备份比完整备份工作量小且备份速度快，对正在运行的系统影响也较小，因此可以更经常地备份。经常备份将减少丢失数据的危险。

采用差异备份方法，在执行数据库恢复时，若是数据库备份，则用最近的完整数据库备份和最近的差异数据库备份来恢复数据库；若是有差异数据库备份和事务日志备份，则需用最近的完整数据库备份、最近的数据库的差异备份和从最近的差异备份时刻到系统发生错误时刻所有的事务日志备份来恢复数据库。

（3）事务日志备份。事务日志备份是备份事务日志文件，用来在恢复操作期间提交完成的事务以及回滚未完成的事务。这种方法不需很频繁地定期进行数据库备份，而是在两次完整数据库备份期间，进行事务日志备份，所备份的事务日志记录了两次数据库备份之间所有的数据库活动记录。当系统出现故障后，能够恢复所有备份的事务，而只丢失未提交或提交但未执行完的事务。

事务日志备份比完整数据库备份节省时间和空间，而且利用事务日志备份进行恢复时，可以指定恢复到某一个事务，比如可以将其恢复到某个破坏性操作执行前的一个事务，完整备份和差异备份则不能做到。但是与完整数据库备份和差异备份相比，用日志备份恢复数据库要花费较长的时间，这是因为日志备份仅仅存放日志信息，恢复时需要按照日志重新插入、修改或删除数据。所以，通常情况下，事务日志备份经常与完整备份和差异备份结合使用。

（4）数据库文件或文件组备份。这种方法只备份特定的数据库文件或文件组，同时还要定期备份事务日志。这样在恢复时可以只恢复已损坏的文件，而不用恢复数据库的其余部分，从而加快了恢复速度。

对于被分割在多个文件中的大型数据库，可以使用这种方法进行备份。例如，如果数据库由几个在物理上位于不同磁盘上的文件组成，当其中一个磁盘发生故障时，只需恢复发生了故障的磁盘上的文件。文件或文件组备份和恢复操作必须与事务日志备份一起使用。

2. 恢复模式

数据库恢复就是当数据库出现故障时，将备份的数据库加载到系统，从而使数据库恢复到备份时的正确状态。系统进行恢复操作时，先执行一些系统安全性的检查，包括检查所要恢复的数据库是否存在、数据库是否变化以及数据库文件是否兼容等，然后根据所采用的数据库备份类型采取相应的恢复措施。SQL Server 2008 提供了 3 种恢复模式：简单恢复模式、完整恢复模式和大容量日志模式，以便给用户在空间需求和安全保障方面提供更多的选择。

（1）简单恢复模式。不支持时间点的恢复，是为了恢复到上一次备份点的数据库而设计的。在"简单"模式下，只能对数据库执行完整备份和差异备份。在该模式下，数据库会自动把不活动的日志删除，从而简化了数据库的备份，但因为没有事务日志备份，所以不能恢复到失败的时间点。如果数据库损坏，则简单恢复模式将面临极大的数据丢失风险。数据只能恢复到最后一次备份时的状态。因此，在简单恢复模式下，备份间隔应尽可能短，以防止大量丢失数据。对于小型数据库和不经常更新数据的数据库，一般使用简单恢复模式。

（2）完整恢复模式。支持时间点的恢复，能够恢复所有数据。在"完整"模式下，可以对数据库执行完整备份、差异备份和事务日志备份，是可供选择的备份选项最完整的一种模式。因为在此模式下，对数据库所做的各种操作都会被记录在事务日志中，包括大容量的数据录入（如SELECT INTO、BULK INSERT 等）。但是，这种模式产生的事务日志也最多，事务日志文件也最大。通常此模式适用于对数据安全性要求高的数据库。

（3）大容量日志恢复模式。不支持时间点恢复。在"大容量日志"模式下，与"完整"模式类似，可以执行完整备份、差异备份和事务日志备份。但是这种模式，对于 SELECT INTO、BULK INSERT、WRITETEXT 和 UPDATETEXT 等大批量数据复制的操作，在事务日志中会以节省空间的方式来记录，而不像"完整"模式时记录得那么完整。因此，对于这些操作的恢复会受影响，无法恢复到特定的时间点。一般在大规模大容量操作期间以及在不需要数据库的时间点恢复时使用此模式。多数大容量操作仅进行最小的日志记录。如果使用完整模式，可以在此切换到大容量日志恢复模式，以减少日志记录空间。当完成操作后可以切换到完整恢复模式。

使用 SQL Server Management Studio 设置恢复模式的步骤如下。

① 在"对象资源管理器"中，展开树型目录，定位到要设置恢复模式的数据库上。

② 用鼠标右键单击数据库名，在弹出的快捷菜单里选择"属性"选项，在弹出的"数据库属性"对话框里打开"选项"，在图 12.1 所示的对话框中，展开"恢复模式"下拉列表框，在此可以选择恢复模式，选择完毕后，单击"确定"按钮完成操作。

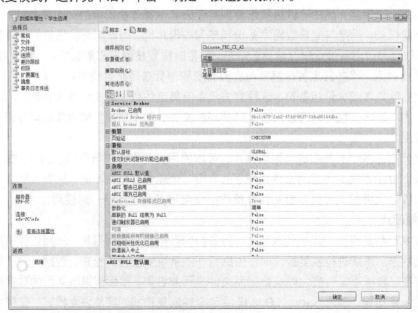

图12.1 设置恢复模式

12.2 备份数据库

12.2.1 使用 SQL Server Management Studio 备份数据库

1. 创建备份设备

备份设备是用来存储数据库、事务日志或者文件和文件组备份的存储介质，在执行备份数据之前，首先要创建备份设备和管理备份设备。

SQL Server 2008 中，备份设备可以是硬盘，也可以是磁带机或命名管道。当使用硬盘作为备份设备时，备份设备实质上指备份在物理硬盘上的文件路径。创建设备的方法有两种：一是使用 SQL Server Management Studio 工具创建，二是使用系统存储过程 SP_ADDUMPDEVICE 创建。

（1）使用 SQL Server Management Studio 创建备份设备的步骤如下。

① 在"对象资源管理器"中，依次展开"服务器对象"→"备份设备"节点，用鼠标右键单击选择"新建备份设备"命令，弹出"备份设备"窗口。

② 在"设备名称"文本框中输入备份设备名"StudCourse_Bak_Device.bale"，单击"浏览"按钮，修改路径为"D:\BakData\ StudCourse_Bak_Device.bak"，单击"确定"按钮即可，如图 12.2 所示。

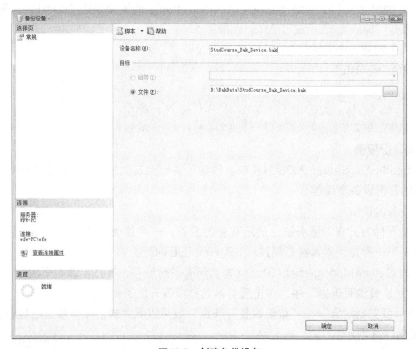

图12.2 创建备份设备

通过这种方式创建的备份设备是永久备份设备，会出现在"对象资源管理器"窗口的"服务器对象"的"备份设备"节点中。

（2）使用系统存储过程 SP_ADDUMPDEVICE 创建备份设备。

除了使用图形化工具创建备份设备外，还可以使用系统存储过程 SP_ADDUMPDEVICE 来添加备份设备，这个存储过程可以添加磁盘和磁带设备。SP_ADDUMPDEVICE 的基本语法如下：

```
SP_ADDUMPDEVICE [ @devtype = ] 'device_type'
    , [ @logicalname = ] 'logical_name'
    , [ @physicalname = ] 'physical_name'
[ , { [ @cntrltype = ] controller_type |
      [ @devstatus = ] 'device_status' }
]
```

参数说明如下。

① [@devtype =] 'device_type'：该参数指备份设备的类型。device_type 的数据类型为 varchar(20)，无默认值，可以是 disk、tape 和 pipe。其中，disk 指磁盘文件作为备份设备，tape 指 Microsoft Windows 支持的任何磁带设备，pipe 是指使用命名管道备份设备。

② [@logicalname =] 'logical_name'：该参数指在 BACKUP 和 RESTORE 语句中使用的备份设备的逻辑名称。logical_name 的数据类型为 sysname，无默认值，且不能为 NULL。

③ [@physicalname =] 'physical_name'：该参数指备份设备的物理名称。物理名称必须遵从操作系统文件名规则或者网络设备的通用命名约定，并且必须包含完整路径。physical_name 的数据类型为 nvarchar(260)，无默认值，且不能为 NULL。

④ [@cntrltype =] controller_type：如果 controller_type 的值是 2，则表示是磁盘；如果 controller_type 的值是 5，则表示是磁带。

⑤ [@devstatus =] 'device_status'：devices_status 的值如果是 "noskip"，表示读 ANSI 磁带头；如果是 "skip"，表示跳过 ANSI 磁带头。

【例 12-1】创建一个名称为 Service 的备份设备。

对应的 SQL 语句如下：

```
USE master
GO
EXEC sp_addumpdevice 'disk','Service','D:\test.bak'
```

2. 管理备份设备

在 Microsoft SQL Server 2008 系统中，创建了备份设备以后就可以查看备份设备的信息，或者把不用的备份设备删除等。

（1）查看备份设备

可以通过两种方式查看服务器上的所有备份设备，一种是使用 SQL Server Management Studio 工具，另一种是使用系统存储过程 SP_HELPDEVICE。

使用 SQL Server Management Studio 查看所有备份设备，操作步骤如下。

① 在"对象资源管理器"中，单击服务器名称以展开服务器树。

② 展开"服务器对象"→"备份设备"节点，就可以看到当前服务器上已经创建的所有备份设备，如图 12.3 所示。

使用系统存储过程 SP_HELPDEVICE 查看所有备份设备，如图 12.4 所示。

（2）删除备份设备

如果有不再需要的备份设备，可以将其删除，删除备份设备后，其上的数据都将丢失。删除备份设备也有两种方式，一种是使用 SQL Server Management Studio 工具，另一种是使用系统存储过程 SP_DROPDEVICE。

图12.3　查看备份设备　　　　　　　　　图12.4　使用系统存储过程查看备份设备

使用 SQL Server Management Studio 删除备份设备的操作步骤如下。

① 在"对象资源管理器"中，依次展开"服务器对象"→"备份设备"节点，该节点下列出了当前系统的所有备份设备。

② 选中需要删除的备份设备，在其上用鼠标右键单击，在弹出的快捷菜单中选择"删除"命令。

③ 单击"删除"命令后将打开"删除对象"对话框。在右窗格中，验证"对象名称"列中是否显示正确的要删除的设备名称，最后单击"确定"按钮。

使用 SP_DROPDEVICE 系统存储过程可将服务器中的备份设备删除，并能删除操作系统文件。具体语法格式如下：

```
SP_DROPDEVICE '备份设备名' [,'DELETE']
```

上述语句中，如果指定了 DELETE 参数，则在删除备份设备的同时删除它使用的备份文件。

【例 12-2】删除名称为 Test 的备份设备。

对应的 SQL 语句如下：

```
USE master
GO
EXEC SP_DROPDEVICE 'Test'
```

3. 备份操作

数据库备份操作可以在 SQL Server Management Studio 中以可视化的方式进行。

如果我们要对数据库"学生选课"进行完整备份，具体步骤如下。

（1）连接到相应的 SQL Server 服务器实例，在"对象资源管理器"中，展开实例中的"数据库"→"学生选课"节点，用鼠标右键单击选择"任务"→"备份"命令，出现"备份数据库–学生选课"对话框，如图 12.5 所示。

（2）单击"常规"选择页，在"数据库"下拉列表框中选择"学生选课"选项；在"备份类型"下拉列表框中选择"完整"选项；在"备份组件"区域选中"数据库"单选按钮；在"目标"区域已经给出了默认的备份文件名，本例中不使用，选中后，单击"删除"按钮删除；在"目标"

区域单击"添加"按钮，打开"选择备份目标"对话框，如图 12.6 所示，选中"备份设备"单选按钮，并在对应的下拉列表框中选择"StudCourse_Bak_Device"选项，单击"确定"按钮，返回到"备份数据库–学生选课"对话框。

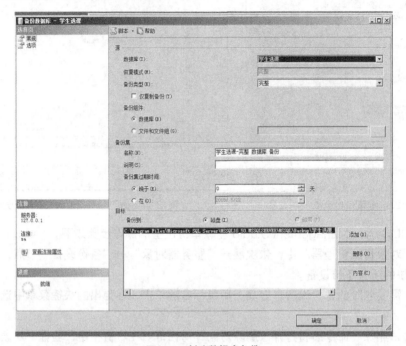

图12.5　创建数据库备份

如果需要执行差异备份，可以在"备份类型"中选择"差异"；需要执行事务日志的备份可以在"备份类型"中选择"事务日志"。

（3）选择"选项"选择页，可以设置数据库备份的高级选项。在"备份数据库–学生选课"对话框中，切换到"选项"选择页，选中"覆盖所有现有备份集"单选按钮，这样系统在创建备份时将初始化备份设备并覆盖原有的备份内容。如果选中"追加到现有备份集"，则将这一次备份的内容追加在备份文件的末尾，这个选项应用于这个数据库的多次备份都放在同一个备份设备中，且

图12.6　选择备份目标

还需要保留以往的多次备份的内容。选中"完成后验证备份"复选框，可以在备份后与当前数据库进行对比，以确保它们是一致的。选用"完成后验证备份"和"写入媒体前检查校验和"选项，会提高备份数据的可靠性，但是会加长备份的时间。在"压缩"区域，可以设定在备份时是否启动备份压缩，以节省备份占用的存储空间，默认选项是"使用默认服务器设置"，即不启动备份压缩。"选项"选择页如图 12.7 所示。

（4）以上的设置完成之后，单击"确定"按钮，系统将按照所选的设置对数据库进行备份。
如果没有发生错误，将出现备份成功的对话框。

图12.7　备份数据库的选项

12.2.2　使用 T-SQL 语句备份数据库

T-SQL 语言里提供了 BACKUP DATABASE 语句来备份数据库，使用该语句可以完成数据库的完整备份、差异备份以及文件和文件组备份。如果要备份事务日志则要使用 BACKUP LOG 语句。虽然 BACKUP DATABASE 语句可以进行完整备份、差异备份、文件和文件组备份，但是在完整备份、差异备份与文件和文件组备份的语法上有一点区别。

（1）完整备份和差异备份

完整备份和差异备份的语法格式如下：

```
BACKUP DATABASE {database_name | @database_name_var }
  TO < backup_device > [ , …n ]
  [ < MIRROR TO clause > ] [ next-mirror-to ]
  [ WITH { DIFFERENTIAL | < general_WITH_options > [ , …n ] } ]
COPY_ONLY
 | { COMPRESSION | NO_COMPRESSION }
 | DESCRIPTION = { 'text' | @text_variable }
 | NAME = { backup_set_name | @backup_set_name_var }
 | PASSWORD = { password | @password_variable }
 | { EXPIREDATE = { 'date' | @date_var }
 | RETAINDAYS = { days | @days_var } }
]

<backup_device>: : =
{
    {logical_backup_device_name | @ logical_backup_device_name_var}
```

```
     |{DISK | TAPE} = {'physical_backup_device_name' |
          @logical_backup_device_name_var}
   }
```

参数说明如下。

① {database_name | @database_name_var}：指定要备份的数据库名或存放数据库名称的变量。

② <backup_device>：指定用于备份的逻辑备份设备名或物理备份设备名。

③ <MIRROR TO clause>::=MIRROR TO < backup_device> [,...n]：指定将要镜像 TO 子句中指定备份设备的一个或多个备份设备。最多可以使用三个 MIRROR TO 子句。

④ WITH 选项：指定要用于备份操作的选项。

⑤ DIFFERENTIAL：只能与 BACKUP DATABASE 一起使用，指定数据库备份或文件备份只包含上次完整备份后修改的数据库或文件部分，即要做差异备份。默认情况下，BACKUP DATABASE 创建完整备份。

⑥ <general_WITH_options>：指定一些诸如是否仅复制备份、是否对此备份执行备份压缩、说明备份集的自由格式文本等操作选项。

⑦ COPY_ONLY：指定备份为"仅复制备份"，该备份不影响正常的备份顺序。仅复制备份是独立于定期计划的常规备份而创建的。仅复制备份不会影响数据库的总体备份和恢复过程。

⑧ COMPRESSIONI NO_COMPRESSION：显示是否启用备份压缩。

⑨ DESCRIPTION：指定说明备份集的自由格式文本。该字符串最长可以有 255 个字符。

⑩ NAME：指定备份集的名称。名称最长可达 128 个字符。如果未指定 NAME，它将为空。

⑪ PASSWORD：为备份集设置密码。PASSWORD 是一个字符串。

⑫ EXPIREDATE：指定备份集到期和允许被覆盖的日期。

⑬ RETAINDAYS：指定必须经过多少天才可以覆盖该备份媒体集。

（2）文件和文件组备份

备份文件和文件组的语法格式和完整备份、差异备份的代码基本一样，不同的是在语句"TO < backup_device >"前多了一句"<file_or_filegroup>"，该语法块里的参数说明如下。

① FILE：备份的数据库逻辑文件名。

② FIELGROUP：备份的数据库文件组名。

（3）事务日志备份

事务日志备份和完整备份、差异备份的代码基本一样，只是将完整备份、差异备份中的 BACKUP DATABASE 修改为 BACKUP LOG。

【例 12-3】在备份设备"StudCourse_Bak_Device1"上，将"学生选课"数据库完整备份。对应的 SQL 语句如下：

```
USE master
GO
BACKUP DATABASE 学生选课 TO StudCourse_Bak_Device1
```

【例 12-4】在备份设备"StudCourse_Bak_Device1"上，将"学生选课"数据库差异备份（在上例中已经为学生选课数据库创建了完整备份，为了体现差异备份，在学生表中可增加一条学生记录）。

对应的 SQL 语句如下：

```
USE master
GO
BACKUP DATABASE 学生选课 TO StudCourse_Bak_Device1
WITH DIFFERENTIAL,NAME='学生选课差异备份',DESCRIPTION='学生选课差异备份'
```

【例 12-5】在备份设备 "StudCourse_Bak_Device1" 上，创建事务日志备份，备份集的名
称为 "学生选课事务日志备份"。

对应的 SQL 语句如下：

```
USE master
GO
BACKUP LOG 学生选课 TO StudCourse_Bak_Device1
NAME='学生选课事务日志备份',DESCRIPTION='学生选课事务日志备份'
```

【例 12-6】在备份设备 "StudCourse_Bak_Device1" 上，将 "学生选课" 数据库中的文件
"学生选课 1" 备份。

对应的 SQL 语句如下：

```
USE master
GO
BACKUP DATABASE 学生选课 FILE='学生选课1'  TO StudCourse_Bak_Device1
```

12.2.3　备份压缩

数据库执行备份操作，需要占用一定的磁盘空间。如果一个公司的数据库非常庞大，那么对
数据库的备份就需要很大的空间。对于数据库管理员来说，这是一件十分头疼的事情。幸运的是，
在 SQL Server 2008 中新增了数据压缩功能。数据库管理员可以在备份过程中启动备份压缩来
节省备份占用的存储空间。

数据压缩的好处包括以下几点。

（1）通过减少 I/O 和提高缓存命中率来提升查询性能。

（2）提供对真实 DW 实际数据 2 倍到 7 倍的压缩比率来减少备份占用的存储空间。

（3）对数据和索引都可用。

在 SQL Server 2008 中，默认情况下不对备份进行压缩，如果需要的话，可以进行具体的配
置，启用备份压缩功能。

1．在服务器上配置备份压缩

在数据库引擎服务器上，可以对默认的备份压缩功能进行修改，具体的步骤如下。

（1）打开 SQL Server Management Studio 工具，连接服务器。

（2）用鼠标右键单击 "服务器"，在弹出的菜单中选择 "属性"，打开 "服务器属性" 窗口。

（3）单击 "数据库设置" 选项，在 "数据库设置" 页面启用 "压缩备份" 复选框，如图 12.8
所示。

（4）单击 "确定" 按钮，完成对服务器的配置。

2．在备份数据库时启用备份压缩功能

除了在服务器上进行配置之外，还可以在用户备份数据库的时候，选择 "压缩备份" 选项，
参看图 12.8 所示。

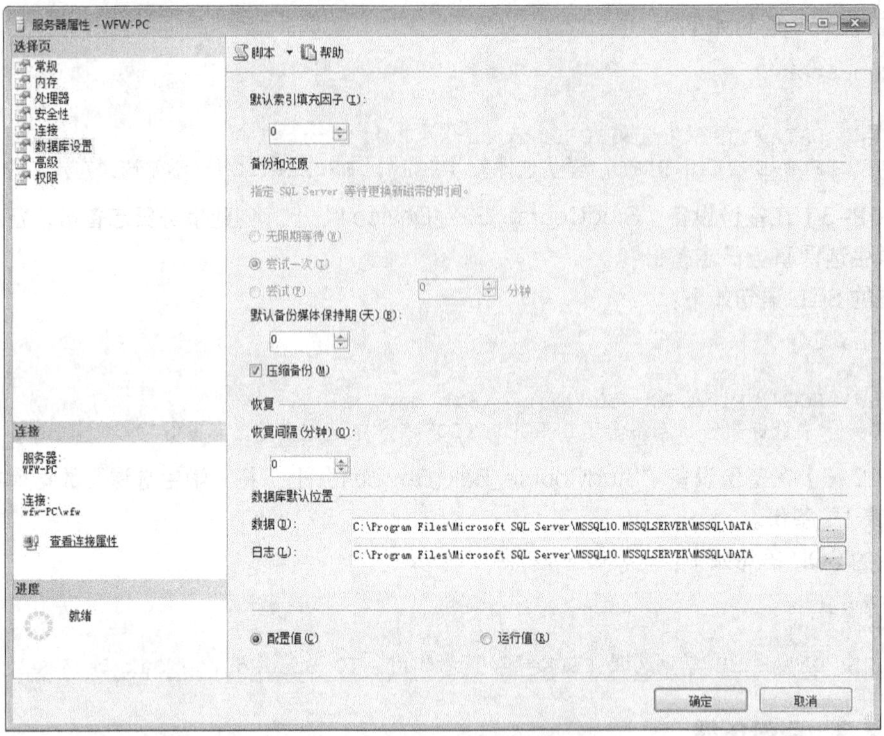

图12.8　在服务器上配置备份压缩

当然使用 BACKUP 语句的 WITH COMPRESSION 选项，也可以实现压缩备份的功能。

【例 12-7】在创建数据库"学生选课"的完整备份时启用压缩备份功能。

对应的 SQL 语句如下：

```
USE master
GO
BACKUP DATABASE 学生选课
TO DISK='StudCourse_Bak_Device'
WITH INIT,COMPRESSION
```

12.3　恢复数据库

12.3.1　恢复数据库的准备工作

备份是一种灾害预防操作，恢复是一种消除灾害的操作，恢复是与备份相对应的操作。备份的主要目的是为了在系统出现异常情况时，比如硬件损坏、系统软件瘫痪、误操作等删除了重要数据，将数据库恢复到某个正常的状态。一个数据库管理员或多或少都会遇到恢复数据库的操作，需要将数据库恢复到错误发生之前的状态。恢复是备份的目的。数据库恢复就是指加载数据库备份到系统中的进程。

1. 恢复数据库的方式

（1）完整备份的恢复：无论是完整备份、差异备份还是事务日志备份的恢复，在第一步都要先做完整备份的恢复。完整备份的恢复只需要恢复完整备份文件即可。

（2）差异备份的恢复：差异备份的恢复一共需要两个步骤，第一步恢复完整备份，第二步恢复最后一个差异备份。例如在每个周日做一次完整备份，周一到周六每天下班前做一次差异备份，如果在某个周五发生了数据库故障，就应该先恢复最近一个周日做的完整备份，再恢复周四做的差异备份。如果在差异备份之后还有事务日志备份，那么还应该恢复事务日志备份。

（3）事务日志备份的恢复：相对而言，事务日志备份会做得比较频繁一些，因而恢复事务日志备份的步骤比较多。例如某个数据库在每个周日做完整备份，每天的下午 7 点做差异备份，在一天里每隔四个小时做一次事务日志备份。假设在周三早上 9 点数据库发生故障，那么恢复数据库的步骤应该是先恢复周日做的完整备份，然后恢复周二下午做的差异备份，最后依次恢复差异备份到损坏为止的每一个事务日志备份，即周二晚上 11 点、周三早上 3 点、周三早上 7 点所做的事务日志备份。

（4）文件和文件组备份的恢复：通常只有数据库中某个文件或文件组损坏了才会使用这种恢复模式。

2. 恢复数据库前要注意的事项

在恢复数据库之前，要注意以下两点。

（1）检查备份设备或文件：在恢复数据库之前，首先找到要恢复的备份文件或备份设备，并检查备份文件或备份设备里的备份集是否正确无误，可以使用下面的 RESTORE 语句验证备份的内容：

```
RESTORE HEADERONLY
RESTORE FILELISTONLY
RESTORE LABELONLY
RESTORE VERIFYONLY
```

使用 RESTORE HEADERONLY 语句可以获取某个备份文件或备份集的标题信息。如果某个备份文件中包含了多个备份的内容，可以返回所有这些备份的标题信息。RESTORE FILELISTONLY 可以返回数据库或事务日志信息。RESTORE VERIFYONLY 语句包含了备份文件的备份介质的信息，RESTORE LABELONLY 语句可验证该备份文件是否有效。

（2）查看数据库的使用状态：在恢复数据库之前，要先查看数据库是否还有其他人在使用，如果还有其他人正在使用，将无法恢复数据库。

【例 12-8】使用 RESTORE HEADERONLY 语句获取数据库文件的标题信息。

对应的 SQL 语句如下：

```
USE master
GO
RESTORE HEADERONLY
FROM StudCourse_Bak_Device1
GO
```

12.3.2　使用 SQL Server Management Studio 恢复数据库

恢复数据前，管理员应当断开准备恢复的数据库和客户端应用程序之间的一切连接，此时，所有用户都不允许访问该数据库，并且执行恢复操作的管理员也必须更改数据库连接到 master 或其他数据库，否则不能启动恢复进程。

在执行任何恢复操作前，用户要对事务日志进行备份，这样有助于保证数据的完整性。如果用户在恢复之前不备份事务日志，那么用户将丢失从最近一次数据库备份到数据库脱机之间的数据更新。

【例 12-9】使用备份设备 StudCourse_Bak_Device 上的备份恢复"学生选课"数据库。

分析：为了便于体现数据库恢复，首先将"学生选课"数据库删除。

具体操作步骤如下。

（1）启动 SQL Server Management Studio。

（2）在"对象资源管理器"窗口中，用鼠标右键单击"数据库"节点，从弹出的快捷菜单中执行"还原数据库"命令，打开如图 12.9 所示的"还原数据库"对话框。

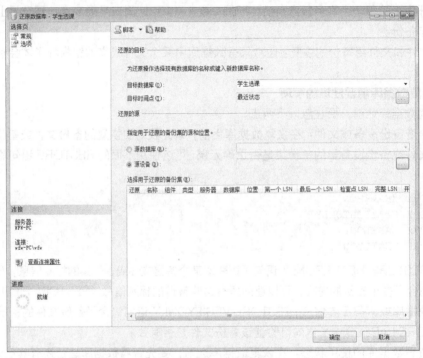

图12.9　还原数据库

（3）在"目标数据库"文本框中输入数据库名"学生选课"，在"还原的源"区域选中"源设备"单选按钮，单击右侧的按钮，打开"指定备份"对话框，如图 12.10 所示，在"备份媒体"下拉列表框中选择"备份设备"选项。

（4）单击"添加"按钮，打开"选择备份设备"对话框，在"备份设备"下拉列表框中选择"StudCourse_Bak_Device"选项，如图 12.11 所示。

（5）单击"确定"按钮，返回"指定备份"对话框，再次单击"确定"按钮，返回"还原数据库"对话框，就可以看到该备份设备中的所有的数据库备份内容，复选"选择用于还原的备份集"下面的"完整""差异"和"事务日志"3 种备份，可使数据库恢复到最近一次备份的正确状态。

（6）切换到"选项"选择页，设置恢复状态，这里使用默认设置。单击"确定"按钮，系统开始恢复数据库。（如果没有删除原数据库，选择覆盖原数据库选项。）

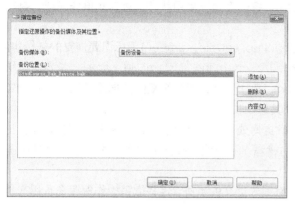

图12.10　指定备份

图12.11　选择备份设备

12.3.3　使用 T-SQL 语句恢复数据库

T-SQL 语言里提供了 RESTORE DATABASE 语句来恢复数据库备份，使用该语句可以恢复完整备份、差异备份、文件和文件组备份。如果要恢复事务日志备份则要使用 RESTORE LOG 语句。虽然 RESTORE DATABASE 语句可以恢复完整备份、差异备份、文件和文件组备份，但是在语法上有一点区别。

（1）恢复完整备份

恢复完整备份的语法格式如下：

```
RESTORE DATABASE { database_name | @database_name_var }
[ FROM < backup_device > [ , ...n ] ]
[ WITH
[ { CHECKSUM | NO_CHECKSUM } ]
[ [ , ] { CONTINUE_AFTER_ERROR | STOP_ON_ERROR } ]
[ [ , ] ENABLE_BROKER ]
[ [ , ] ERROR_BROKER_CONVERSATIONS ]
[ [ , ] FILE = { backup_set_file_number | @backup_set_file_number } ]
[ [ , ]MOVE 'logical_file_name_in_backup' TO 'operating_system_file_name']
[,...n]
[ [ , ] { RECOVERY | NORECOVERY |STANDBY={
standby_file_name | @ standby_file_name_var }
}]
```

参数说明如下。

① {database_name | @database_name_var}：指定要恢复的数据库名称或存放数据库名称的变量。

② <backup_device>：指定用于恢复操作的逻辑备份设备名或物理备份设备名。

③ { CHECKSUM | NO_CHECKSUM }：恢复时进行校验或不校验。

④ { CONTINUE_AFTER_ERROR | STOP_ON_ERROR }：设置恢复失败时是否继续。

⑤ ENABLE_BROKER：启动 service broker 以便消息可以立即发送。

⑥ ERROR_BROKER_CONVERSATIONS：发生错误时结束所有会话，并产生一个错误信息

指出数据库已附加或恢复。此时，service broker 将一直处于禁用状态，直到此操作完成，再将其启用。

⑦ FILE = { backup_set_file_number | @backup_set_file_number }：标识要恢复的备份集。

⑧ MOVE 'logical_file_name_in_backup ' TO 'operating_system_file_name'：指定应将给定的 logical_file_name 移到 operating_system_file_name，即将恢复的数据库移动到指定的位置。默认情况下，logical_file_name 将恢复到其原始位置。

⑨ RECOVERY：回滚未提交的事务，使数据库处于可用状态。无法恢复其他事务日志。

⑩ NORECOVERY：不对数据库执行任何操作，不回滚未提交的事务。可以恢复其他事务日志。

⑪ STANDBY：使数据库处于只读模式。撤销未提交的事务，但将撤销操作保存在备用文件中，以便可使恢复效果逆转。

⑫ standby_file_name | @ standby_file_name_var：指定一个允许撤销恢复效果的备用文件或变量。

【例 12-10】用名为 "StudCourse_Bak_Device1" 的备份设备来恢复数据库 "学生选课"。

对应的 SQL 语句如下：

```
USE master
RESTORE DATABASE 学生选课
FROM DISK='StudCourse_Bak_Device1'
```

【例 12-11】用名为 "StudCourse_Bak_Device1" 的备份设备中的第 2 个备份集来恢复数据库 "学生选课"。

对应的 SQL 语句如下：

```
USE master
RESTORE DATABASE 学生选课
FROM DISK='StudCourse_Bak_Device1'
WITH FILE=2
```

（2）恢复差异备份

恢复差异备份的语法与恢复完整备份的语法是一样的，只是在恢复差异备份时，必须先恢复完整备份，再恢复差异备份。完整备份与差异备份数据可能在同一个备份文件或备份设备中，也有可能在不同的备份文件或备份设备中。如果在同一个备份文件或备份设备中，则必须用 file 参数来指定备份集。无论备份集是否在同一个备份文件（备份设备）中，除了最后一个恢复操作，其他所有恢复操作都必须加上 NORECOVERY 或 STANDBY 参数。

【例 12-12】用名为 "StudCourse_Bak_Device1" 的备份设备的第 1 个备份集来恢复数据库 "学生选课" 的完整备份，再用第 4 个备份集来恢复差异备份。

对应的 SQL 语句如下：

```
USE master
RESTORE DATABASE 学生选课
FROM DISK='StudCourse_Bak_Device1'
WITH FILE=1, NORECOVERY
GO
RESTORE DATABASE 学生选课
FROM DISK='StudCourse_Bak_Device1'
```

```
WITH FILE=4, RECOVERY
GO
```

（3）恢复事务日志备份

恢复事务日志备份的语法与恢复完整备份的语法基本一样，只是将恢复完整备份中的 RESTORE DATABASE 修改为 RESTORE LOG。在 SQL Server 2008 中已经将事务日志备份看成和完整备份、差异备份一样的备份集，因此，恢复事务日志备份也可以和恢复差异备份一样，只要知道它在备份文件或备份设备里是第几个文件集即可。与恢复差异备份相同，恢复事务日志备份必须先恢复在其之前的完整备份，除了最后一个恢复操作，其他所有恢复操作都必须加上 NORECOVERY 或 STANDBY 参数。最后一个日志恢复指定为 RECOVERY 或不指定（默认为 RECOVERY）。

【例 12-13】用名为 "StudCourse_Bak_Device1" 的备份设备的第 1 个备份集来恢复数据库 "学生选课" 的完整备份，再用第 2 个备份集来恢复事务日志备份。

对应的 SQL 语句如下：

```
USE master
RESTORE DATABASE 学生选课
FROM DISK='StudCourse_Bak_Device1'
WITH FILE=1, NORECOVERY
GO
RESTORE LOG 学生选课
FROM DISK='StudCourse_Bak_Device1'
WITH FILE=2,RECOVERY
GO
```

（4）恢复文件和文件组备份

恢复文件和文件组备份也可以使用 RESTORE DATABASE 语句，但是必须在数据库名与 FROM 之间加上参数 FILE 或 FILEGROUP 来指定要恢复的文件或文件组。通常，在恢复文件和文件组备份之后，还要恢复事务日志备份来获得最近的数据库状态。

【例 12-14】用名为 "StudCourse_Bak_Device1" 的备份设备来恢复数据库 "学生选课" 中的文件组 student，再用第 4 个备份集来恢复事务日志备份。

对应的 SQL 语句如下：

```
USE master
RESTORE DATABASE 学生选课
FILEGROUP='student'
FROM DISK='StudCourse_Bak_Device1'
WITH NORECOVERY
GO
RESTORE LOG 学生选课
FROM DISK='StudCourse_Bak_Device1'
WITH FILE=4, RECOVERY
GO
```

12.3.4　时间点恢复

在 SQL Server 2008 中进行事务日志备份时，不仅给事务日志中的每个事务标上日志号，还给它们都标上一个时间。但是，在使用这个过程时需要注意两点。

（1）这个过程不适用于完整与差异备份，只适用于事务日志备份。

（2）将失去指定恢复时间之后整个数据库上所发生的任何修改。

例如，一个数据库每天 12 点都会定时做事务日志备份，10 点的时候服务器出现故障，误清除了许多重要的数据。通过对日志备份的时间点恢复，可以把时间点设置在 10:00:00，既可以保存 10:00:00 之前的数据修改，又可以忽略 10:00:00 之后的错误操作。

使用 SQL Server Management Studio 按照时间点恢复数据库的操作步骤如下。

（1）打开 SQL Server Management Studio 工具，连接服务器。

（2）在"对象资源管理器"中，展开"数据库"节点，用鼠标右键单击"学生选课"数据库，在弹出的命令菜单中选择"任务"→"还原"→"数据库"命令，打开"还原数据库"窗口。

（3）单击"目标时间点"文本框后面的"选项"按钮，打开"时点还原"窗口，启用"具体日期和时间"选项，输入具体时间 10:00:00，如图 12.12 所示。

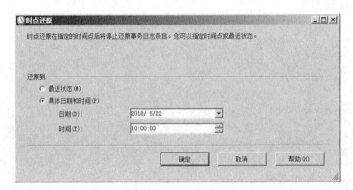

图12.12　时间还原

（4）设置完成后，单击"确定"按钮返回。然后恢复备份，设置时间以后的操作将会被恢复。

12.4　建立自动备份的维护计划

当一个数据库里的数据更新得比较频繁时，一天几次备份是必不可少的，如果每次都要数据库管理员手动备份数据库，这将给管理员带来繁重的工作任务。在 SOL Server 2008 中可以使用维护计划来为数据库自动备份，来减少数据库管理员的工作负担。

使用 SQL Server Management Studio 建立自动备份的维护计划的操作步骤如下。

（1）在"对象资源管理器"窗格里选择数据库实例，选择"管理"→"维护计划"选项，用鼠标右键单击"维护计划"选项，弹出如图 12.13 所示的快捷菜单。

（2）在弹出的快捷菜单里选择"维护计划向导"选项，弹出图 12.14 所示的"维护计划向导"对话框，单击"下一步"按钮。

（3）弹出图 12.15 所示的"选择计划属性"对话框，在"名称"文本框里可以输入维护计划的名称，在"说明"文本框里可以输入维护计划的说明文字。设置完需要的选项后，单击"下一步"按钮。

图12.13　维护计划快捷菜单　　　　　　　　　　图12.14　维护计划向导

（4）弹出图 12.16 所示的"选择维护任务"对话框，在该对话框里可以选择多种维护任务，例如检查数据库完整性、收缩数据库、重新生成或组织索引、更新统计信息、清除历史记录、执行 SQL Server 代理作业、备份数据库等。在本例中选择"备份数据库（完整）"复选框，其他维护任务的设置都大致相同。单击"下一步"按钮。

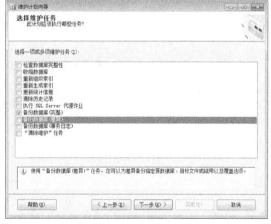

图12.15　选择计划属性　　　　　　　　　　图12.16　选择维护任务

（5）系统将弹出"选择维护任务顺序"对话框。如果有多个维护任务，在此可以通过单击"上移"和"下移"两个按钮来设置维护任务的顺序。设置完毕后单击"下一步"按钮。

（6）弹出图 12.17 所示的对话框，在"数据库"下拉列表框里可以选择要备份的数据库名，在"备份组件"区域里可以选择备份数据库还是备份数据库文件，还可以选择备份介质等。设置完毕后，单击"下一步"按钮。

（7）弹出图 12.18 所示的"选择报告选项"对话框，在该对话框里选择"将报告写入文本文件"。设置完毕后，单击"下一步"按钮。

图12.17 配置维护任务

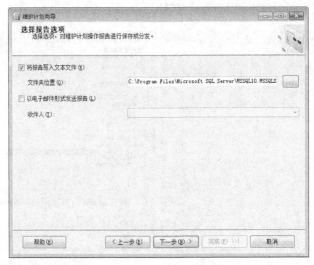

图12.18 选择报告选项

（8）弹出"完成该向导"对话框，单击"完成"按钮完成维护计划创建操作。

本章小结

（1）数据库管理员应定期对数据库进行备份，一旦由于意外情况数据库被损坏，可利用备份文件最大限度地恢复数据。

（2）SQL Server 2008 提供了四种备份数据库的方式：完整数据库备份、差异备份、事务日志备份、数据库文件和文件组备份。完整备份可以备份整个数据库中的所有内容，包括事务日志。

差异备份只备份上次完整备份后修改的数据，是完整备份的补充。事务日志备份只备份事务日志里的内容。数据库文件和文件组备份只备份数据库中的某些文件或文件组。

（3）SQL Server 2008 中的恢复模式分三种：简单恢复模式、完整恢复模式和大容量日志恢复模式。

（4）针对不同的数据库备份类型，可以采取不同的数据库恢复方法。在恢复数据库前要检查数据库备份设备或备份文件，还要查看数据库的使用状态。

（5）使用数据库的自动维护计划可使数据库管理员从繁重的备份工作中解放出来。

实训项目

项目 1：创建与管理备份设备

目的：掌握备份设备的创建和管理。

内容：

（1）分别利用 SQL Server Management Studio 和 T-SQL 语句创建两个备份设备，一个命名为 s1_bak，存储在系统默认路径下，另一个命名为 s2_bak，存储在 "e:\sqldb" 文件夹下；

（2）利用 SQL Server Management Studio 删除备份设备 s2_bak。

项目 2：使用 SQL Server Management Studio 备份与恢复数据库

目的：掌握利用 SQL Server Management Studio 对数据库进行备份与恢复的方法。

内容：

（1）使用备份设备 s1_bak 完全备份数据库 "网上书店"；

（2）修改数据库 "网上书店" 中的数据，再次备份，备份方式为差异备份；

（3）删除数据库 "网上书店"；

（4）恢复数据库。

项目 3：使用 T-SQL 语句备份与恢复数据库

目的：掌握利用 T-SQL 语句对数据库进行备份与恢复的方法。

内容：

（1）使用 T-SQL 语句创建一个新的备份设备 s3_bak；

（2）使用 T-SQL 语句和利用备份设备 s3_bak 完全备份数据库 "网上书店"；

（3）删除数据库 "网上书店"，使用 T_SQL 恢复数据库 "网上书店"。

 课后习题

一、选择题

1. 防止数据库出现意外的有效方法是（　　）。

　　A. 重建　　　　　　B. 追加　　　　　　C. 备份　　　　　　D. 删除

2. 在 SQL Server 中，用户应备份如下内容（　　）。

  A. 记录用户数据的所有用户数据库 B. 记录系统信息的系统数据库

  C. 记录数据库改变的事务日志   D. 以上所有

3. SQL Server 系统提供了四种备份方法，来满足企业和数据库活动的各种需要。这四种备份方法是：完整数据库备份、差异备份、事务日志备份、数据库文件或者文件组备份。其中当执行定点数据库恢复时，需要用（　　）。

  A. 完整数据库备份   B. 差异备份

  C. 事务日志备份   D. 数据库文件和文件组备份

4. SQL Server 备份是动态的，这意味着（　　）。

  A. 你不必计划备份工作，SQL Server 会自动为你完成

  B. 允许用户在备份的同时访问数据

  C. 不允许用户在备份的同时访问数据

  D. 备份要不断地进行

5. SQL Server 恢复过程是静态的，这意味着（　　）。

  A. 在数据库恢复过程中，用户不能进入数据库

  B. 在数据库恢复过程中，用户可以访问数据库，但不能更新数据库

  C. 在数据库恢复过程中，用户可以对数据库进行任何操作

  D. 以上解释均不对

6. 发生以下（　　）情况时，通常从完整数据库备份中恢复。

  A. 数据库的物理磁盘损坏   B. 整个数据库被损坏或删除

  C. 恢复被删除的行或撤销更新   D. 数据库的相同副本被恢复到不同的服务器上

7. 在 SQL Server 中提供了四种数据库备份和恢复的方式，其中（　　）对数据库中的部分文件或文件组进行备份。

  A. 完整数据库备份   B. 差异备份

  C. 事务日志备份   D. 数据库文件或文件组备份

二、问答题

1. 什么是数据库的备份和恢复？

2. SQL Server 提供了哪几种数据库备份和恢复的方式？试比较各种不同数据库备份方法、恢复方法的差异。

3. 某企业的数据库每周日晚 12 点进行一次完整备份，每天晚 12 点进行一次差异备份，每个小时进行一次日志备份，数据库在 2018 年 6 月 6 日（星期三）3:30 崩溃，应如何将其恢复使得数据损失最小？

13 Chapter

第 13 章
综合项目案例

本章目标：
- 使用 T-SQL 语句创建数据库和表
- 使用 T-SQL 语句编程实现用户业务
- 使用事务和存储过程封装业务逻辑
- 使用视图简化复杂的数据查询

通过一个典型的数据库管理系统——银行业务系统的项目开发，对本书所讲内容进行总结和巩固。

13.1 案例分析

13.1.1 需求概述

某银行是一家民办的小型银行企业，现有十多万客户。公司将为该银行开发一套管理系统，对银行日常的业务进行计算机管理，以保证数据的安全性，提高工作效率。

系统要完成客户要求的功能，运行稳定。

13.1.2 问题分析

通过和银行柜台人员的沟通交流，确定该银行的业务描述如下。

（1）银行为客户提供了各种银行存取款业务，如表 13-1 所示。

表 13-1　银行存取款业务

业务	描述
活期	无固定存期，可随时存取，存取金额不限的一种比较灵活的存款
定活两便	事先不约定存期，一次性存入，一次性支取的存款
整存整取	选择存款期限，整笔存入，到期提取本息的一种定期储蓄。银行提供的存款期限有 1 年、2 年和 3 年
零存整取	一种事先约定金额，逐月按约定金额存入，到期支取本息的定期储蓄。银行提供的存款期限有 1 年、2 年和 3 年
转账	办理同一币种账户的银行卡之间的互相划转

（2）每个客户凭个人身份证在银行可以开设多个银行卡账户。开设账户时，客户需要提供的开户数据如表 13-2 所示。

表 13-2　开设银行卡账户的客户信息

数据	说明
姓名	必须提供
身份证号	必填项。唯一确定用户。由 17 位数字和 1 位数字或字符组成
联系电话	分为座机号码和手机号码 〉座机号码由数字和"一"构成，有以下两种格式。 ◆ ×××—××××××× ◆ ××××—××××××× 〉手机号码由 11 位数字组成
居住地址	可以选择

（3）银行为每个账户提供一个银行卡，每个银行卡可以存入一种币种的存款。银行保存账户的信息如表 13-3 所示。

（4）客户持卡在银行柜台或 ATM 机上输入密码，经系统验证身份后办理存款、取款和转账等银行业务。银行规定：每个账户当前的存款余额不得小于 1 元。

表 13-3　银行卡账户信息

数据	说明
卡号	银行的卡号由 16 位数字组成。其中：一般前 8 位代表特殊含义，如某总行某支行等。假定该行要求其营业厅的卡号格式为 6227 2666 ×××× ××××，后面 8 位是随机产生且唯一。每 4 位号码后有空格
密码	由 6 位数字构成，开户时默认为"888888"
币种	默认为 RMB，该银行目前尚未开设其他币种存款业务
存款类型	必须选择
开户日期	客户开设银行卡账户的日期，默认为系统当前日期和时间
开户金额	客户开设银行卡账户时存入的金额，规定不得小于 1 元
余额	客户账户目前剩余的金额
是否挂失	默认为"否"

（5）银行在为客户办理存取款业务时，需要记录每一笔交易。交易信息表如表 13-4 所示。

表 13-4　银行卡交易信息

数据	说明
卡号	银行的卡号由 16 位数字组成
交易日期	默认为当前日期和时间
交易金额	必须大于 0
交易类型	包括存入和支取两种
备注	对每笔交易做必要的说明

（6）该银行要求这套软件实现银行客户的开户、存款、取款、转账和余额查询等业务，使银行储蓄业务方便、快捷，同时保证银行业务数据的安全性。

（7）为了使开发人员尽快了解银行业务，该银行提供了银行卡手工账户和存取款单据的样本数据，以供项目开发参考，如表 13-5 和表 13-6 所示。

表 13-5　银行卡手工账户信息

账户姓名	王小利	账户姓名	赵家平
身份证号	110103195412236346	身份证号	410103196001153461
联系电话	0579-68837215	联系电话	15801112309
住址	山东济南市小郭乡	住址	北京市昌平区
卡号	6227 2666 1010 5112	卡号	6227 2666 1822 6631
存款类型	定期一年	存款类型	活期
开户日期	2016-11-13 15:30:12	开户日期	2017-08-21 09:10:11
开户金额	￥1.00	开户金额	￥1.00
余额	￥1,5132.19	余额	￥983.89
密码	991248	密码	367542
账户状态		账户状态	挂失

表 13-6　银行卡交易信息

交易日期	交易类型	卡号	交易金额（元）	余额（元）	终端机编号
2016-11-21 09:21:16	存入	6227 2666 1010 5112	￥4,000.00	￥4,200.00	1101
2017-12-13 21:18:21	存入	6227 2666 1010 5112	￥1,000.00	￥5,200.00	1305
2015-12-19 10:36:37	支取	6227 2666 7173 8982	￥100.00	￥460.00	2104
2016-01-01 11:08:09	支取	6227 2666 9989 8112	￥2,500.00	￥1,000.00	4482
2017-01-01 13:01:01	存入	6227 2666 9331 9007	￥1,000.00	￥5,800.71	9803
2018-01-01 15:17:16	支取	6227 2666 1010 5112	￥4,000.00	￥1,200.00	1101
2018-01-02 08:09:03	存入	6227 2666 9989 8112	￥5,000.00	￥6,000.00	1305
2018-01-02 09:01:02	存入	6227 2666 1822 6631	￥100.00	￥1,083.89	1101
2018-03-09 13:15:31	支取	6227 2666 1822 6631	￥300.00	￥783.89	4482

13.2　项目设计

13.2.1　数据库设计

1．创建银行业务系统 E-R 图

（1）任务描述

明确银行业务系统的实体、实体属性以及实体之间的关系。

（2）提示

① 在充分理解银行业务需求后，围绕银行的业务需求进行分析，确认与银行业务系统有紧密关系的实体，并得到每个实体的必要属性。

② 对银行业务进行分析，找出多个实体之间的关系。实体之间的关系可以是一对一、一对多、多对多。

银行业务系统 E-R 图参考答案如图 13.1 所示。

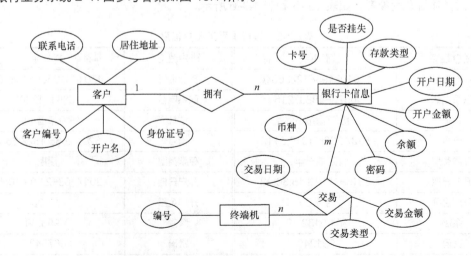

图13.1　银行业务系统E-R图

2. 将 E-R 图转换为关系模式

参考答案如下。

按照将 E-R 图转换为关系模式的规则，图 13.1 的 E-R 图转换的关系模式为：

① 客户（<u>客户编号</u>，开户名，身份证号，联系电话，居住地址）

② 银行卡（<u>卡号</u>，密码，开户日期，开户金额，存款类型，余额，是否挂失，币种，客户编号）

③ 交易（<u>卡号</u>，<u>交易日期</u>，交易类型，交易金额，终端机编号）

④ 终端机（<u>编号</u>）

对上述关系模式进行优化："终端机"关系只有一个"编号"属性，而且此属性已经包含在"交易"关系中了，这个关系可以删除。"银行卡"关系中的"存款类型"皆为汉字，会出现大量的数据冗余，为减少数据冗余，可分出一个"存款类型"关系，里面包含"存款类型编号"和"存款类型名称"等属性，将"银行卡"关系中的"存款类型"改变为"存款类型编号"。

优化后的关系模式为：

① 客户（<u>客户编号</u>，开户名，身份证号，联系电话，居住地址）

② 银行卡（<u>卡号</u>，密码，开户日期，开户金额，存款类型编号，余额，币种，是否挂失，客户编号）

③ 交易（<u>卡号</u>，<u>交易日期</u>，交易类型，交易金额，终端机编号）

④ 存款类型（<u>存款类型编号</u>，存款类型名称，描述）

3. 规范数据库设计

使用第一范式、第二范式、第三范式对关系进行规范化，使每个关系都要达到第三范式。在规范化关系时，也要考虑软件运行性能。必要时，可以有悖于第三范式的要求，适当增加冗余数据，减少表间连接，以空间换取时间。

4. 设计表结构

客户表结构如图 13.2 所示。银行卡表结构如图 13.3 所示。交易表结构如图 13.4 所示。存款类型表结构如图 13.5 所示。

列名称	数据类型		说明
customerID	int	客户编号	自动编号（标识列），从1开始，主键
customerName	varchar	开户名	必填
PID	char	身份证号	必填，只能是18位，身份证号唯一约束
telephone	varchar	联系电话	必填，格式为xxxx-xxxxxxxx或xxx-xxxxxxxx或手机号11位
address	varchar	居住地址	可选输入

图13.2　客户表结构

列名称	数据类型		说明
cardID	char	卡号	必填，主键，银行的卡号规则和电话号码一样，一般前8位代表特殊含义，如某总行某支行等。假定该行要求其营业厅的卡号格式为：6227 2666 xxxx xxxx。每4位号码后有空格，卡号一般是随机产生
curID	varchar	币种	必填，默认为RMB
savingID	int	存款类型编号	外键，必填
openDate	datetime	开户日期	必填，默认为系统当前日期和时间
openMoney	money	开户金额	必填，不低于1元
balance	money	余额	必填，不低于1元
password	char	密码	必填，6位数字，开户时默认为6个"8"
IsReportLoss	bit	是否挂失	必填，是/否值，默认为"否"（0）
customerID	int	客户编号	外键，必填

图13.3　银行卡表结构

字段名称	数据类型	说明	
tradeDate	datetime	交易日期	必填，默认为系统当前日期和时间
cardID	char	卡号	外键，必填
tradeType	char	交易类型	必填，只能是存入/支取
tradeMoney	money	交易金额	必填，大于0
machine	char	终端机编号	客户业务操作的机器编号，可空

字段名称	数据类型	说明	
savingID	int	存款类型编号	自动编号（标识列）从1开始，主键
savingName	varchar	存款类型名称	必填
descrip	varchar	描述	可空

图13.4 交易表结构   图13.5   存款类型表结构

13.2.2 创建库、创建表、创建约束

1. 创建数据库

（1）任务描述

使用 CREATE DATABASE 语句创建"银行业务系统"数据库 bankDB，数据文件和日志文件保存在 D:\bank 文件夹下，文件增长率为 15%。

（2）任务要求

创建数据库时要求检测是否存在数据库 bankDB，如果存在，则先删除再创建。

（3）提示

在 D 盘创建文件夹 bank，使用：

```
Exec xp_cmdshell  'mkdir d:\bank',NO_OUTPUT
```

对应的 T-SQL 语句如下：

```
--创建建库 bankDB
USE master
GO
IF EXISTS (SELECT * FROM sysdatabases WHERE name ='bankDB')
  DROP DATABASE bankDB
GO
CREATE DATABASE bankDB
ON
 (NAME='bankDB_data',
  FILENAME='d:\bank\bankDB_data.mdf',
  SIZE=3mb,
  FILEGROWTH=15%)
LOG ON
 (NAME='bankDB_log',
  FILENAME='d:\bank\bankDB_log.ldf',
  SIZE=3mb,
  FILEGROWTH=15%)
GO
```

2. 创建表

（1）任务描述

根据设计出的"银行业务系统"的数据表结构，使用 CREATE TABLE 语句创建表。

（2）任务要求

创建表时要求检测是否存在同名的表，如果存在，则先删除再创建。

（3）参考答案

```
USE bankDB
GO
IF EXISTS (SELECT * FROM sysobjects WHERE name='userInfo')
  DROP TABLE userInfo
GO
CREATE TABLE userInfo  --客户表
(customerID INT IDENTITY(1,1),
 customerName VARCHAR(20) NOT NULL,
 PID CHAR(18) NOT NULL,
 telephone VARCHAR(15) NOT NULL,
 address VARCHAR(50))
GO
IF EXISTS (SELECT * FROM sysobjects WHERE name='cardInfo' )
  DROP TABLE cardInfo
GO
CREATE TABLE cardInfo  --银行卡表
(cardID CHAR(19) NOT NULL,
 curID VARCHAR(10) NOT NULL,
 savingID INT NOT NULL,
 openDate DATETIME NOT NULL,
 openMoney MONEY NOT NULL,
 balance MONEY NOT NULL,
 passWord CHAR(6) NOT NULL,
 IsReportLoss BIT NOT NULL,
 customerID INT NOT NULL)
GO
IF EXISTS (SELECT * FROM sysobjects WHERE name='tradeInfo')
  DROP TABLE tradeInfo
GO
CREATE TABLE tradeInfo  --交易表
(tradeDate DATETIME NOT NULL,
 tradeType CHAR(4) NOT NULL,
 cardID CHAR(19) NOT NULL,
 tradeMoney MONEY NOT NULL,
 machine CHAR(4))
GO
IF EXISTS (SELECT * FROM sysobjects WHERE name='deposit')
  DROP TABLE deposit
GO
CREATE TABLE deposit  --存款类型表
(savingID INT IDENTITY(1,1),
 savingName VARCHAR(20) NOT NULL,
 descrip VARCHAR(50) )
GO
```

3. 添加约束

（1）任务描述

根据银行业务，分析表中每列相应的约束要求，使用 ALTER TABLE 语句为每个表添加各种约束。

（2）提示

为表添加主外键约束时，要先添加主表的主键约束，再添加子表的外键约束。

（3）参考答案

```
/* deposit 表的约束
   savingID 存款类型号 主键 */
ALTER TABLE deposit
  ADD CONSTRAINT PK_savingID PRIMARY KEY(savingID)
GO
/* userInfo 表的约束
   customerID 客户编号，自动编号（标识列），从 1 开始，主键
   customerName 开户名，必填
   PID 身份证号，必填，只能是 18 位。身份证号唯一约束
   telephone 联系电话，必填，格式为×××-×××××××或×××-××××××××
或手机号 11 位
   address 居住地址，可选输入*/
ALTER TABLE userInfo
  ADD CONSTRAINT PK_customerID PRIMARY KEY(customerID),
     CONSTRAINT CK_PID CHECK(len(PID)=18),
     CONSTRAINT UQ_PID UNIQUE(PID),
    CONSTRAINT CK_telephone CHECK( telephone like' [0-9][0-9][0-9]-
[0-9]
      [0-9][0-9][0-9][0-9][0-9][0-9][0-9]'or telephone like '[0-9][0-9][0-
9]-[0-9][0-9]
      [0-9][0-9][0-9][0-9][0-9][0-9]' or len(telephone)=11 )
    GO
/*cardInfo 表的约束
   cardID 卡号，必填，主键，银行的卡号规则和电话号码一样，一般前 8 位代表特殊含义，如某总
行某支行等。假定该行要求其营业厅的卡号格式为：6227 2666 ×××× ×××。每 4 位号码后有空格，
卡号一般随机产生
   curType 币种，必填，默认为 RMB
   savingType 存款种类编号，外键，必填
   openDate 开户日期，必填，默认为系统当前日期和时间
   openMoney 开户金额，必填，不低于 1 元
   balance 余额，必填，不低于 1 元
   password 密码，必填，6 位数字，开户时默认为 6 个"8"
   IsReportLoss 是否挂失，必填，是/否值（0/1），默认为"否"（0）
   customerID     客户编号，外键，必填，表示该卡对应的客户编号*/
ALTER TABLE cardInfo
  ADD CONSTRAINT  PK_cardID  PRIMARY KEY(cardID),
     CONSTRAINT  CK_cardID  CHECK(cardID LIKE '6227 2666 [0-9][0-9][0-9]
                 [0-9] [0-9][0-9][0-9]'),
     CONSTRAINT  DF_curID  DEFAULT('RMB') FOR curID,
     CONSTRAINT  DF_openDate  DEFAULT(getdate()) FOR openDate,
     CONSTRAINT  CK_openMoney CHECK(openMoney>=1),
     CONSTRAINT  CK_balance  CHECK(balance>=1),
     CONSTRAINT  CK_pwd CHECK(passWord LIKE ' [0-9][0-9][0-9][0-9][0-9]
                 [0-9]'),
```

```
        CONSTRAINT  DF_passWord  DEFAULT('888888') FOR passWord,
        CONSTRAINT  DF_IsReportLoss DEFAULT(0) FOR IsReportLoss,
        CONSTRAINT FK_customerID FOREIGN KEY(customerID) REFERENCES userInfo
(customerID),
        CONSTRAINT  FK_savingID  FOREIGN KEY(savingID)  REFERENCES
                    deposit(savingID)
GO
/* tradeInfo 表的约束
    tradeType  必填，只能是存入/支取
    cardID  卡号，必填，外键
    tradeMoney  交易金额，必填，大于 0
    tradeDate  交易日期，必填，默认为系统当前日期和时间
    machine  终端机编号
    cardID 和 tradeDate 合起来做主键
*/
ALTER TABLE tradeInfo
  ADD CONSTRAINT  CK_tradeType  CHECK(tradeType IN ('存入', '支取')),
      CONSTRAINT  FK_cardID  FOREIGN KEY(cardID) REFERENCES
                  cardInfo(cardID),
      CONSTRAINT  CK_tradeMoney  CHECK(tradeMoney>0),
      CONSTRAINT  DF_tradeDATE DEFAULT(getdate()) FOR tradeDate
      CONSTRAINT PK_tradeInfo PRIMARY KEY(cardID, tradeDate)
GO
```

4. 生成数据库关系图

任务描述如下。

操作 SQL Server 2008，生成 bankDB 数据库各表之间的关系图。

13.2.3　插入测试数据

（1）任务描述

使用 SQL 语句向数据库中已经创建的每个表中插入测试数据。在输入测试数据时，卡号由人工填写，暂不随机产生。向相关表中插入表 13-7 所示的开户信息。

表 13-7　两位客户的开户信息

姓名	身份证号	联系电话	地址	开户金额（元）	存款类型	卡号
张三	130101196012211321	010-12345678	北京海淀	1000	活期	6227 2666 1234 5678
李四	213456197506133178	0478-24322123		1	定期一年	6227 2666 5678 1234

插入交易信息：张三的卡号（6227 2666 1234 5678）取款 900 元，李四的卡号（6227 2666 5678 1234）存款 5000 元。要求保存交易记录，以便客户查询和银行业务统计。

例如，当张三取款 900 元时，会向交易信息表（tradeInfo）中添加一条交易记录，同时应自动更新银行卡表（cardInfo）中的现有余额（减少 900 元），先假定手动插入更新信息。

（2）任务要求

① 插入到各表中数据要保证业务数据的一致性和完整性。

② 如客户持银行卡办理存款和取款业务时，银行要记录每笔交易账，并修改该银行卡的存款余额。

③ 每个表至少要插入 3~5 条记录。

（3）提示

各表中数据插入的顺序。为了保证主外键的关系，建议：先插入主表中的数据，再插入子表中的数据。

客户取款时需要记录"交易账目"，并修改存款余额。它需要分两步完成。

① 在交易表中插入交易记录。

```
INSERT INTO tradeInfo(tradeType,cardId,tradeMoney)
VALUES('支取', '6227 2666 1234 5678',900)
```

② 更新银行卡信息表中的现有余额。

```
UPDATE cardInfo SET balance=balance-900
WHERE cardID='6227 2666 1234 5678'
```

13.2.4 编写 SQL 语句实现银行的日常业务

1. 修改客户密码

（1）任务描述

修改张三（6227 2666 1234 5678）银行卡密码为 123456，修改李四（卡号为 6227 2666 5678 1234）银行卡密码为 123123。

（2）参考答案

```
UPDATE cardInfo SET passWord='123456' WHERE cardID='6227 2666 1234 5678'
UPDATE cardInfo SET passWord='123123' WHERE cardID='6227 2666 5678 1234'
--查询账户信息
SELECT * FROM cardInfo
```

2. 办理银行卡挂失

（1）任务描述

李四（卡号为 6227 2666 5678 1234）因银行卡丢失，申请挂失。

（2）参考答案

```
UPDATE cardInfo SET IsReportLoss=1 WHERE cardID='6227 2666 5678 1234'
SELECT * FROM cardInfo
GO
--查看修改密码和挂失结果
SELECT cardID 卡号,curID 货币,savingName 储蓄种类,opendate 开户日期,
       openmoney 开户金额,balance 余额,passWord 密码,
       CASE IsReportLoss
            WHEN 1 THEN '挂失'
            WHEN 0 THEN '未挂失'
            ELSE NULL
       END 是否挂失, customerName 客户姓名
FROM cardInfo, deposit, userInfo
WHERE cardInfo.savingID=deposit.savingID
      and cardInfo.customerID=userInfo.customerID
```

3. 统计银行资金流通余额和盈利结算

（1）任务描述

存入代表资金流入，支取代表资金流出。

计算公式：资金流通金额=总存入金额-总支取金额。

假定存款利率为千分之三，贷款利率为千分之八。

计算公式：盈利结算=总支取金额×0.008-总存入金额×0.003。

（2）提示

定义两个变量存放总存入金额和总支取金额。使用 sum()函数进行汇总，使用转换函数 convert()进行数据类型转换。

（3）参考答案

```
/*统计说明:存款代表资金流入,取款代表贷款.假定存款利率为千分之 3,贷款利率为千分之 8*/
DECLARE @inMoney money
DECLARE @outMoney money
DECLARE @profit money
SELECT * FROM tradeInfo
SELECT @inMoney=sum(tradeMoney) FROM tradeInfo WHERE tradeType='存入'
SELECT @outMoney=sum(tradeMoney) FROM tradeInfo WHERE tradeType='支取'
print '银行流通余额总计为: '+ convert(varchar(20),@inMoney-@outMoney)+ 'RMB'
set @profit=@outMoney*0.008-@inMoney*0.003
print '盈利结算为: '+ convert(varchar(20),@profit)+ 'RMB'
GO
```

4. 查询本周开户信息

（1）任务描述

查询本周开户的卡号，查询该卡的相关信息。

（2）提示

求时间差使用日期函数 DATEDIFF()，求星期几使用日期函数 DATEPART()。

（3）参考答案

```
SELECT c.cardID 卡号,u.customerName 姓名,c.curID 货币,d.savingName 存款类
型,c.openDate        开户日期,c.openMoney 开户金额,c.balance 存款余额,
        CASE c.IsReportLoss
            WHEN 0 THEN '正常账户'
            WHEN 1 THEN '挂失账户'
            ELSE NULL
        END 账户状态
FROM cardInfo c INNER JOIN userInfo u ON (c.customerID = u.customerID)
INNER JOIN deposit d ON (c.savingID = d.savingID )
WHERE (DATEDIFF(Day,getDate(),openDate)<DATEPART(weekday,openDate))
```

5. 查询本月交易金额最高的卡号

（1）任务描述

查询本月存、取款交易金额最高的卡号信息。

（2）提示

在交易信息表中，采用子查询和 DISTINCT 去掉重复的卡号。

（3）参考答案

```
SELECT * FROM tradeInfo
SELECT DISTINCT cardID FROM tradeInfo
WHERE  tradeMoney=(SELECT MAX(tradeMoney) FROM tradeInfo)
```

```
                    WHERE  DATEPART(mm,tradeDate)=DATEPART(mm,getdate())
                    AND  DATEPART(yy,tradeDate)=DATEPART(yy,getdate()))
```

6. 查询挂失客户

（1）任务描述

查询挂失账号的客户信息。

（2）提示

利用子查询 IN 的方式或表的内连接 INNER JOIN。

（3）参考答案

```
SELECT customerName as 客户姓名,telephone as 联系电话 FROM userInfo
WHERE customerID IN(SELECT customerID FROM cardInfo WHERE IsReportLoss=1)
```

7. 催款提醒业务

（1）任务描述

根据某种业务（如代缴电话费、代缴手机费等）的需要，每个月末，查询出账上余额少于200 元的客户，由银行统一致电催款。

（2）提示

利用子查询查找当前存款余额小于 200 元的账户信息。

（3）参考答案

```
SELECT customerName as 客户姓名,telephone as 联系电话,balance as 存款余额
FROM userInfo INNER JOIN cardInfo ON  userInfo.customerID=cardInfo.customerID
WHERE balance<200
```

13.2.5　创建、使用视图

（1）任务描述

为了向客户提供友好的用户界面，使用 SQL 语句创建下面几个视图，并使用这些视图查询输出各表的信息。

vw_userInfo：输出银行客户记录。

vw_cardInfo：输出银行卡记录。

vw_tranInfo：输出银行卡的交易记录。

vw_oneUserInfo：根据客户登录名（采用实名制访问银行系统）查询该客户账户信息的视图。

（2）任务要求

显示的列名全为中文。

（3）提示

利用 SQL Server 系统函数 system_user 获取数据库用户名。

（4）参考答案

```
--1. 创建视图：查询银行客户信息
IF EXISTS(SELECT * FROM sysobjects WHERE name='vw_userInfo')
    DROP VIEW vw_userInfo
GO
CREATE VIEW vw_userInfo  --客户表视图
AS
```

```
SELECT customerID as 客户编号,customerName as 开户名, PID as 身份证号,
        telephone as 电话号码,address as 居住地址  from userInfo
GO
--使用视图
SELECT * FROM vw_userInfo
GO
--2.创建视图：查询银行卡信息
IF EXISTS(SELECT * FROM sysobjects WHERE name='vw_cardInfo')
  DROP VIEW vw_cardInfo
GO
CREATE VIEW vw_cardInfo  --银行卡表视图
AS
SELECT c.cardID as 卡号,u.customerName as 客户,c.curID as 货币种类,
        d.savingName as 存款类型,c.openDate as 开户日期,c.balance as 余额,
        c.passWord 密码,
        CASE c.IsReportLoss
        WHEN 0 THEN '挂失'
        WHEN 1 THEN '正常'
        END as 是否挂失
FROM cardInfo c, deposit d,userinfo u
WHERE c.savingID=d.savingID and c.customerID=u.customerID
GO
--使用视图
SELECT * FROM vw_cardInfo
GO
--3.创建视图：查看交易信息
IF EXISTS(SELECT * FROM sysobjects WHERE name='vw_tradeInfo')
  DROP VIEW vw_tradeInfo
GO
CREATE VIEW vw_tradeInfo  --交易表视图
AS
SELECT tradeDate as 交易日期,tradeType as 交易类型, cardID as 卡号,
        tradeMoney as 交易金额, machine as 终端机编号  FROM tradeInfo
GO
--使用视图
SELECT * FROM vw_tradeInfo
```

13.2.6 使用存储过程实现业务处理

1. 完成存款或取款业务

（1）任务描述

① 根据银行卡号和交易金额，实现银行卡的存款和取款业务。

② 每一笔存款、取款业务都要记入银行交易账目，并同时更新客户的存款余额。

③ 如果是取款业务，在记账之前，要完成下面两项数据的检查验证工作。如果检查不合格，那么中断取款业务，给出提示信息后退出。

a. 检查客户输入的密码是否正确。

b. 账户取款金额是否大于当前存款额（取款前）加 1。

(2)任务要求

编写一个存储过程完成存款和取款业务,并调用存储过程进行取钱或存钱的测试。测试数据是:张三的卡号支取300元(密码123456),李四的卡号存入500元。

(3)提示

鉴于存款时客户不需要提供密码,因此,在编写的存储过程中,为输入参数"密码"列设置默认值为NULL。在存储过程中使用事务,以保证数据操作的一致性。测试时,可以根据客户姓名查出张三和李四的卡号。

(4)参考答案

```sql
IF EXISTS(SELECT * FROM sysobjects WHERE name='usp_takeMoney')
  DROP PROC usp_takeMoney
GO
CREATE PROCEDURE usp_takeMoney
  @card char(19),
  @m money,
  @type char(4),
  @inputPass char(6)=''
AS
  print '交易正进行,请稍后……'
  IF(@type='支取')
    IF((SELECT passWord FROM cardInfo WHERE cardID=@card)<>@inputPass )
      BEGIN
        RAISERROR('密码错误!',16,1)
        return -1
      END
DECLARE @mytradeType char(4),@outMoney money,@myCardID char(19)
SELECT @mytradeType=tradeType,@outMoney=tradeMoney ,@myCardID=cardID
FROM tradeInfo where cardID=@card
DECLARE @mybalance money
SELECT @mybalance=balance FROM cardInfo WHERE cardID=@card
IF(@type='支取')
  BEGIN
    IF(@mybalance>=@m+1)
      UPDATE cardInfo SET balance=balance-@m WHERE cardID=@myCardID
    ELSE
      BEGIN
        RAISERROR('交易失败!余额不足!',16,1)
        print '卡号'+@card+'余额: '+convert(varchar(20),@mybalance)
        return -2
      END
  END
ELSE
  BEGIN
    UPDATE cardInfo SET balance=balance+@m WHERE cardID=@card
    print '交易成功!交易金额: '+convert(varchar(20),@m)
    SELECT @mybalance=balance FROM cardInfo WHERE cardID=@card
    print '卡号'+@card+'余额: '+convert(varchar(20),@mybalance)
    INSERT INTO tradeInfo(tradeType,cardID,tradeMoney)
    VALUES(@type,@card,@m)
```

```
      return 0
    END
GO
--调用存储过程取钱或存钱，张三取 300 元，李四存 500 元
  --现实中的取款机依靠读卡器读出张三的卡号,这里根据张三的名字查出卡号来模拟
DECLARE @card char(19)
SELECT @card=cardID FROM cardInfo INNER JOIN userInfo
ON cardInfo.customerID=userInfo.customerID
WHERE customerName='张三'
EXEC usp_takeMoney @card,10,'支取','123456'
GO
SELECT * FROM cardInfo INNER JOIN userInfo
ON cardInfo.customerID=userInfo.customerID
WHERE customerName='张三'

DECLARE @card char(19)
SELECT @card=cardID FROM cardInfo INNER JOIN userInfo
ON cardInfo.customerID=userInfo.customerID
WHERE customerName='李四'
EXEC usp_takeMoney @card,500,'存入'
SELECT * FROM vw_cardInfo
SELECT * FROM vw_tradeInfo
GO
```

2. 产生随机卡号

（1）任务描述

创建存储过程产生 8 位随机数字，与前 8 位固定的数字 "6227 2666" 连接，生成一个由 16 位数字组成的银行卡号，并输出。

（2）提示

使用随机函数生成银行卡后 8 位数字。

随机函数的用法如下。

RAND（随机种子）将产生 0~1 的随机数，要求每次的随机种子不一样。为了保证随机种子每次都不相同，一般采用的算法是：

随机种子=当前的月份数×100000+当前的秒数×1000+当前的毫秒数

产生了 0~1 的随机数后，取小数点后 8 位，即 0.××××××××。

（3）参考答案

```
IF EXISTS(SELECT * FROM sysobjects WHERE name='usp_randCardID')
  DROP PROC usp_randCardID
GO
CREATE PROCEDURE usp_randCardID
  @randCardID char(19) OUTPUT
AS
  DECLARE @r numeric(15,8)
  DECLARE @tempStr char(10)
  SELECT   @r=RAND((DATEPART(mm, GETDATE()) * 100000 )+ (DATEPART(ss,
GETDATE()) * 1000 )+ DATEPART(ms, GETDATE()) )
  --产生 0.xxxxxxxx 的数字,我们需要小数点后的八位数字
```

```
SET @tempStr=convert(char(10),@r)
--组合为规定格式的卡号
SET @randCardID='6227 2666 '+SUBSTRING(@tempStr,3,4)+''
              +SUBSTRING(@tempStr,7,4)
GO
--测试产生随机卡号
DECLARE @mycardID char(19)
EXECUTE usp_randCardID @mycardID OUTPUT
print '产生的随机卡号为'+@mycardID
GO
```

3. 完成开户业务

（1）任务描述

利用存储过程为客户开设两个银行账户。开户时需要提供客户的信息有：开户名、身份证号、电话号码、开户金额、存款类型和地址。客户信息见表 13-8。

表 13-8　两位客户的开户信息

姓名	身份证号	联系电话	开户金额（元）	存款类型	地址
王丽	130101197811021131	0351-65543211	1000	活期	山西太原
李一平	411303197008132252	18636652169	1	定期	山东济南

（2）任务要求

使用表 13-8 的数据执行该存储过程，进行测试，调用此存储过程开户。

（3）提示

调用上述产生随机卡号的存储过程获得生成的随机卡号。检查该随机卡号在现有的银行卡中是否已经存在。如果不存在，则往相关表中插入开户信息；否则将调用上述产生随机卡号的存储过程，重新产生随机卡号，直到产生一个不存在的银行卡号为止。

（4）参考答案

```
IF EXISTS(SELECT * FROM sysobjects WHERE name='usp_openAccount')
  DROP PROC usp_openAccount
GO
CREATE PROCEDURE usp_openAccount
  @customerName varchar(20),@PID char(18),@telephone char(13),
  @openMoney money,@savingName char(8),@address varchar(50)=''
AS
  DECLARE @mycardID char(19),@cur_customerID int, @savingID int
  --调用产生随机卡号的存储过程获得随机卡号
  EXECUTE usp_randCardID @mycardID OUTPUT
  WHILE  EXISTS(SELECT * FROM cardInfo WHERE cardID=@mycardID)
  EXECUTE usp_randCardID @mycardID OUTPUT
  print '尊敬的客户,开户成功!系统为您产生的随机卡号为:'+@mycardID
  print '开户日期'+convert(char(10),getdate(),111)+'开户金额:'
        +convert(varchar(20),@openMoney)
  IF NOT EXISTS(SELECT * FROM userInfo WHERE PID=@PID)
      INSERT INTO userInfo(customerName,PID,telephone,address )
      VALUES(@customerName,@PID,@telephone,@address)
  SELECT @savingID = savingID FROM deposit WHERE savingName =@savingName
```

```
   IF @savingID IS NULL
     BEGIN
       RAISERROR('存款类型不正确,请重新输入! ',16,1)
       RETURN -1
     END
   SELECT @cur_customerID=customerID FROM userInfo WHERE PID=@PID
   INSERT INTO cardInfo(cardID,savingID,openMoney,balance,customerID)
   VALUES(@mycardID,@savingID,@openMoney,@openMoney,@cur_customerID)
GO


   --调用存储过程重新开户
   EXEC usp_openAccount  '王丽','130101197811021131','0351-65543211',1000,'活
期', '山西太原'
   EXEC usp_openAccount '李一平','411303700813225','18636652169',1,'定期' , '
山东济南'
   SELECT * FROM vw_userInfo
   SELECT * FROM vw_cardInfo
   GO
```

4. 打印客户对账单

（1）任务描述

为某个特定的银行卡号打印指定时间内发生交易的对账单。

（2）任务要求

设计一个存储过程。分别以两种方式执行存储过程。

① 如果不指定交易时间段，那么打印指定卡号发生的所有交易记录。

② 如果指定时间段，那么打印指定卡号在指定时间内发生的所有交易记录。

（3）参考答案

```
IF EXISTS(SELECT * FROM sysobjects WHERE name='usp_CheckSheet')
  DROP PROC usp_CheckSheet
GO
CREATE PROCEDURE usp_CheckSheet
  @cardID varchar(19),
  @date1 datetime=NULL,
  @date2 datetime=NULL
AS
  DECLARE @custName varchar(20)
  DECLARE @curName varchar(20)
  DECLARE @savingName varchar(20)
  DECLARE @openDate datetime
  SELECT @cardID=c.cardID, @curName=c.curID, @custName=u.customerName,
         @savingName=d.savingName , @openDate=c.openDate
  FROM cardInfo c, userInfo u, deposit d
  WHERE c.customerID=u.customerID and c.savingID = d.savingID
       and cardID = @cardID
  PRINT '卡号: '+@cardID
  PRINT '姓名: '+@custName
  PRINT '货币: '+@curName
  PRINT '存款类型: '+@savingName
```

```
    PRINT '开户日期：'+CAST(DATEPART(yyyy,@openDate) AS VARCHAR(4))+'年'
          +CAST(DATEPART(mm,@openDate) AS VARCHAR(2))+'月'
          +CAST(DATEPART(dd,@openDate) AS VARCHAR(2))+'日'
    PRINT ' '
    PRINT '----------------------------------------------------------'
    IF @date1 IS NULL AND @date2 IS NULL
        BEGIN
           SELECT tradeDate 交易日，tradeType 类型，tradeMoney 交易金额
           FROM tradeInfo
           WHERE cardID=@cardID
           ORDER BY tradeDate
           RETURN
        END
      ELSE IF @date2 IS NULL
        SET @date2 = getdate()
        SELECT tradeDate 交易日，tradeType 类型，tradeMoney 交易金额
        FROM tradeInfo
        WHERE cardID=@cardID AND tradeDate BETWEEN @date1 AND @date2
        ORDER BY tradeDate
GO
--测试打印对账单
EXEC usp_CheckSheet '6227 2666 1234 5678'
EXEC usp_CheckSheet '6227 2666 5678 1234','2016-11-2','2017-11-30'
```

5. 统计银行卡交易量和交易额

（1）任务描述

统计指定时间段内某地区客户的银行卡交易量和交易额。如果不指定地区，则查询所有客户的交易量和交易额。

（2）任务要求

设计存储过程，三个参数分别指明统计的起始日期、终止日期和客户所在区域。如果没有指定起始日期，那么自当年的 1 月 1 日开始统计。如果没有指定终止日期，那么以当日作为截止日。如果没有指定地点，那么统计全部客户的交易量和交易额。

（3）参考答案

```
IF EXISTS(SELECT * FROM sysobjects WHERE name='usp_getTradeInfo')
  DROP PROC usp_getTradeInfo
GO
CREATE PROCEDURE usp_getTradeInfo
  @Num1 int output,
  @Amount1 decimal(18,2) output,
  @Num2 int output,
  @Amount2 decimal(18,2) output,
  @date1 datetime,
  @date2 datetime = NULL,
  @address varchar(20) = NULL
AS
  -- 初始化变量
  SET @Num1 = 0
  SET @Amount1 = 0
```

```
       SET @Num2 = 0
       SET @Amount2 = 0
       IF @date2 IS NULL
         SET @date2 = getdate()
       IF @address IS NULL
         BEGIN
           SELECT @Num1=COUNT(tradeMoney), @Amount1=SUM(tradeMoney)
           FROM tradeInfo
           WHERE tradeDate BETWEEN @date1 AND @date2 AND tradeType='存入'
           SELECT @Num2=COUNT(tradeMoney), @Amount2=SUM(tradeMoney)
           FROM tradeInfo
           WHERE tradeDate BETWEEN @date1 AND @date2 AND tradeType='支取'
           END
       ELSE
         BEGIN
           SELECT @Num1=COUNT(tradeMoney), @Amount1=SUM(tradeMoney)
           FROM tradeInfo JOIN cardInfo ON tradeInfo.cardID = cardInfo.cardID
               JOIN userInfo ON cardInfo.customerID = userInfo.customerID
           WHERE tradeDate BETWEEN @date1 AND @date2 AND tradeType='存入'
               AND address Like '%'+@address+'%'
           SELECT @Num2=COUNT(tradeMoney), @Amount2=SUM(tradeMoney)
           FROM tradeInfo JOIN cardInfo ON tradeInfo.cardID = cardInfo.cardID
               JOIN userInfo ON cardInfo.customerID = userInfo.customerID
           WHERE tradeDate BETWEEN @date1 AND @date2 AND tradeType='支取'
               AND address Like '%'+@address+'%'
         END
GO
```

13.2.7　利用事务实现转账

（1）任务描述

使用事务和存储过程实现转账业务，其具体操作步骤如下。

① 从某一个账户中支取一定金额的存款。

② 将支取金额存入另一个指定的账户中。

③ 分别打印此笔业务的转出账单和转入账单。

（2）参考答案

```
IF EXISTS(SELECT * FROM sysobjects WHERE name='usp_tradefer')
  DROP PROC usp_tradefer
GO
CREATE PROCEDURE usp_tradefer
  @card1 char(19),
  @pwd char(6),
  @card2 char(19),
  @outmoney money
AS
  DECLARE @date1 datetime
  DECLARE @date2 datetime
  SET @date1 = getdate()
```

```
  BEGIN TRAN
    print '开始转账，请稍后……'
    DECLARE @errors int
    set @errors=0
    DECLARE @result int
    EXEC @result=usp_takeMoney @card1,@outmoney ,'支取',@pwd
    set @errors=@errors+@@error
    IF(@errors>0 or @result<>0)
      BEGIN
        print '转账失败！'
        ROLLBACK TRAN
        RETURN -1
      END
   EXEC @result=usp_takeMoney @card2,@outmoney ,'存入'
     set @errors=@errors+@@error
     IF(@errors>0 or @result<>0)
       BEGIN
         print '转账失败！'
         ROLLBACK TRAN
         RETURN -1
       END
     ELSE
       BEGIN
         print '转账成功！'
         COMMIT TRAN
         SET @date2 = getdate()
         print '打印转出账户对账单'
         print '--------------------'
         EXEC usp_CheckSheet @card1,@date1,@date2
         print '打印转入账户对账单'
         print '--------------------'
         EXEC usp_CheckSheet @card2,@date1,@date2
         RETURN 0
       END
GO
--测试上述事务存储过程
--从李四的账户转账 2000 元到张三的账户
--同上一样,现实中的取款机依靠读卡器读出张三/李四的卡号,这里根据张三/李四的名字查出卡号
来模拟
DECLARE @card1 char(19),@card2 char(19)
SELECT @card1=cardID from cardInfo Inner Join userInfo
      ON cardInfo.customerID=userInfo.customerID
WHERE customerName='李四'
SELECT @card2=cardID FROM cardInfo Inner Join userInfo
      ON cardInfo.customerID=userInfo.customerID
WHERE customerName='张三'
--调用上述事务过程转账
EXEC usp_tradefer @card1,'123123',@card2,2000
SELECT * FROM vw_userInfo
SELECT * FROM vw_cardInfo
SELECT * FROM vw_tradeInfo
GO
```